电液伺服系统分析及其控制

桑 勇 孙伟奇 著

科学出版社

北 京

内 容 简 介

本书是作者十余年在电液伺服系统研究上的总结。首先,介绍了电液伺服系统的组成、国内外发展现状、优缺点等;接着,阐述了电液伺服关键基础元件——电液伺服转阀的设计,分析了电液伺服系统的组成,给出了液压元件及典型系统的数学建模方法;然后,引入了 MATLAB、AMESim 和 CFD 等仿真工具,诠释了典型电液伺服系统的仿真过程和结论,为进一步研究和分析不同流体动力元件和系统静态、动态性能打下坚实的基础;最后,本书结合具体的工程应用,利用迭代学习控制、滑模控制、神经网络控制等完成了电液伺服系统非线性环节(饱和、死区、增益、间隙、磁滞、摩擦等)的补偿控制。

本书适用于高等学校机械类专业研究生的教学,也可作为控制工程、仪器等工程技术人员的参考书。

图书在版编目(CIP)数据

电液伺服系统分析及其控制/桑勇,孙伟奇著. —北京:科学出版社,2020.9
ISBN 978-7-03-066059-6

Ⅰ. ①电… Ⅱ. ①桑… ②孙… Ⅲ. ①电液伺服系统-非线性控制系统 Ⅳ. ①TH137.7

中国版本图书馆 CIP 数据核字(2020)第 169968 号

责任编辑:任 俊 朱灵真 / 责任校对:郭瑞芝
责任印制:张 伟 / 封面设计:迷底书装

科 学 出 版 社 出版
北京东黄城根北街 16 号
邮政编码:100717
http://www.sciencep.com
北京凌奇印刷有限责任公司 印刷
科学出版社发行 各地新华书店经销
*
2020 年 9 月第 一 版 开本:787×1092 1/16
2023 年 12 月第四次印刷 印张:15 3/4
字数:390 000

定价:98.00 元
(如有印装质量问题,我社负责调换)

前　言

在液压传动中，电液伺服系统的地位最高、性能也最优越，此类系统具有控制精度高、响应快、功重比大和抗负载能力强等突出优点，在高端装备、飞机、雷达、导弹、火炮、船舶、冶金、工程机械、实验环境模拟等众多重要领域起着举足轻重的作用，可以说电液伺服系统是液压传动的精髓。

尽管液压传动起源于古代的调水装置，经历了漫长的发展历程，也涌现了许多知名的物理学家、数学家，如阿基米德（Archimedes）、万杰利斯塔·托里拆利（Evangelista Torricelli）、埃德姆·马里奥特（Edme Mariotte）、丹尼尔·伯努利（Daniel Bernoulli）、布莱斯·帕斯卡（Blaise Pascal）等，但电液伺服系统真正取得进展发生在第二次世界大战期间，尤其是在二级电液伺服阀、喷嘴挡板元件、反馈装置等出现之后。20 世纪 50～60 年代，电液伺服系统发展迅速，在火炮、飞机、导弹、火箭、雷达等军事应用中大显身手，代表了当时最为先进的传动控制技术。随后，电液伺服系统被广泛地应用到非军事领域，如高档高精度多轴联动数控机床、各类工业机器人、各类试验机、大型水轮机、移动装备、工程机械等。20 世纪 60~70 年代，又出现了低成本的比例控制阀，应用在对系统带宽要求低的场合。最近几十年，国内外许多学者相继尝试利用各类电致伸缩/磁致伸缩新型材料研制超高频响的伺服阀，利用低惯量、大扭矩、高性能伺服电机和音圈电机研制各类数字阀。当前，世界知名液压元件制造商也在积极地研制性能卓越的各类新型液压元件，这些品牌有穆格（Moog）、派克（Parker）、力士乐（Rexroth）、西德福（STAUFF）、贺德克（HYDAC）、阿托斯（Atos）、哈威（HAWE）等。此外，美国麻省理工学院、美国普渡大学、美国明尼苏达大学、德国亚琛工业大学、日本东京工业大学，以及浙江大学、北京航空航天大学、哈尔滨工业大学、燕山大学等诸多高校也在积极地开展各类新型基础液压元件的预研工作。

本书是大连理工大学桑勇及其指导的研究生孙伟奇在电液伺服系统研究上的总结，借助于电液伺服转阀的设计阐述了关键液压基础元件的设计和分析过程，介绍了典型的电液伺服系统的组成，并建立了合理的数学模型。培养使用 MATLAB、AMESim 和 CFD 等仿真工具完成仿真实验的能力，能够正确辨识控制参数及分析不同流体动力元件和系统的静态和动态性能，并具备进一步研究和分析的能力。针对电液伺服系统控制上的难点和热点问题，如饱和非线性、死区非线性、增益非线性、间隙非线性、磁滞非线性、摩擦非线性等非线性问题，能够提出合理的解决方案。本书包括以下内容：第 1 章主要介绍电液伺服系统的组成、发展现状、优缺点和发展方向；第 2 章介绍一种新型电液伺服转阀的设计与分析；第 3 章以电液伺服系统中溢流阀为例，分析其动态特性；第 4 章以电液伺服系统中管路为例，分析其动态特性；第 5 章针对电液伺服系统中基础液压元件，完成数学建模工作；第 6 章针对典型电液伺服系统，完成数学建模工作；第 7 章针对电液伺服系统的典型非线性环节，完成其非线性特性分析；第 8 章针对电液伺服系统的摩擦非线性，完成补偿控制研究；第 9 章针对电液伺服系统的负载非线性，完成补偿控制研究；第 10 章针对电液伺服系统的耦合非线性，完成补偿控制研究；第 11 章针对电液伺服系统的多环节复合非线性，完成补偿控制研究；第 12 章针对电液伺服系统的非正弦激振波形畸变问题，完成校正控制的研究。孙伟奇参与了全书的撰写工作。此外，段富海教授参与了第 1 章的撰写，王晓参与了第 2 章的撰写，王旭东参与了第 3 章的撰写，刘鹏坤参与了第 4 章的撰写，高恒路参与了第 7 章的撰写。最后，感谢国家自然科学基金项目（51975082）和辽宁省自然科学基金项目（2019-ZD-0141）的资助。

限于作者的学识和经验，本书疏漏之处在所难免，望同行专家和广大读者不吝指教。

桑 勇

2020 年 3 月 29 日

目　录

第1章 绪 论

流体传动是一门非常古老的学科，它利用流体介质传递能量，实现了力和运动的传递与控制。相关的流体力学理论涉及流体静力学和流体动力学的研究。从早期的历史记录可以发现，人类很早就知道利用流体并使其服务于生产活动的各个阶段。在古希腊语中，"hydra"表示水，"aulos"表示管道。古埃及人、古波斯人、古印度人和古中国人通过渠道输送水用于灌溉和家庭用水，利用水坝和水闸控制水流。古克里特人设计了独步古代世界的王宫供水和排水系统，利用两头小、中间大的陶土管产生冲力，避免了水管的堵塞。希腊人阿基米德(Archimedes)阐明了浮体和潜体有效重力的计算方法。罗马人建造了长达几十公里的引水渡槽，把净水引入罗马。古代世界解体后，流体应用进入了停滞期。从17世纪末开始，意大利物理学家兼数学家万杰利斯塔·托里拆利(Evangelista Torricelli)发明了气压计，取得了杰出的成就。法国物理学家埃德姆·马里奥特(Edme Mariotte)对流体力学进行了深入的实验研究，并在1686年发表了《论水和其他流体的运动》的著作，讨论了流体的摩擦问题，解决了当时流体研究中理论与实验结果之间存在的许多差异，推进了流体力学的发展。瑞士数学家、物理学家丹尼尔·伯努利(Daniel Bernoull)在1738年出版了一生中最重要的著作《流体动力学》(*Hydrodynamica*)，为流体力学的发展做出了重大贡献。法国数学家、物理学家布莱斯·帕斯卡(Blaise Pascal)在1653年提出了帕斯卡定律，并利用这一原理制成水压机。他指出"在不可压缩的静止流体中，任意一点受外力产生压力增值，此压力增值瞬时会传至静止流体的各点"。随后，伴随着工业生产的需要，液压泵、液压阀、液压缸、液压马达相继得到了开发和改进，各类液压装置(如液压千斤顶、液压变速器、液压压力机、液压制动器、液压起重机、液压舵机等)也相继涌现，液压系统成为了主要的传动控制手段。

实际上传动控制技术可分为机械、机电或流体(液压和气压)三种形式。机械传动方式主要利用各类运动机构来实现，如齿轮、凸轮、皮带、链条、滑轮、链轮和连杆机构等。机械传动通常在相对较短的距离内传递运动和力，设计时需要考虑润滑、速度和扭矩限制、力分布不均、安装空间等问题。机电传动通常利用电动机来实现，可适用于远距离、小功率的传动，但会受磁饱和、散热和响应速度等的影响。流体传动又分为液压和气压传动。液压传动利用不可压缩的液体作为传动介质，具有良好的机械刚性，可以传递很大的力或扭矩。液压传动不需要齿轮、凸轮和杠杆等机构，不存在机械松弛问题，机构磨损小。所使用的流体不会像机械零件那样容易损坏，机构也不会受到严重磨损。气压传动采用高压缩性的气体作为流体介质，成本低、使用简单，不存在火灾危险，但气压传动控制精度低、功率质量比小。表1-1对比了各类传动方式。

表1-1 各类传动方式的对比

类别	机械传动	机电传动	液压传动	气压传动
输入方式	传动轴	电动机	液压泵	空气压缩机
能量存储方式	质量飞轮	电池	液压蓄能器	储气罐

续表

类别	机械传动	机电传动	液压传动	气压传动
传动效率	高	高	中	低
传动功率	大	小	大	中
传递距离	近	远	中	远
传递力	大	小	大	中
噪声	小	中	小	大
成本	低	中	高	低
功重比	低	中	高	中

图 1-1 表示了液压传动、机电传动和气动传动三者的应用覆盖范围。液压传动比机电传动和气压传动拥有更宽泛的应用范围，几乎可以满足绝大多数的需求，完成所有出现的任务。在小功率和低频响场合，受成本因素影响，通常选用机电传动和气压传动的方式。在大功率和高动态响应的场合，这种成本差异会迅速消失，液压传动体现出明显的优势。因此，实际选择传动方式时，要综合考虑各方面的因素。

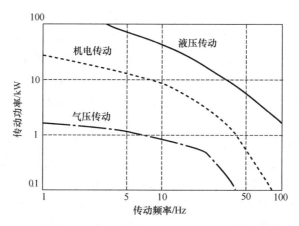

图 1-1　液压传动、机电传动和气动传动的应用范围

高性能传动系统具有频带宽、分辨率高、刚度大等特点，航空航天场合还可能有尺寸和重量的要求。电液伺服系统是流体传动中最重要的组成部分，在大载荷、高精度、快响应等加载需求场合发挥着无可替代的作用，广泛应用于先进制造业、工程机械、航空航天、农业、石油、汽车、化工和食品加工等领域。电液伺服系统包括伺服阀(高性能控制元件)、液压油源(电机、泵、过滤器等)、执行器(压力转换为机械运动的装置，如液压缸、液压马达等)、液压管路(输送液压流体)、液压阀(压力、方向和流量控制装置)、蓄能器等，其控制实现基于流体力学的物理定律。液压泵产生所需的工作压力，管道和柔性软管输送一定压力的流体，各种阀控制流体方向、流量、压力等，液压缸将流体压力转换为线性机械动作。在流体传动中，输入的机械能转换为液压能，液压能再次转换为机械能，用于系统的输出。电液伺服系统能量转化示意图如图 1-2 所示。

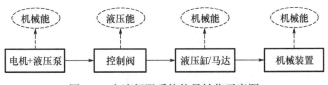

图 1-2 电液伺服系统能量转化示意图

1.1 电液伺服系统的组成

控制理论和液压基础元件的飞速发展，使得人们把越来越多的注意力集中在电液伺服控制系统的理论、设计和应用上。本节简要地描述电液伺服系统的各个组成部分，包括基础元件、辅助元件、液压管路、液压油、液压元件的符号表示和基本回路等，更详细的内容请参阅液压传动方面的教科书。

1.1.1 电液伺服系统的基础元件

在本小节中，主要介绍液压泵、液压马达、液压缸和液压阀等电液伺服系统的基础元件。

在电液伺服系统中，液压泵的用途是提供液压系统所需的流体流量。系统压力是由液压泵产生的流量及系统内摩擦和限制产生的流动阻力共同产生的。液压泵的额定流量是由泵的排量决定的，泵排量是指在一个完整的液压泵运行周期内输送的液体体积。理论上，液压泵每循环或每转一次，输送的液体量等于其排量。实际上，由于内部泄漏，实际输出量会降低。随着压力的增加，从出口到进口或排放口的泄漏也增加，容积效率降低。固定排量泵在每个循环中输送相同量的液体，只有改变泵的转速才能改变输出量。在液压系统中使用这种类型的泵时，必须在系统中安装压力调节器或安全阀。电液伺服系统通常采用齿轮泵和柱塞泵，为每次转动提供一定量的流体。齿轮泵通过两个啮合的齿轮实现流体的输送，一个齿轮由驱动轴驱动，另一个齿轮随驱动齿轮转动。当轮齿松开时，在进口处产生部分真空。流体流入填充空间，并被带到齿轮外部。当轮齿在出口处再次啮合时，液体被挤出。齿轮泵出口处的高压会对齿轮及其轴承支承结构施加不平衡载荷。除了齿轮泵，柱塞泵是电液伺服系统另外一种常用的液压泵，它是根据活塞相对于驱动轴的运动来分类的，一般分为轴向柱塞泵、径向柱塞泵和旋转柱塞泵。在轴向柱塞泵中，转轴运动被转换为轴向往复运动，从而带动柱塞运动。在径向柱塞泵中，柱塞垂直于轴中心线移动。旋转柱塞泵一般有三个平行的同步轴。柱塞转子安装在外轴上，靠着圆柱形壳体动态密封。柱塞泵依靠往复运动的柱塞，实现密封工作容腔发生容积变化，从而完成吸油、压油工作。柱塞泵的高压性能和高容积效率是决定其在电液伺服系统中广泛应用的最主要的两个优点。柱塞泵可在 2000r/min 以上的转速下运行，并为高功率应用提供了一个紧凑、轻便的装置。一些柱塞泵的斜盘由电液伺服机构驱动，可以实现变流量的控制。此外，当负载压力超过设定的最大值时，柱塞泵的斜盘还可以回到零角度，以显著降低流量，这样的柱塞泵称为压力补偿柱塞泵。

液压马达是将液压能转换为机械旋转输出的装置，运行容积效率为 75%～95%，这取决于特定的液压马达，最高的工作效率出现在额定扭矩和转速附近。液压马达和液压泵在理论上是一致的，两者的机械特性几乎相同。液压马达有如下优点：①可以在不损坏液压马达的前提下突然启动、停止和反转；②具备过载保护功能；③可以方便地调速控制；④功重比高；

⑤抗油液污染能力强。在电液伺服系统中，常用的液压马达也主要为齿轮液压马达、柱塞液压马达和叶片液压马达。柱塞液压马达的功重比不如齿轮液压马达和叶片液压马达大，但柱塞液压马达的输出功率是最大的。

液压缸是将液压能转换为机械能直线输出的装置，是实现力、位移、速度等控制的执行器。具有较高机械刚度和响应速度的液压缸，特别适合于电液伺服控制系统。带有一个活塞杆的液压缸称为单输出杆液压缸，两端都伸出活塞杆的液压缸称为双输出杆液压缸。液压缸分为单作用液压缸和双作用液压缸。单作用液压缸通过施加液压使活塞杆只向一个方向运动，弹簧、外力或两者的组合可用于协助活塞杆返回。双作用液压缸可将液压施加到活塞的任一侧，从而在两个方向上提供液压力。液压缸还分为缓冲式液压缸或非缓冲式液压缸。在缓冲式液压缸中，行程的末端会吸收运动活塞的动能，从而降低峰值压力和力。当活塞接近行程终点时，可以通过阻塞回油回路来实现缓冲。在电液伺服系统中，高速、低摩擦的液压缸通常与高精度位移传感器/压力传感器集成一起使用。

液压阀用来在液压回路中控制压力、流向或流量，利用机械运动来控制系统内液压能量的分配。液压阀的种类繁多，常见的液压阀有滑阀、减压阀、止回阀、溢流阀、卸荷阀、负载分配阀、顺序阀、压力开关等，具体工作原理和机械结构请查阅相关资料。除了上述常见液压阀，直动式电液伺服阀、喷嘴挡板电液伺服阀和射流管电液伺服阀是电液伺服系统中最重要的三种流量控制阀。

直动式电液伺服阀结构示意图如图 1-3 所示，核心部件是一个线性力马达，它是一种永磁差动电马达，永磁体提供所需磁力的一部分。线性力马达所需的电流比同等比例电磁阀所需的电流要低得多。线性力马达有一个平衡的中心位置，从该位置向两个方向产生力和行程。力和行程的大小与电流大小成正比，必须克服弹簧刚度和外力(阀芯摩擦、液动力等)向外输出行程。线性力马达再次返回到中心位置时，弹簧力会增大马达力，并提供额外的阀芯驱动力，这使得阀芯大大降低了对油液污染的敏感度。线性力马达在弹簧中心位置仅需要非常低的电流。直动式电液伺服阀的阀芯运动到极限位置时一般小于 12ms，具有很高的精度(如Moog D633/D634 的阈值<0.1%，磁滞<0.2%)。直动式电液伺服阀经济性好，价格相对便宜，对油液抗污染能力强，但频带通常小于 50Hz(@25%的行程)。

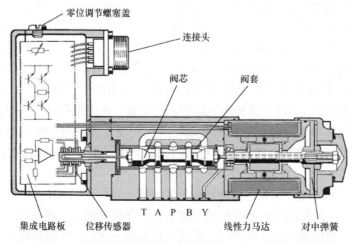

图 1-3　直动式电液伺服阀结构示意图(Moog 公司，美国)

喷嘴挡板电液伺服阀结构示意图如图 1-4 所示，适用于具有高动态响应要求的电液伺服位置、速度、压力或力控制系统，该伺服阀设计简单、坚固可靠、使用寿命长，额定流量范围一般为 4～63L/min。从图 1-4 可以看出，喷嘴挡板电液伺服阀由一个力矩马达和两级液压放大器组成。力矩马达衔铁伸入磁通回路的气隙中，由挠性杆构件来支撑，并保证电磁和液压部分之间的密封。两个马达线圈环绕衔铁，分布于挠性杆的两侧。第一级液压放大器的挡板牢牢地固定在衔铁的中心上。挡板延伸穿过挠性杆并在两个喷嘴之间通过，喷嘴尖端和挡板之间形成两个可变的距离并将挡板和喷嘴控制的压力输送到第二级滑阀的端部区域。第二级放大器采用传统的四通阀芯设计，阀芯的输出流量与阀芯位移成正比。悬臂反馈弹簧固定在挡板上，并与阀芯中心孔连接。阀芯的位移使反馈弹簧产生作用，从而在力矩马达/挡板组件上产生力。输入信号在力矩马达中产生磁场，使衔铁和挡板偏转。该组件绕挠性杆旋转会增大一个喷嘴孔的距离，减小另一个喷嘴孔的距离，使得两侧节流口的大小发生变化，从而产生压差驱动滑阀移动。阀芯的位移在反馈中产生一个线性力，该力与原始输入信号扭矩方向相反，直到反馈力等于输入信号力，实现了反馈控制。喷嘴挡板电液伺服阀具备较高的精度（如 Moog G761 的阈值<0.5%，磁滞<3.0%），价格较高，对油液清洁度要求很高，响应非常快，带宽可以达到 150Hz（@100%的行程）。

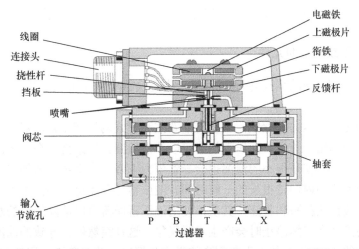

图 1-4　喷嘴挡板电液伺服阀结构示意图(Moog 公司，美国)

射流管电液伺服阀结构示意图如图 1-5 所示，先导级采用了射流管，具有优异的静态和动态响应特性，并显著提高了控制系统的性能，适用于电液位置、速度、压力或电液力控制系统，在民航客机、军用飞机、核电、汽轮机等领域有广泛的应用。射流管电液伺服阀主要分为机械反馈式和电反馈式。机械反馈式射流管电液伺服阀采用了反馈弹簧杆，工作机理与图 1-4 所示的喷嘴挡板电液伺服阀相似。图 1-5 为电反馈式射流管电液伺服阀，实现了阀芯位移信息的电测量反馈。伺服射流管先导阀主要由力矩马达、射流管和接收器组成。当线圈中有电流通过时，产生的电磁力使射流管喷嘴位置偏离中位，偏置和特殊形状的喷嘴设计使当集射的液流射向一侧的接收器时，先导阀的接收器产生压差，此压差直接推动主阀芯产生位移。位移传感器通过振荡器测出主阀芯的实际位移，主阀芯的位置闭环控制是由阀内控制电路来实现的，实现了指令电信号与主滑阀位移的线性比例关系。伺服射流管先导阀具有很高的无阻尼自然频率(500Hz)，适用于长行程主阀芯的控制。射流管电液伺服阀降低了能耗，明显改善了流量利用效率，寿命超级长，具备很高的精度(如 Moog D661 的阈值<0.1%，磁滞<0.4%)，带宽可以达到 150Hz(@25%的行程)。

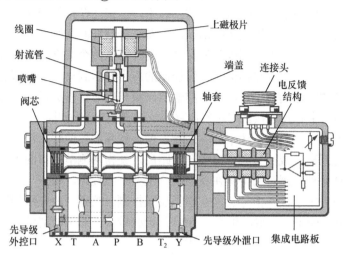

图 1-5　射流管电液伺服阀结构示意图(Moog 公司，美国)

1.1.2　电液伺服系统的辅助元件

本节主要介绍液压蓄能器、液压过滤器、热交换器和液压油箱等电液伺服系统的辅助元件。

液压蓄能器是一种压力储存罐，主要有活塞式和囊式两种液压蓄能器，在电液伺服系统中起到非常重要的作用。首先，液压蓄能器可以补偿泄漏。要维持一个封闭的系统而不发生泄漏是非常困难的，即使是很小的泄漏也会导致压力下降。使用蓄能器补偿泄漏，可以使系统压力在可接受的范围内保持很长的一段时间。液压蓄能器还可以补偿由于温度变化或产生的热量而引起的液体热膨胀和收缩。其次，使用液压蓄能器可以消除管路的水锤现象。在管道中高速流动的液体在突然停止时会产生水锤现象，这种突然停止导致的油液瞬时压力是系统额定工作压力的 2~3 倍，从而引起剧烈的噪声和振动，并对管道、配件和部件造成损坏。液压蓄能器的加入可使这些冲击和振动减小，大大削弱水锤现象的影响。再次，液压蓄能器可以保持压力稳定，有效抑制液压泵脉动输出引起的压力波动。最后，液压蓄能器通过存储能量，能满足工业上瞬时大流量的需求，在间歇操作中实现节能控制。如果液压泵发生故障，液压蓄能器中储存的能量也可为应急使用。此外，还可以利用液压蓄能器通过第二液体对危险液体(如挥发性液体)进行加压操作。

液压过滤器在电液伺服系统中必不可少，能过滤液压油中的杂质颗粒和污染物，是保证电液伺服系统长期运行的关键元件。液压系统中的污垢会导致阀芯卡住、密封失效和过早磨损，甚至直径小到 20μm 的灰尘颗粒也会造成损害(肉眼只能分辨 40μm)。液压过滤器可以安装在进油管、回油管、液压油箱或系统中的任何其他位置，来保护系统免受杂质的影响。在液压泵入口安装过滤器必须提供较低的压降，否则液压泵将无法从液压油箱中吸取液压油。液压泵出油口设置过滤器可过滤得非常精细，进而保护液压阀和执行机构。一般情况下，液压过滤器都配有污染指示器,污染指示器可分为三种:压力表式、机械弹出窗口式和电气指示式。压力表式污染指示器指示压差的大小,机械弹出窗口式污染指示器利用绿色(干净)、琥珀色(警告)和红色(须更换)三种状态表示。对于电气指示式污染指示器,当污染颗粒聚集在滤芯上时,若滤芯上的压差增大到一定值就会发出警告信号,此时一定要更换滤芯,否则液压油绕过滤芯通过旁通安全阀供油,液压过滤器失去作用。更换滤芯时要根据过滤等级选取合适的滤芯。最常见的 5μm 滤芯一般由有机和无机纤维组成,通过环氧树脂整体粘合,并在上下表面覆盖金属网,以起到保护作用,并增加机械强度。这种滤芯都是一次性的,在任何情况下都不可清洁使用。还有一种滤芯使用非常细的编织铁丝网,这种滤芯是可以清洗重复使用的。T 形过滤器是目前应用最为广泛的一种过滤器,它结构紧凑,便于清洗和更换。在液压系统的长期运行中,保持液体清洁的能力是一个非常重要的指标。

电液伺服系统运行过程中需要利用热交换器进行散热,通常采用风冷、水冷和油冷三种方式。由于未知因素太多,在设计时无法精确计算热交换器的准确尺寸。可通过实际液压油箱、空气和油的温度,相对精确地计算热交换器的容量。通常,热交换器的理论最大制冷能力要明显地小于液压油源的总功率。经验上通常以液压油源总功率的 25%来设计热交换器的制冷能力。

液压油箱除了为电液伺服系统存储液压油,还充当散热器、沉淀池,实现散热和分离重污染颗粒的功能。液压油箱应具有足够的容量,以始终保持液压泵吸入口的液体供应,防止液压泵吸入口处形成涡流,留出时间使固体污染物和气体与液体分离。吸入管和回流管之间应设置挡板,以防止继续使用相同的液体。挡板还可以降低液体速度,从而促进固体污染物的沉降和液体的脱气。液位上方提供足够的空间,以适应液体的热膨胀。液体回流至液压油箱的管线应远低于液位,以尽量减少曝气。在电液伺服系统中,液压油箱的设计要求重量轻、合理、美观、紧凑。在某些特殊场合,如航空航天领域,液压油箱还需要密封并充入一定压力的氮气。

1.1.3 液压管路和液压油

液压管路用来将液压油从一个地方输送到另外一个地方,管路设计不合理就会导致系统运行特性差、效率低。液压管路主要由液压胶管、金属液压管和液压集成块组成。液压胶管和金属液压管的价格相对较低。液压胶管是为特定的流体、温度和压力范围而设计的,液压胶管至少由三层组成,层数越多,额定压力越大。金属液压管是最常用的液压管路,金属液压管需要考虑选择普通碳钢、铜、铝还是不锈钢。普通碳钢对高压和高温有良好的适应性,但耐腐蚀性较差;铜容易拉拔或弯曲,具有很好的耐腐蚀性,但在高温下有硬化和断裂的趋势;铝合金除了具有铜的优点外,重量更轻。液压集成块具有外形美观、连接液压元件方便、节省空间、结构紧凑、泄漏少等优点,更重要的是大大减少了管路的接头。液压管路用于输送液压油,接头用于将管路连接到系统部件,所有部件均使用密封件以防止泄漏。管路之间的连接可以采用永久的焊接技术、螺纹管连接技术和无螺纹管连接技术。液压管路的效率取决于管路的压力损失,管路入口压力等于管路出口压力和沿程压力损失之和。当管内液压油发生突变时产生液压冲击,压力浪涌以声速向四周传播,并经过不同的内表面反射,直到冲击的动能被摩擦消散掉,此过程常常伴随着振动和噪声。因此,液压管路和接头还必须具有足够的强度,以控制和抑制这些冲击引起的压力波动。材质、外径、内径和壁厚是选择管路时主要考虑的四个因素,这些因素决定了管路的最大承压力。例如,选材质时,是选用金属液压管还是液压胶管。根据流量和耐压要求选内径时,如果管路的内径对于流量来说太小,过度的湍流和摩擦将导致不必要的功率损失和液压油过热。最后选择接头形式，要考虑选择直接接头还是 45°或者 90°的弯头。管路的设计应尽可能紧凑，连接线要短且无弯曲。每段管路都应固定在一个或多个地方，防止管路的重量和振动影响管路的接头。

　　液压油是影响电液伺服系统精度、响应速度和稳定性的重要因素，需具有无毒、耐火、易润滑、方便冷却、防腐蚀、不易泄漏、物理性能稳定等优点。液压油分为植物基和矿物基两种，这两种液压油不能互换，更不能混合使用。植物基液压油主要由蓖麻油和酒精组成，在植物基液体系统中使用的橡胶部件由天然橡胶制成，汽车制动系统、民航飞机制动等使用植物基液压油。世界上每年精炼大约 100 万 t 矿物油，矿物基液压油占所有液压介质的 90%以上。工业上通常使用矿物基液压油，选用具有化学惰性的抗磨液压油。另外，在矿物基液体系统中使用的橡胶部件由合成橡胶制成。实际工作时，温度对液压油的物理性能影响较大。高温会导致液压油的黏度和润滑性降低，并增大密封件的泄漏量以及有害的摩擦和磨损。黏度通常称为液压油最重要的特性，黏度会受温度和压力的影响，通常随温度降低或压力增大而增大。低黏度液压油可更有效地传递能量，但会使运动部件过度磨损和液压油泄漏损失增大。一般来说，高黏度的液压油比低黏度的液压油更能保持润滑膜，从而减少摩擦和防止磨损，保证液压元件的寿命。使用黏度过高的液压油，系统中的流动阻力和压降将增加，操作将变得迟缓。液压油的压缩性影响传输和控制系统对输入的响应速度，体积模量是压缩系数的倒数。较高的体积模量表示液体弹性较低，因此在压力变化时，弹簧效应较小。为了在液压系统中获得良好的动态性能，需要具有高体积模量的液压油，液压油中夹带的空气会降低体积模量。对于大多数流体，体积模量随着温度的升高和压力的降低而降低。液压油非常易燃，必须远离明火、火花和高温的物体。虽然液压油无毒，也应尽量避免不必要的油雾吸入和液压油与裸露皮肤的长时间接触。

1.1.4　液压元件的符号表示

　　图 1-6 给出了部分液压元件的符号表示，包括电动机、液压泵、液压马达、液压缸、热交换器、过滤器、蓄能器、溢流阀、压力开关、液压阀等。

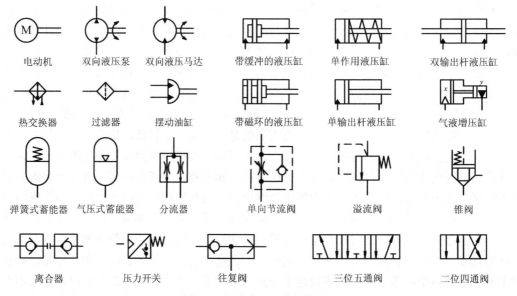

电动机　　双向液压泵　　双向液压马达　　带缓冲的液压缸　　单作用液压缸　　双输出杆液压缸

热交换器　　过滤器　　摆动油缸　　带磁环的液压缸　　单输出杆液压缸　　气液增压缸

弹簧式蓄能器　气压式蓄能器　分流器　　单向节流阀　　　溢流阀　　　锥阀

离合器　　压力开关　　往复阀　　　三位五通阀　　　二位四通阀

图 1-6　部分液压元件的符号

1.1.5 电液伺服系统的基本回路

电液伺服系统的基本回路如图 1-7 所示,通常包括伺服阀控制系统(阀控缸和阀控马达)、伺服变量泵控制系统(泵控缸和泵控马达)和变频调速电动机控制系统(电机控缸和电机控马达)。电液伺服系统利用伺服阀、伺服变量泵、变频调速电动机、伺服变量马达可以完成各类加载的控制。

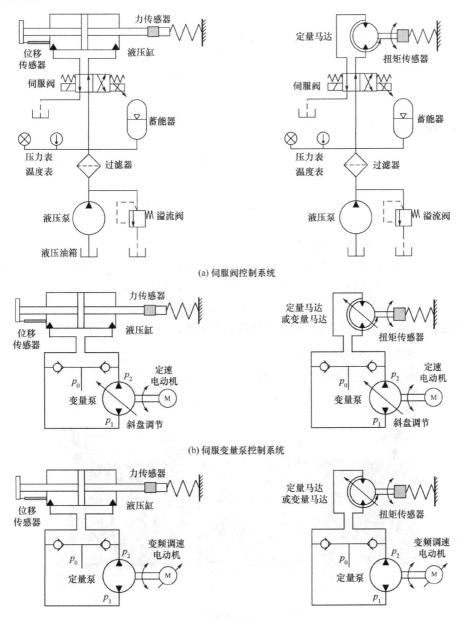

(a) 伺服阀控制系统

(b) 伺服变量泵控制系统

(c) 变频调速电动机控制系统

图 1-7 电液伺服系统的基本回路图

电液伺服系统一般由液压泵(定量、变量)、液压油箱、溢流阀、蓄能器、过滤器、压力表、温度表、伺服阀、液压缸、液压马达(定量、变量)、位移传感器、力传感器、扭矩传感器、电动机(定速、变频调速)等组成。高精度的检测传感器和电液伺服阀保证了电液伺服系统的控制精度,可完成力、位移、扭矩、转角、速度等的闭环控制。

1.2　电液伺服系统的发展现状

当前电液伺服控制系统广泛应用于通用试验机、试验台、铁路、船舶、木材加工设备、飞机、军用车辆、航空航天器械、锻压机、波浪发生器、剧院舞台控制等。电液伺服控制系统的驱动部件还可设计成无磁、无电形式,应用于极端环境的特殊场合。本节主要介绍在重载大功率和高精度、快响应方面的应用情况及电液伺服激振控制的研究现状。

1.2.1　常规重载大功率电液伺服系统

在需要大力和扭矩、快响应、高精度的场合,通常采用电液伺服控制系统。它可以在高精度和大功率水平下控制多个性能参数,如压力、速度和位置。意大利的达·芬奇(Leonardo Da Vinci)给出了轧机的雏形,用来轧制金属材料。轧制是金属材料通过一对或多对轧辊的过程,两个轧辊之间的间隙小于起始材料的厚度,从而导致其变形,金属材料厚度的减少导致材料拉长。轧机的压下系统需要重载荷、大功率的加载,英国 Davy-United 等最早将电液伺服控制系统应用于轧机的压下系统,实现了板厚的控制,电液伺服控制的性能对板带生产能力与产品质量有着重要影响。当前世界上主要的轧机生产制造商在大功率加载方面还是采用电液伺服控制。图 1-8 是美国 National Bronze 公司的高性能板带轧机,采用了高性能、大功率电液伺服控制系统,可以保持轧辊和辊缝的精确对准,实现了板厚的精准控制。

图 1-8　高性能板带轧机

图 1-9 给出了新西兰 Summit Hydraulic Solutions 公司在制浆造纸行业中采用的大扭矩低速液压马达(转速为 0～65r/min,转矩为 0～50kN·m),电液伺服系统装机功率为 185kW。

液压马达直接安装在给料机传动轴上，实现了正反转无级变速控制和转矩控制。这种电液伺服转矩控制噪声低、启动转矩大(机械效率提高到 0.9 以上)、容积效率高，可广泛应用于石油、化工、矿山、船舶、建筑机械等行业。

图 1-9　制浆造纸行业中转矩控制

　　盾构机是一种使用盾构法的隧道掘进机，盾构机在变负荷下工作，具有较高的装机功率。盾构机一般采用压力流量复合控制的电液伺服系统，利用压力传感器和位移传感器完成各推力组合液压缸的压力和位移的实时测量，形成压力和速度的闭环控制。图 1-10 为我国中铁隧道局集团有限公司与中铁工程装备集团有限公司合作研制的"春风号"盾构机，它长 135m、重 4800t，开挖直径达到了 15.8m。目前，"春风号"盾构机是我国具有自主知识产权的最大直径的泥水平衡盾构机。该盾构机的核心控制采用电液伺服系统，实现了压力和速度的平稳、无级调节，能适应非常复杂的地质条件。

图 1-10　"春风号"盾构机

　　液压启闭机可采用电液伺服系统，控制大行程液压缸内的活塞做轴向往复运动，从而带动连接在活塞上的连杆和闸门做直线运动，以达到开启、关闭孔口的目的。图 1-11 为我国中船重工中南装备有限责任公司生产的三峡永久船闸液压启闭机，整套电液伺服控制系统可应用于各种孔口尺寸的深孔式弧形闸门、水利水电工程普通平面闸门、各种露顶式弧形闸门等的启闭。该公司还为黄河小浪底水利枢纽明流洞生产了超大型液压启闭机液压缸(缸径为 720mm，活塞杆直径为 350mm，单缸重 49t)，是目前我国已建电站的最大液压启闭机液压缸。

图 1-11　三峡永久船闸液压启闭机

1.2.2　机电液一体化伺服系统

电液作动器(electro-hydraulic actuator，EHA)将电机、液压泵、油路块、液压缸、内置传感器和电子控制装置组合成一个灵巧的机电液一体化的伺服系统，将液压技术的功重比优势与电动伺服技术的通用性、安装和控制的方便性相结合。它由伺服电机驱动液压泵产生的压力作用在液压缸上，以提供最佳的机械驱动力。电液作动器可实现位置、力和速度的精确控制，不需要大量的液压油，寿命长、平滑稳定、结构紧凑、噪声小、可重复性好、可靠性高，不容易发生油液泄漏问题，可满足航空航天、钢铁、采矿、核能和发电行业等的需求。图 1-12 给出了美国 Parker 公司生产的电液作动器，采用双向驱动的双作用液压缸和防止过载的集成控制阀。该电液作动器采用永磁直流电动机和双向齿轮泵，最大加载力可达 21.35kN，最大速度可达 84mm/s。采用 12V 或 24V 直流电源，驱动功率为 0.25kW 或 0.56kW，可实现长时间的间歇工作。

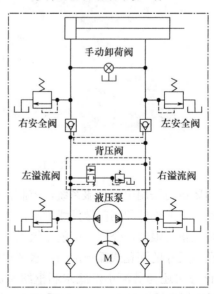

图 1-12　电液作动器

1.2.3 电液伺服激振控制系统

激振技术广泛应用于冶金、矿山、煤炭、建材、磨料、轻工等领域,是设计振动台、振动输送机、振动给料机、振动筛分设备、振动落砂机等装置首先要考虑的关键技术。从发展历程来看,激振装置从早期的机械式逐渐发展到电动式、气动式,最后发展到液压式。机械式激振装置通常结构简单、成本低廉、安装方便、维护容易、负荷推力大,然而受机械机构的限制,激振幅值通常很难在线调节、频率调节范围较小、波形失真大;电动式激振装置频率范围宽、系统线性好、容易控制、动态范围宽,但其结构复杂、维护成本高,受发热、损耗及固有磁饱和等缺点的限制,激振幅值有限、激振力较小;气动式激振装置加工简单、造价低廉、运行可靠,但其响应慢、控制精度低、动态特性差;液压式激振装置一般采用电液伺服控制系统,通常需要高性能的伺服阀和伺服缸。液压式激振装置输出力和振动幅值大、功重比大、易于调节、运行可靠,逐渐在现代工业、土木建筑、大型重载工程机械、航空航天等高科技领域中崭露头角,能出色地完成振动和强度实验。

20 世纪 50 年代,美国、日本、苏联等国家开始研究液压理论,液压激振技术有了较大的发展。1968 年,电液伺服激振技术开始在地震模拟振动台中应用,美国 MTS 公司以及伊利诺伊大学先后研制出不同形式的地震模拟台[1]。20 世纪 90 年代初,苏联学者 Astashev 等[2]提出了一种新型结构的液压激振器,分析了液体流过自激振动体通道时的动态特性。基于电磁学原理,Nascutiu 等[3]提出了一种音圈执行机构,通过使用铁磁流体增加力系数、改善阻尼行为,缩短了电液伺服阀的瞬态响应时间。Arvani 等[4]为使电液激振系统以特定的振幅和频率控制负载的振动,采用键合图的建模方法,研究和模拟了液压回路中各元件对振动筛性能的影响。在人工振动压实机动力学特性研究的基础上,Erem'yants 等[5]提出了一种双转子液压激振器,并建立了支持机器有效运行的参数关系。针对多轴振动实验台各自由度之间存在的耦合问题,Smallwood[6]、Vaes 等[7]提出采用系统频响函数矩阵补偿耦合和修正驱动信号,实现了电液振动台的解耦控制。

国外针对各类激振技术的研究已取得丰硕的成果,国内相关研究也得到了长足的进步。2002 年,西安石油学院的吴伟等[8]设计了井下液压激振器,使用一个液压双稳射流元件,在套管内油层封隔段积聚能量产生压力振荡。2003 年,太原理工大学的郝建功等[9]研究了一种基于转阀结构的电液激振器,获得了较高的激振频率(60Hz),但振动幅值的调整需通过调节液压系统的压力来实现。2007 年,长江大学的熊青山等[10]研制了一种阀式射流冲击器,它与同规格射流冲击器相比,在冲击功、冲击频率等方面相差不大,但能大幅度降低压力损耗。针对电液激振技术,浙江工业大学的龚国芳等[11,12]设计了一种阀芯旋转式四通高速换向阀及自动限位的微行程双作用液压缸,提高了电液激振的频率和流量,实现了大功率可变频激振。南京工程学院的王育荣等[13]研究了一种节能型液压激振技术,并对高频液压转阀进行了原理样机设计,实现了高转速连续旋转和高频换向,弥补了当前液压转阀的不足。国防科技大学的刘毅等[14]克服机械驱动装置的局限性,采用双杆振动驱动的方式,提出了一种电液激振驱动的新型捣固装置。大连理工大学的 Sang 等[15]利用电液伺服激振技术自主研制了动三轴试验仪,取得理想的正弦激振控制效果。温州大学的 Ren 等[16]和浙江大学的 Ruan 等[17]针对滑轴式伺服阀响应较慢、限制系统高频性能的缺点，提出了一种新型旋转阀（2D 阀），为电液激振系统提供所需的激振力。

电液伺服激振控制系统的功重比大，输出特性易于调节、机构简单、运行可靠，能满足现代工业、土木建筑，尤其是大型重载工程机械、航空航天等高科技领域对激振频率范围及输出推力的苛刻要求，是液压传动控制非常重要的组成部分。

1.3　电液伺服系统的优缺点

1. 优点

与其他传动控制形式相比，电液伺服系统有许多独特的优点。

（1）具有很高的固有频率和回路增益，位移、速度、力等控制精度高，跟踪性能优良，在大功率、高精度、快响应的场合只能选用电液伺服系统。

（2）功重比大，电液伺服系统不受磁饱和的限制，在容许使用安全压力的前提下可以传递很大的力或扭矩。这一优点使电液伺服系统的执行部件体积小，安装灵活，便于在设备上布置，尤其在小型紧凑型仪器、行走装备、飞行器、深海探测装置中有很大的应用潜力。

（3）具备过载保护功能，能减缓冲击载荷的影响，防止系统崩溃。例如，液压马达/液压缸可以在连续、间歇、反向和失速状态下工作，不会损坏。带安全阀保护的液压执行机构还可以实现过载停机操作。

（4）机械零件较少，可靠性高、故障率低。这一优点使得电液伺服系统非常适用于航空航天和长时间工作的领域。

（5）可在旋转和线性动力传输中提供广泛的可变运动，增加了液压元件的灵活性。

（6）传动平稳、均匀，刚度特性良好。换向方便，无回程间隙，可实现位移、速度、力等的换向控制。

（7）使用液压管路时，动力的传递相当容易。高压油可以快速、高效地向四周输送，不需要齿轮、凸轮和杠杆系统。

（8）受负载变化的影响小，液压执行器具有较高的响应速度，能对速度或方向的变化做出快速的响应。

（9）具备自润滑功能，维护要求低，机械磨损小。液压油的润滑作用大大延长了零部件的使用寿命。

（10）在传动过程中液压油带走了执行部件产生的热量，避免了因温度升高而引起的执行元件的机械过度配合、磨损等，液压油可通过热交换器进行温度控制。

2. 缺点

尽管电液伺服系统有许多明显的优点，但有几个缺点往往限制了它的使用。电液伺服系统有如下缺点。

（1）电液伺服阀属于成本高的精密元件，小功率时，性价比不高；电液伺服阀阀芯和阀套的配合精度非常高，使得加工制造电液伺服阀的成本极高；液压油源的获得需要专门的装置，没有电机传动实现起来方便。

(2) 电液伺服阀对液压油清洁度要求高，污染可能会堵塞关键伺服阀等零部件。液压油含有水分，会使得液压管路、液压油箱腐蚀、生锈。

(3) 电液伺服系统效率低，液压油源还伴随着噪声和振动，远没有电机传动安静和节能。

(4) 高压运行时，易发生液压油泄漏现象，导致环境问题，还可能带来人身安全隐患。

(5) 需要专门的冷却装置，避免液压油温度过分升高。液压油都有一个工作温度上限，如果超过这个温度上限，则存在火灾和爆炸危险。

1.4　电液伺服系统的发展方向

自 20 世纪 80 年代以来，大功率无刷电机和稀土永磁电机在工业领域得到了引进和大量使用，使得液压系统的发展趋势有所下降，但在很多场合还是无法替代电液伺服系统。未来电液伺服系统会在以下几个方向上继续发展。

1) 高压化、轻量化、集成化

长期以来，高压化、轻量化、集成化一直是电液伺服系统需要持续解决的难题。高压化可以减轻元件的重量，使得元件小型化；轻量化能进一步提高功重比；集成化使得电液伺服系统结构更加紧凑、功能更加齐全。当前，美国紧凑高效流体传动研究中心(The Center for Compact and Efficient Fluid Power，CCEFP)正在积极研究大幅提高电液伺服系统集成化的方法。

2) 非线性实时补偿控制

电液伺服系统存在许多无法避免的非线性环节，如摩擦、迟滞、间隙等。近年来相继出现的模糊控制、滑模变结构控制、反步控制、迭代学习控制、神经网络控制、模型参考自适应控制等在解决电液伺服系统非线性问题上提供了更好的控制方案。将来，随着控制理论和计算技术的发展，更多的非线性控制器将应用于电液伺服系统。

3) 高效节能控制

2013 年德国提出"工业 4.0"的定义后，工业系统对智能液压系统及其在"智能工厂"中的应用提出了更高的要求。节能控制也是整个流体传动必须要解决的问题，当前流体传动系统的效率非常低，根据应用情况，效率在 6%～40%，平均效率仅为 21%。节能控制越来越得到世界各国工业界的重视，它是评价电液伺服系统的重要指标。美国橡树岭国家实验室(Oak Ridge National Laboratory，ORNL)曾经与美国国家流体动力协会(National Fluid Power Association，NFPA)合作，探寻提高效率的途径。

4) 数字化、智能化、网络化

数字化技术是指直接用调制、离散、数字信号控制离散流体，实现对系统输出的主动智能控制的技术，包括并联数字液压技术、高速开关数字液压技术、步进式数字液压技术。具有这种技术特性的液压元件可以定义为数字液压元件(如数字液压阀、数字液压泵、数字液压缸等)，由数字液压元件组成的系统也可以定义为数字液压系统[18]。电液伺服系统与 DSP 等系统的有机融合可实现数字化、智能化、网络化的控制，实现系统振动和噪声分析、处理，以及基于物联网远程的状态监测和故障诊断。

5）新型传动介质

随着石油化工等技术的发展，新型环境友好传动介质可能会出现，这将促进电液伺服系统新的发展。

6）光机电液一体化

电液作动器属于机械、电机和液压的集成，未来光检测作为一种更先进的非接触测量手段将进一步促进光机电液一体化技术的发展。

7）系统小型化、微型化

小型电液伺服系统的需求会越来越大，这种驱动系统工作在几百瓦的功率范围内。新材料的工作机理将促进传统液压泵、液压阀和伺服阀的革新设计，将解决电液伺服系统小型化、微型化所面临的技术挑战。

参 考 文 献

[1] 王燕华, 程文, 陆飞, 等. 地震模拟振动台的发展[J]. 工程抗震与加固改造, 2007, 29(5): 53-56.

[2] ASTASHEV V K, TRESVYATSKIJ A N. Hydraulic self-sustained vibrations exciter for vibrating technological devices[J]. Problemy Prochnostii Nadezhnos'ti Mashin, 1993, 6: 52-59.

[3] NASCUTIU L, BANYAI D, MARCU I L. Hardware in the loop concept applied to control the voice coil actuator used in hydraulic servo-valves[C]. New York: IsI Proceedings, 2009: 1267-1268.

[4] ARVANI F, RIDEOUT G. KROUGLICOF N, et al. Bond graph modeling of a hydraulic vibration system: simulation and control[C]. Rome: Proc. IMAACA, 2011: 281-286.

[5] EREM'YANTS V I, URAIMOV M. Dynamics of hydraulic vibration machine for soil compaction[J]. Journal of Machinery Manufacture and Reliability, 2009, 38(5): 425-430.

[6] SMALLWOOD D O. Multiple shaker random vibration control-an update. SAND98-2004[R]. Albuquerque: Sandia National Laboratories, 1999.

[7] VAES D, SOUVERIJNS W, DE CUYPER J, et al. Optimal decoupling for improved multivariable controller design, applied on an automotive vibration test rig[C]. New York: IEEE, 2003, 1: 785-790.

[8] 吴伟, 秦彦斌, 高纪念. 井下液压激振器的设计[J]. 石油矿场机械, 2002, 31(4): 6-9.

[9] 郝建功, 张耀成. 新型电液激振装置的性能研究[J]. 太原理工大学学报, 2003, 34(6): 706-709.

[10] 熊青山, 王越之, 殷琨, 等. 阀式液动射流冲击器的研制[J]. 石油钻探技术, 2007, 35(3): 63-65.

[11] 龚国芳, 刘毅, 闵超庆, 等. 用于液压激振器的阀芯旋转式四通高速换向阀: 201010100305.1[P]. 2010-07-28.

[12] 龚国芳, 闵超庆, 刘毅, 等. 一种微行程双作用激振液压缸: 201110229855.8[P]. 2011-01-04.

[13] 王育荣, 吕云嵩. 一种用于节能型液压激振技术中高频液压转阀的研究[J]. 制造业自动化, 2012, 34(11): 94-96.

[14] 刘毅. 捣固装置及其电液激振技术的研究[D]. 长沙: 国防科技大学, 2013.

[15] SANG Y, SHAO L T, GUO X X, et al. A novel bidirectional dynamic triaxial instrument and its applications[J]. Instrumentation Science and Technology, 2015, 43(4): 429-445.

[16] REN Y, RUAN J. Theoretical and experimental investigations of vibration waveforms excited by an electro-hydraulic type exciter for fatigue with a two-dimensional rotary valve[J]. Mechatronics, 2016, 33: 161-172.

[17] RUAN J, BURTON R T. An electro hydraulic vibration exciter using a two-dimensional valve[J]. Journal of Systems and Control Engineering, 2009, 223 (12): 135-147.

[18] ZHANG Q W, KONG X D, YU B, et al. Review and development trend of digital hydraulic technology[J]. Applied Sciences, 2020, 10 (2): 579-608.

第 2 章　新型电液伺服转阀的设计与分析

电液伺服转阀集成了机械、电子、计算机等先进技术，驱动阀芯(或阀盘)做旋转运动直接或间接来实现油路的开闭、换向和流量调节。电液伺服转阀是数字化的典型液压元件，工作过程中负载扭矩小，步进电机、伺服电机和性能优越的音圈电机可直接驱动。在使用中，伺服转阀对油液清洁度的要求较低，其制造成本远低于喷嘴挡板、射流管电液伺服阀，控制性能又高于比例阀的技术指标。电液伺服转阀在很多领域有良好的发展前景，尤其伴随着将来高频响、高速度驱动器的出现，电液伺服转阀的综合性能会进一步提高。本章主要介绍近年来课题组在电液伺服转阀上的一些研究成果[1-3]。

2.1　电液伺服转阀的研究现状

伺服转阀从驱动阀芯运动来看，主要分为三类：单自由度直驱转阀、单自由度间驱转阀和双自由度转阀。单自由度直驱转阀直接通过旋转阀芯实现闭环伺服功能，单自由度间驱转阀一般通过旋转驱动阀芯使主阀芯转动或轴向移动来实现闭环伺服功能，双自由度转阀通过旋转阀芯间接地使本身产生移动来实现闭环伺服功能。

20 世纪 40 年代，Tucker[4]设计了一种单自由度直驱转阀，由阀体、阀套和阀芯组成。该阀阀芯上设有环形槽和轴向槽，阀套上的控制阀口与阀芯轴向槽相对应。当阀芯旋转时，实现 A、B 油口高低液压油的相互换向与流量控制。单自由度直驱转阀的结构简单、紧凑、容易加工，后来很大一部分研制的转阀都是在此基础上进行改进的。1963 年，Moss[5]设计了一种单自由度间驱转阀，主要由阀体、主阀芯、驱动阀芯等组成。驱动阀芯上开有两个螺旋槽，其一端分别与阀的左腔或右腔相通。另外，两个腔通过阻尼孔都与低压油口相连，主阀芯中部环形槽与高压油口相连并开径向通孔。这种阀利用液压力驱动主阀芯，其结构新颖，可实现大流量的控制。该阀利用螺旋槽使阀腔产生压差进行驱动，此驱动方式为随后开发的 2D 转阀奠定了基础。20 世纪 80 年代，日本丰田汽车公司的田中常雄[6]设计了用于汽车方向舵液压助力系统的转阀。该阀阀芯是圆齿形的，阀芯和阀套具有对称的结构，而且径向通油孔对称布置，这使得阀芯上所受的轴向力和径向力平衡，所以阀芯仅需要较小的驱动力矩，油口泄漏量小，工作更加稳定。1987 年，由 Sloate[7]设计的单自由度间驱转阀，其驱动阀芯上对称设有两个 V 形长槽，两槽的右端开口直接与主阀芯右端螺纹塞形成的空腔相通。主阀芯右端与阀体配合形成的左腔直接与高压油口相通。当旋转驱动阀芯时，V 形长槽与高压或低压油口相通，从而使螺纹塞腔的压力产生变化。1989 年和 1997 年由 Vick[8,9]设计的电液伺服转阀，主要由调零机构、力矩马达、单级主阀、RVDT 等组成。阀套里嵌有两个叠片结构，由光蚀刻形成的不同内孔形态的金属碟片叠加而成，不同的碟片可以在阀套中布置成不同走向的盲孔流道，使转阀功率级的结构更加紧凑。1991 年，Nogami[10]设计了一种典型的转盘式伺服转阀，主要由油口盘、转盘、配油盘组成。只有转盘为旋转件，转盘上的阀口分别与油口盘上的油口相对应。转盘阀口容易加工，只是流量控制的非线性提高了控制难度。随后，

Sallas[11]、Leonard[12]、Woodworth[13]、Goldfard[14]、Kerckhove[15]相继设计了各式各样的伺服转阀。

　　国内对伺服转阀的研究相对比较晚,但发展迅速,提出了许多新的构想,有些转阀的性能已经居于世界前列。国内研究伺服转阀的主要有北京航空航天大学、浙江大学、浙江工业大学、中国科学院长春光学精密机械与物理研究所、大连理工大学等。北京航空航天大学的付永领等[16,17]对单自由度直驱转阀的阀芯所受的稳态和瞬态液动力的数学公式进行了推导,完成仿真计算,得到了许多有用的结论,为转阀结构的优化设计、阀芯驱动机构的选择以及阀特性的分析起到了指导作用。浙江大学流体传动及控制国家重点实验室研制了单级转轴式旋转电液伺服阀[18]。沿圆周方向在该转阀阀芯上均匀地加工四个凹槽,凹槽间隔恰好能将阀套上的矩形开口遮住,大功率级的结构设计使其适用于高压大流量的工作场合。浙江工业大学的阮健等[19,20]提出了一种 2D 阀,将驱动阀芯与主滑动阀芯结合为一体,结构更加紧凑。在 2D 阀阀体腔的一端加工有螺旋槽,并设计了阀芯上高低压孔与螺旋槽相配合的伺服螺旋机构,旋转阀芯使阀体左右两腔产生压差,从而推动阀芯实现双级导控的功能。中国科学院长春光学精密机械与物理研究所的高宗江等[21]在 1986 年研制了一种数字式液压伺服转阀,其阀芯为径向对称的油槽与阀套的菱形阀口相配合的形式。大连理工大学的 Sang 等[22]为满足工程需要设计了一种流量增益可调、分辨率高的直动式可变面积梯度转阀,该阀结构简单、运行可靠、控制容易、维护方便、应用范围广。

2.2　新型电液伺服转阀的设计方案

1. 新型电液伺服转阀的结构设计

　　新型电液伺服转阀主阀部分由阀体、阀套和阀芯三部分组成,具体结构如图 2-1 所示。阀体内腔上沿轴向开有五个环形槽,阀套嵌套在阀体内腔中,阀套上的五个环形槽与阀体内腔的环形槽一一对应布置。阀套上开有四组矩形控制阀口(5),沿径向对称分布;阀套上还开有两组通油阀口(4),沿径向对称分布;阀芯上沿轴向开有四组弓形槽(6),每组中两个径向对称的弓形槽(6)之间形成的扇形面积恰好将阀套上的矩形控制阀口(5)完全遮蔽;径向对称的弓形槽(6)间开有径向通孔,阀芯上沿轴向开有五个环形均压槽。

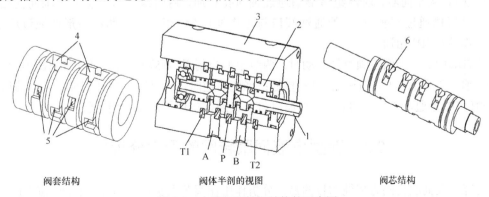

阀套结构　　　　　　　　阀体半剖的视图　　　　　　　　阀芯结构

图 2-1　电液伺服转阀结构的示意图

1-阀芯;2-阀套;3-阀体;4-通油阀口;5-控制阀口;6-弓形槽;T1、T2-回油口;A、B-工作油口;P-进油口

　　图 2-2 给出了新型电液伺服转阀的装配图，由步进电机(1)、左阀罩(2)、阀套(3)、阀体(4)、阀芯(5)、弹簧复位机构(6)、伺服电机(7)、右阀罩(8)、弹性联轴器(9)、阀右透盖(10)、角接触球轴承(11)、活塞(12)、阀左端盖(13)、限位螺钉(14)、测微螺杆(15)、微分测筒(16)等组成。阀芯左端装有轴承，轴承嵌在活塞上，活塞左端连接测微螺杆，测微螺杆上开有 V 形槽，限位螺钉穿过左端盖嵌入 V 形槽中，使测微螺杆只能沿轴向移动，测微螺杆左端装有微分测筒。电机轴与微分测筒固接并带动其旋转时，测微螺杆会沿轴向移动，使相连的活塞也沿轴向移动，从而使阀芯产生轴向位移。伺服电机驱动阀芯旋转实现流量和方向的伺服控制。

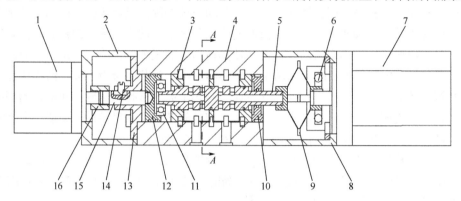

图 2-2　新型电液伺服转阀的装配图

1-步进电机；2-左阀罩；3-阀套；4-阀体；5-阀芯；6-弹簧复位机构；7-伺服电机；8-右阀罩；9-弹性联轴器；
10-阀右透盖；11-角接触球轴承；12-活塞；13-阀左端盖；14-限位螺钉；15-测微螺杆；16-微分测筒

2.　新型电液伺服转阀的工作机理

　　利用阀芯转动实现液流流量与方向的控制，轴向移动阀芯还能改变阀的额定流量。图 2-1 中，阀套的五个环形槽与阀体内腔的环形槽一一对应布置，阀体内腔的五个环形槽分别接通回油口(T1)、工作油口(A)、进油口(P)、工作油口(B)、回油口(T2)。阀套上开有四组矩形控制阀口(5)，从左向右，第一组阀口与回油口(T1)相通，第二组、第三组阀口与进油口(P)相通，第四组阀口与回油口(T2)相通。阀套上有两组通油阀口(4)，从左向右，第一组阀口与工作油口(A)相通，第二组阀口与工作油口(B)相通。阀芯上有四组弓形槽(6)，从左向右，前两组弓形槽通过轴向孔相通，后两组弓形槽也通过轴向孔相通。前两组弓形槽通过阀套(3)上的通油阀口与工作油口(A)相通，后两组弓形槽通过通油阀口与工作油口(B)相通。

　　从右端面看，当阀芯顺时针转动时，两组矩形控制阀口(5)打开，工作油口(B)与回油口(T2)接通，工作油口(A)与进油口(P)接通；当阀芯逆时针转动时，恰好相反，工作油口(B)与进油口(P)接通，工作油口(A)与回油口(T1)接通，实现了油路方向的转换。

2.3　新型电液伺服转阀的受力分析

　　研究电液伺服转阀力特性的目的是：分析作用在阀芯上各种力的性质及产生原因，以便采取有效措施减弱或消除其不利影响；计算驱动转阀阀芯所需的力，为其驱动元件的设计提供依据[23]。电液伺服转阀中受到许多实际力的作用，如惯性力、摩擦力、液动力、弹簧力。转阀主运动为旋转驱动，所受的力以力矩表征为主。

2.3.1　惯性力矩与黏性摩擦力矩

电液伺服转阀阀芯的惯性力矩 T_r 为

$$T_r = J_r \frac{\mathrm{d}^2 q}{\mathrm{d}t^2} \tag{2.1}$$

$$J_r = m \frac{R^2}{2} \tag{2.2}$$

$$m = m_v + \rho V_0 \tag{2.3}$$

式中，T_r 为惯性力矩；J_r 为阀芯和阀腔中油液的转动惯量；q 为阀芯和阀腔中油液的流量；m 为阀芯和阀腔中油液的总质量；R 为阀芯质心的转动半径；m_v 为阀芯的质量；V_0 为阀腔中油液的容积；ρ 为液压油的密度。

电液伺服转阀的黏性摩擦也用力矩表征，根据牛顿内摩擦定律，黏性摩擦力矩 T_v 为

$$T_v = \frac{\mu A_s R}{r_c} v_s = \frac{\mu A_s R^2}{r_c} \frac{\mathrm{d}\theta}{\mathrm{d}t} \tag{2.4}$$

式中，T_v 为黏性摩擦力矩；μ 为油液的动力黏度；A_s 为阀芯与阀套的接触面积；v_s 为阀芯外径的线速度；r_c 为阀芯与阀套的径向间隙。

黏性摩擦力矩 T_v 可写为

$$T_v = B_v \frac{\mathrm{d}\theta}{\mathrm{d}t} \tag{2.5}$$

$$B_v = \frac{\mu A_s R^2}{r_c} \tag{2.6}$$

式中，B_v 为阀芯、阀套的黏性摩擦系数。

2.3.2　电液伺服转阀的卡紧力

电液伺服转阀的卡紧包括机械卡紧和液压卡紧。导致机械卡紧的主要原因有：油液中的污染物楔入阀芯凸肩和阀套的间隙使之卡紧；阀芯与阀套配合间隙过小造成卡紧；阀芯、阀套设计加工的形状位置误差造成卡紧；阀芯的安装误差导致卡紧[24,25]。电液伺服转阀液压卡紧的主要原因有两个：一个是存在径向加工的一组不对称的弓形槽结构，如图 2-3 所示；另一个与滑阀液压卡紧的一致，即存在偏心同时阀芯或阀套有锥度且间隙向流动方向增大时将产生液压卡紧现象。弓形槽面不平行和槽面的加工深度不一致，使槽面的压力分布不同从而产生径向不平衡力[26]。

减小电液伺服转阀卡紧力[23,24]的措施如下。

(1)提高阀芯和阀套的加工和装配的精度，减小锥度，使结构阀芯上的弓形槽结构对称，保证阀芯和阀套的同轴度，避免偏心。

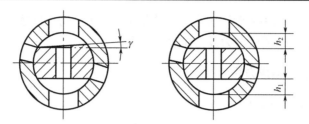

图 2-3　弓形槽不对称性的示意图

(2)在阀芯凸肩上加工均压槽以平衡径向力,至少开三个均压槽,如图 2-4 所示,均压槽设置在高压侧且深度和宽度至少为间隙的 10 倍。

(3)控制信号中加入小振幅的高频颤振信号。

均压槽

图 2-4　阀芯凸肩上均压槽的示意图

2.3.3　电液伺服转阀的稳态液动力

稳态液动力是指阀口处于确定的开口量和恒定流动时,因流速的大小及方向发生变化,液流流进或流出阀口而产生的作用于阀芯上的反作用力。图 2-5 表示了阀芯控制体积和所受作用力。图 2-5(a) 中,黑色粗线框包围的体积为控制体积,通油阀口面积比控制阀口开口面积大得多,因此通过通油阀口的流速 v_0 相对于阀口流速 v 可忽略不计。根据伯努利定律,流速越快,流体产生的压力就越小。由于通油阀口和控制阀口之间的速度差,因此会产生作用于阀芯的液动力,如图 2-5(b) 所示。一般情况下射流角 α 恒大于 0,稳态液动力始终有使阀口关闭的趋势,因而增大了阀的驱动力[23]。

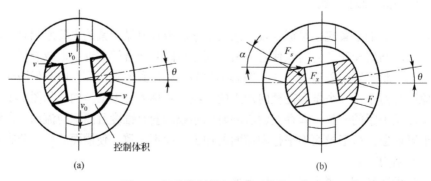

(a)　　　　　　　　　　　　　　　　(b)

图 2-5　阀芯控制体积和所受的作用力

为了得到所需的最大驱动力,计算稳态液动力时面积梯度取最大值。根据动量定理,单个阀口作用于阀芯的作用力 F 为

$$F = \rho Q(v - v_0) \approx \rho Q v \tag{2.7}$$

式中，Q 为通过阀口的流量；v 为通过控制阀口时流束最小断面处的流速；v_0 为液流通过通油阀口的流速。

作用力 F 的方向可以分解为径向分量 F_r 和周向分量 F_s。由于阀口径向对称分布，径向稳态液动力相互抵消。阀口处的射流角为 α，则周向液动力 F_s 为

$$F_s = F \sin \alpha = \rho Q v \sin \alpha \tag{2.8}$$

$$\begin{cases} v = \dfrac{Q}{A} \\ A = C_c R L \theta \\ Q = C_d R L \theta \sqrt{\dfrac{2\Delta p}{\rho}} \\ C_d = C_c C_v \end{cases} \tag{2.9}$$

$$F_s = 2 C_d C_v R L \theta \Delta p \sin \alpha \tag{2.10}$$

式中，α 为射流角，即流束的轴线与阀芯半径的夹角；A 为控制阀口的过流面积；L 表示阀芯长度；C_d 为流量系数；C_c、C_v 分别为收缩系数、速度系数；Δp 为阀口处的压降。

电液伺服转阀具有零开口特性，阀芯旋转时会有四个控制阀口同时工作，其中两个阀口的压力如图 2-6 所示，控制阀口的压降 Δp 为

$$\Delta p = p_s - p_A = \frac{p_s - p_L}{2} \tag{2.11}$$

式中，p_s 为供油压力；p_A 为阀口出口压力；p_L 为负载压力。

阀口周向液动力为

$$F_s = C_d C_v R L \theta (p_s - p_L) \sin \alpha \tag{2.12}$$

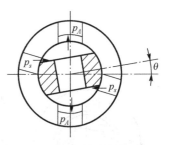

图 2-6　阀口压力的示意图

由于通过阀芯旋转运动实现四通功能，驱动阀芯的为旋转力矩，所以阀芯所受的液动力作用以力矩表征，单个阀口所受的液动力矩 T_{s0} 为

$$T_{s0} = C_d C_v R^2 L q (p_s - p_L) \sin \alpha \tag{2.13}$$

四个阀口同时工作，总的稳态液动力矩 T_s 为

$$T_s = 4 C_d C_v R^2 L \theta (p_s - p_L) \sin \alpha \tag{2.14}$$

由 $T_s = K_f \theta$ 可得

$$K_f = 4 C_d C_v R^2 L (p_s - p_L) \sin \alpha \tag{2.15}$$

式中，K_f 为稳态液动力矩刚度。

由式 $T_s = K_f \theta$ 可知，稳态液动力矩的大小与阀的开口角度成正比，其加载方向又使阀口趋于关闭，其作用如同复位弹簧一样。

电液伺服转阀采用单级控制方式，旋转角度很小时产生的高速流体对阀芯产生的稳态液动力是影响单级阀控制精度的重要干扰力[27]。滑阀的射流角 α 一般取 69°。这是在流动为二

维、无旋、液体不可压缩、顶隙为零、阀口直角锐边的理想条件下，由冯·密斯塞于 1917 年进行了理论分析并通过实验证实的。通常，关于液压滑阀稳态液动力的计算，在工程上取射流角为 69° 的误差是可以接受的。69° 是在理想情况下计算出来的，但射流角与顶隙量、滑阀控制边圆角、阀口开度等有关，实际情况较为复杂，射流角并非一定是 69°。例如，在径向间隙 C_r 与开度 x 的比值很小时，射流角远小于 69°[28]。当取射流角 α=69°，并令 C_d=0.65、C_v=0.98 时，由公式可计算得到转阀阀芯转角与稳态液动力矩理论值的关系图，如图 2-7 所示。

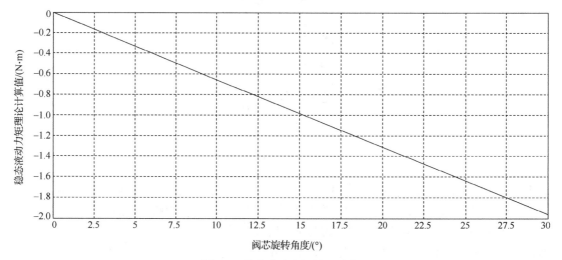

图 2-7　稳态液动力矩的理论值

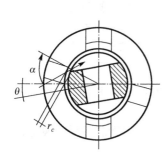

图 2-8　径向间隙示意图

当取射流角为定值时，通过图 2-7 可知，稳态液动力矩最大为 2N·m。当再加上惯性力、摩擦力、弹簧力等时，驱动力矩相当大。本节研究的电液伺服转阀与滑阀结构不同，如图 2-8 所示，图中 r_c 为阀芯阀套的径向间隙。转阀的阀口并非直角锐边，所以控制阀口的形式对射流角的影响未知，射流角无法确定。那么稳态液动力矩的理论值不足以作为选取驱动部件的参考值。本节通过建模仿真直接得到稳态液动力矩值，作为设计时的参考，并根据仿真结果分析确定稳态液动力矩的变化规律，判断阀口结构形状对液动力和流量的影响，以进一步对阀的结构形状进行改进。

2.3.4　电液伺服转阀的瞬态液动力

在阀口开度变化期间，通过阀口的流量将随时间变化，从而使阀腔内的液流速度也随时间而变化，阀腔内液流动量的变化要对阀芯产生反作用力，称为瞬态液动力。如图 2-9 所示，瞬态液动力的方向与液流流进或流出阀口的方向有关，阀腔中的微元液体与阀口液流具有相同的加速运动，微元体后面的压力必大于前面的压力，因而作用于阀芯上的反力与阀口液流的流向相反。作用于阀芯的瞬态液动力将使阀口打开或关闭，造成了阀芯运动的不稳定。

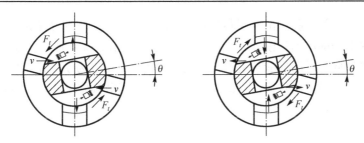

图 2-9　瞬态液动力示意图

由牛顿第二定律可得瞬态液动力 F_t 为

$$F_t = ma = \rho l A_r \frac{\mathrm{d}v}{\mathrm{d}t} = \rho l \frac{\mathrm{d}Q_r}{\mathrm{d}t} \tag{2.16}$$

式中，v、a、Q_r 分别为阀芯腔中液体的速度、加速度、流量；A_r 为阀芯腔过流面积；l 为液体在阀芯腔内的实际流程。

通过阀芯腔的流量等于通过阀口的流量，四个阀口的流量相同，所以通过阀芯腔的流量也相同。又由于阀芯是对称设计的，液体通过四个阀口在阀芯弓形槽中的实际流程 l 都相等，所以通过每个阀口的液流对阀芯产生的瞬态液动力 F_t 的大小都相等。

阀芯旋转产生四通的功能，所以所受的瞬态液动力也用力矩表征。由图 2-9 可知，通过两组控制阀口的液流对阀芯产生的瞬态液动力矩大小相等，方向相反，故作用于阀芯的总的瞬态液动力矩 $T_t = 0$。

2.3.5　转阀驱动力矩的确定

驱动转阀的力矩 T 用于克服转阀的惯性力矩 T_r、黏性力矩 T_v、稳态液动力矩 T_s、瞬态液动力矩 T_t、弹簧力矩 T_k 和卡紧力矩 T_h。其中，瞬态液动力矩通过计算已知为零，卡紧力矩通过补偿忽略不计。转阀的运动方程为

$$T = T_r + T_v + T_s + T_t + T_k + T_h \tag{2.17}$$

$$T = J_r \frac{\mathrm{d}^2\theta}{\mathrm{d}t^2} + B_v \frac{\mathrm{d}\theta}{\mathrm{d}t} + K_f\theta + K_l\theta = J_r \frac{\mathrm{d}^2\theta}{\mathrm{d}t^2} + B_v \frac{\mathrm{d}\theta}{\mathrm{d}t} + K\theta \tag{2.18}$$

式中，J_r 为转阀阀芯及腔内油液的转动惯量；B_v 为阀芯阀套的黏性摩擦系数；K_f 为稳态液动力矩刚度；K_l 为机械平衡弹簧刚度；K 为转阀综合刚度。

2.4　新型电液伺服转阀阀芯的 CFD 仿真

2.4.1　转阀阀芯的流场建模

流体在阀内的实际流动非常复杂，但为了满足仿真计算的需要，本节对实际模型进行一定的简化。考虑到影响流体流动的主要因素，因此假定转阀为理想阀，阀芯与阀套配合精确、没有径向间隙[29]。本节用 ProE 对转阀内部流场进行几何建模，当转阀处于正常的工作状态时，阀内的流场被阀芯中间的凸肩分隔为两个不同的流场：一个流场为高压油进入阀芯腔；

另一流场为低压油从阀芯腔流出。阀芯与阀套形成容腔的左右两部分是完全对称的，只对其中高压油进入阀芯腔的流场建模。同一个通油阀口与进、出油口会通过不同组的弓形槽相通，那么一个通油阀口同一时间只能与进油口或出油口相通，所以为了简化模型只对通油阀口与进油口相通时的一组弓形槽建模。需要仿真研究的流场模型具体尺寸如图 2-10 所示，建立的模型如图 2-11(a)所示。

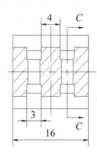 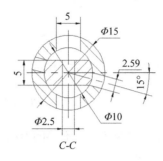

图 2-10　内部流场模型尺寸

  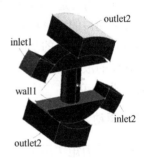

(a)内部流场简化模型图　　　　(b)内部流场的网格划分图　　　　(c)边界条件的设置

图 2-11　内部流场仿真示意图

本节采用 Gmbit 软件对阀内的流场模型进行网格划分，如图 2-11(b)所示，将 ProE 生成的三维模型转换成.sat 格式文件并导入 Gmbit 软件中。为了分析转阀阀芯转角与各流体参数之间的关系，分别建立控制阀口开度为 1°、2.5°、5°、7.5°、10°、12.5°、15°、17.5°、20°、22.5°、25°、27.5°和30°时的模型，进行仿真分析。阀芯转角为15°时的模型网格划分如图 2-11(b)所示。由于在阀口节流面附近流场压力和速度梯度变化很大，所以一般还要对模型阀口处的网格进行局部细化。为了得到比较精确的解，将模型分为不同部分，分别进行网格划分。两个入口曲面采用结构化网格，interval size 设为 0.05。控制阀口体积和两个弓形槽的网格划分采用混合网格，interval size 设为 0.2。其余部分也采用混合网格，interval size 设为 0.3。

Gmbit 划分网格后并设置边界条件时，两个入口 inlet1、inlet2 都设置为 pressure-inlet，两个出口 outlet1、outlet2 设置为 pressure-outlet，四个弓形槽底面设置为 wall1，其余壁面设置为 wall2，如图 2-11(c)所示。之所以分开设置壁面，是为了仿真时对弓形槽底面 wall1 进行力矩监测。

2.4.2　关键仿真参数的计算

本节采用 Fluent 软件对阀内流场进行仿真分析，在确定转阀的关键参数时，选用的系统压力为 21MPa。当负载压力为 0 时，整个转阀的压降为 21MPa，所以每组阀口的压差为转阀压降的 1/2，即 10.5MPa。对转阀内的流场进行稳态分析时，边界条件的输入和输出分别为压力入口和压力出口，则设置入口总压为 10.5MPa，出口总压为 0。由于入口、出口最大速度经计算为亚声速，所以设置超声速/初始压力时都采用默认值。在仿真计算时对流体状态的设置[30]如下。①假定液压油为不可压缩的牛顿流体。一般液压油的体积弹性模量的平均值为 $(1.2\sim2)\times10^3$MPa，计算中完全可以忽略压缩性的影响。流体为牛顿流体即动力黏度恒定。②稳态计算时，假定流体为流速不随时间变化的定常流动。同时忽略重力因素的影响。③流体流动状态为湍流，采用标准两方程湍流模型，即 k-ε 模型。④流体与静止壁面接触，同时假定在转阀内的流体无热传导现象。

在对三维模型进行仿真计算时，选用 32 号液压油作为流动介质。在流场的入口、出口边界上，需要定义流场的湍流参数。在设置边界条件时，首先应该定性地对流动进行分析，以便边界条件的设置不违背物理规律。违背物理规律的参数设置往往导致错误的计算结果，使计算发散而无法进行下去。本节采用湍流强度和水力直径来定义流场边界上的湍流。

1）入口、出口水力直径的计算

水力直径是一个反映过流断面上水力特性的综合参数，目的是给非圆管流动取一个合适的特征长度来计算其雷诺数。那么，水力直径的表达式为

$$d_{\mathrm{H}} = 4\frac{A}{x} \tag{2.19}$$

式中，A 为过流端面的面积；x 为过流端面上流体与固体相润湿的周界长，称为湿周。

根据建模时的参数计算水力直径，可得入口的水力直径为

$$d_{\mathrm{HI}} = 4\times\frac{5\times\dfrac{\pi}{6}\times3}{2\times\left(5\times\dfrac{\pi}{6}+3\right)} = 2.796(\mathrm{mm}) \tag{2.20}$$

出口的水力直径为

$$d_{\mathrm{HO}} = 4\times\frac{5\times8}{2\times(5+8)} = 6.1538(\mathrm{mm}) \tag{2.21}$$

2）雷诺数的计算

雷诺数 Re 决定着流场内部流体的流动状态，并由管道尺寸、流体物理属性、流动速度决定，计算公式为

$$Re = \frac{\rho v d_{\mathrm{H}}}{\mu} \tag{2.22}$$

式中，ρ 为油液的密度；v 为阀口的流速；μ 为油液的动力黏度。

通过前面的公式可计算通过阀口的流量，根据流量计算入口、出口的流速。

3）湍流强度的计算

湍流强度 I 简称湍流度或湍强，是湍流强度涨落标准差和平均速度的比值，是衡量湍流

强弱的相对指标，等于 0.16 与按水力直径得到的雷诺数的 $-\dfrac{1}{8}$ 次方的乘积，即

$$I = 0.16(Re_{d_{\text{H}}})^{-\frac{1}{8}} \tag{2.23}$$

阀芯的转动角度不同时，其入口、出口的湍流强度不同，则建立的控制阀口开度 θ 为 1°、2.5°、5°、7.5°、10°、12.5°、15°、17.5°、20°、22.5°、25°、27.5° 和 30° 时，模型入口的湍流强度 I_I 和出口的湍流强度 I_O 值如表 2-1 所示。

表 2-1　湍流强度

$\theta/(°)$	1	2.5	5	7.5	10	12.5	15
$I_I/\%$	7.86	7.01	6.43	6.11	5.90	5.73	5.61
$I_O/\%$	8.75	7.81	7.16	6.80	6.56	6.38	6.24
$\theta/(°)$	17.5	20	22.5	25	27.5	30	
$I_I/\%$	5.50	5.41	5.33	5.26	5.20	5.14	
$I_O/\%$	6.12	6.02	5.93	5.85	5.78	5.72	

湍流强度小于 1% 时，可以认为湍流强度是比较低的，而在湍流强度大于 10% 时，可以认为湍流强度是比较高的。从表 2-1 中可知，入口、出口的湍流强度都小于 10%，说明湍流强度并不高。

2.4.3　Fluent 仿真结果及分析

通过残差和力矩监视窗口中曲线的变化来判断计算是否收敛并确定迭代是否结束。理论上讲，在收敛过程中残差应该无限减小，其极限为 0，但是在实际中，单精度计算的残差最大可以减小 6 个量级。由于存在数值精度的问题，不可能得到零残差，在仿真计算中，要求单精度计算残差低于 10^{-3}。同时当弓形槽底面的力矩监视窗口中力矩值稳定不变时，停止迭代计算[31]。迭代计算结束后，读取稳态液动力矩计算值，然后通过各个面上的压力、速度仿真结果对力矩产生和变化原因进行分析。

1) 力矩仿真结果与分析

仿真中对两个弓形槽底面进行了力矩检测，得到了不同阀芯转角时阀芯所受的稳态液动力矩值(其中设阀芯旋转方向为正方向)，如表 2-2 所示。

表 2-2　力矩仿真结果

$\theta/(°)$	1	2.5	5	7.5	10	12.5	15
$T/(\text{N}\cdot\text{m})$	−0.0176	−0.0463	−0.0943	−0.1352	−0.1584	−0.1635	−0.1474
$\theta/(°)$	17.5	20	22.5	25	27.5	30	
$T/(\text{N}\cdot\text{m})$	−0.1290	−0.0868	−0.0391	0.0151	0.0946	0.1598	

由于阀芯上四个阀口同时工作，两个弓形槽所受力矩相同，那么阀芯所受的总力矩应为仿真值的两倍。不同阀芯转角时阀芯所受的总的稳态液动力矩如图 2-12 所示。从图 2-12 中可知，阀口开度在 12.5° 和 30° 时受到的稳态液动力矩最大，最大值约为 0.33N·m。稳态液动力矩在阀芯转角约 24° 时为零，然后开始与阀芯旋转同向，逐渐使阀口趋于打开。

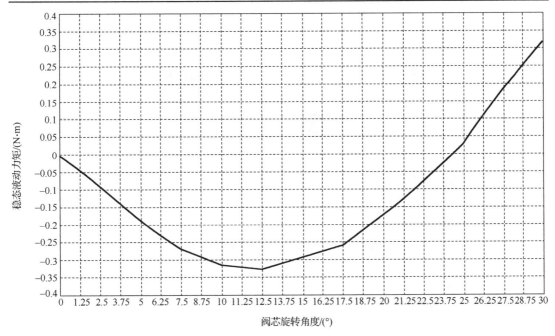

图 2-12 不同的阀芯转角时阀芯所受的总的稳态液动力矩

图 2-13 为稳态液动力矩理论值与仿真值的对比结果,从图中可看出,当射流角为 69° 时稳态液动力矩理论值与仿真值有很大的差距,所以显然不能用理论计算值作为设计参考,同时也说明转阀阀口非锐角直边对射流角产生了显著的影响。下面通过压力、速度矢量分布图分析产生这种现象的原因。

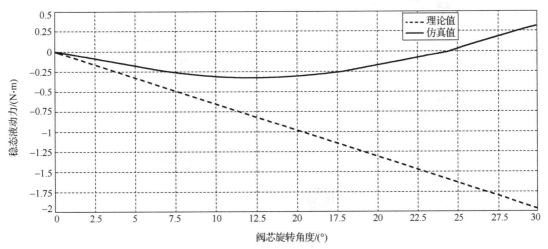

图 2-13 稳态液动力矩理论值与仿真值的对比结果

2)压力仿真结果与分析

对于压力主要分析其在图 2-10 截面 $C—C$ 上的分布及弓形槽底面上分布。阀芯各个转角时的 $C—C$ 截面处的压力分布图和两个弓形槽底面的压力分布图如图 2-14 所示。

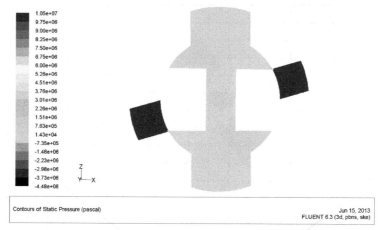

(a)阀芯转角为1°时 C—C 截面处的压力分布图

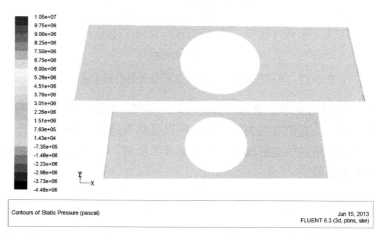

(b)阀芯转角为1°时两个弓形槽底面的压力分布图

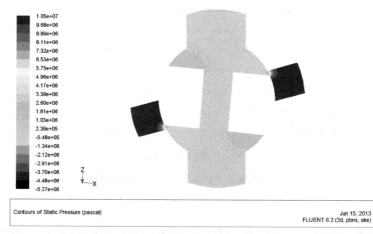

(c)阀芯转角为5°时 C—C 截面处的压力分布图

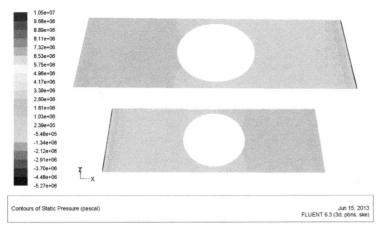

(d) 阀芯转角为 5°时两个弓形槽底面的压力分布图

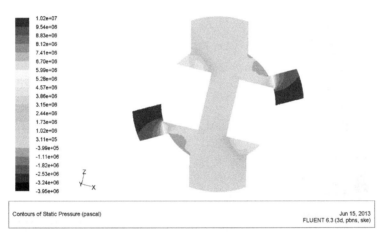

(e) 阀芯转角为 12.5°时 C—C 截面处的压力分布图

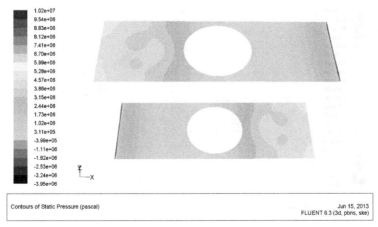

(f) 阀芯转角为 12.5°时两个弓形槽底面的压力分布图

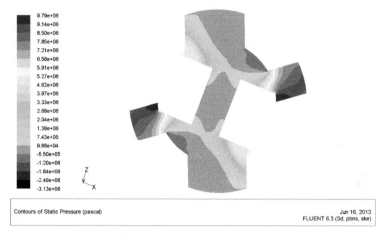

(g) 阀芯转角为 22.5°时 *C—C* 截面处的压力分布图

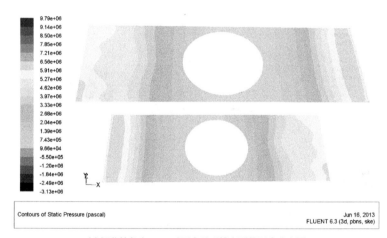

(h) 阀芯转角为 22.5°时两个弓形槽底面的压力分布图

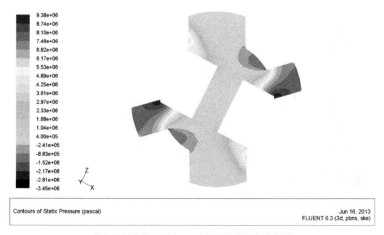

(i) 阀芯转角为 30°时 *C—C* 截面处的压力分布图

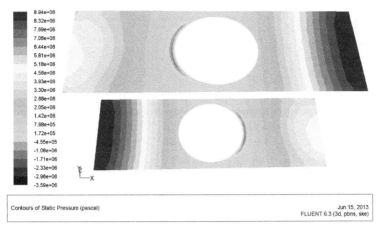

(j) 阀芯转角为 30° 时两个弓形槽底面的压力分布图

图 2-14　阀芯不同转角时的部分压力分布图

　　通过观察各个转角的截面压力分布图 2-14 可知，两个弓形槽内的压力分布完全对称，这是由于结构对称、有径向通孔的作用。随着阀芯转角的增大，阀口处的压力梯度变化增大，转角从 12.5° 开始出现明显的负压区域，并随转角增大而逐渐变大，当达到 22.5° 时负压区域达到最大，然后随转角增大而逐渐减小。对于具有尖锐边缘的孔口，射流会形成收缩断面。射流的收缩是由于流线的连续性，而如果孔口的一边与侧壁相切，则相切处的射流不会产生收缩，若离得太近收缩会受到一定的影响，称为不完全收缩[25]。从图 2-14 中可知，负压区域只出现在一侧，转阀阀口射流很明显是不完全收缩。阀口非理想的尖锐边缘及弓形槽底面对阀口的出流能力有显著的影响，使液流向一边附壁流动。

　　在弓形槽底面压力分布图 2-14 中，底面不同的压力分布作用在阀芯上产生了稳态液动力矩。同时可以看出，从 0°~22.5°，弓形槽靠近阀口处的底边的压力分布大小整体要明显小于远离阀口处的压力分布。此时，稳态液动力矩使控制阀口趋于关闭。当转角大于 22.5° 后，靠近阀口处边的压力开始逐渐大于远边压力。此时，稳态液动力矩使控制阀口趋于打开。

　　3) 速度矢量仿真结果与分析

　　通过阀口的速度矢量分布图，对稳态液动力矩产生及变化的原因做进一步分析。阀芯各转角 C—C 截面的速度矢量分布图如图 2-15 所示。

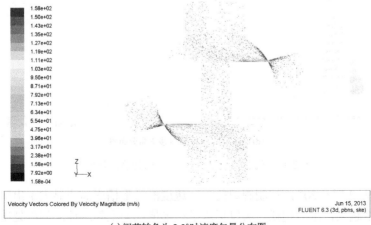

(a) 阀芯转角为 2.5° 时速度矢量分布图

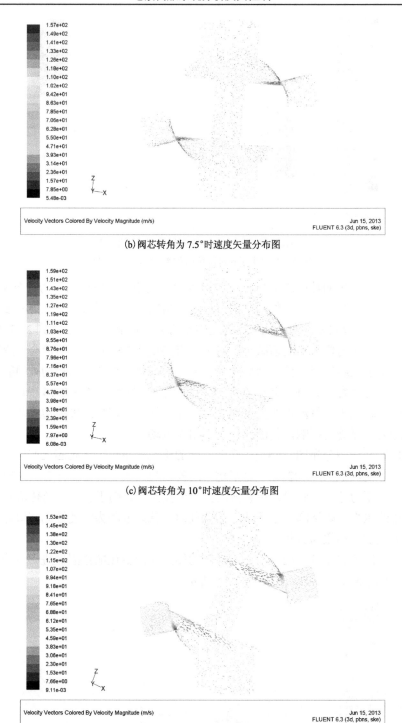

(b)阀芯转角为 7.5°时速度矢量分布图

(c)阀芯转角为 10°时速度矢量分布图

(d)阀芯转角为 20°时速度矢量分布图

图 2-15　阀芯转角为 2.5°～20°时速度矢量分布图

　　阀芯转角从 2.5°～20°，控制阀口的入口速度沿弓形槽底面明显大于出口速度，根据伯努利定理，速度越大，压力越低。所以形成了弓形槽底面上靠近控制阀口处压力低，而远离控制阀口处压力高的现象。不同的流速导致在弓形槽底面两端形成压力差，作用在阀芯上形成了稳态液动力矩。

如图 2-16 所示，阀芯转角从 22.5°～30°，控制阀口逐渐完全打开，油液在弓形槽内流

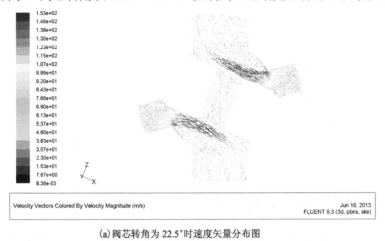

(a)阀芯转角为 22.5°时速度矢量分布图

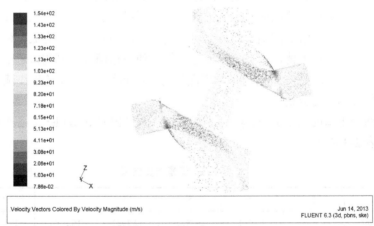

(b)阀芯转角为 25°时速度矢量分布图

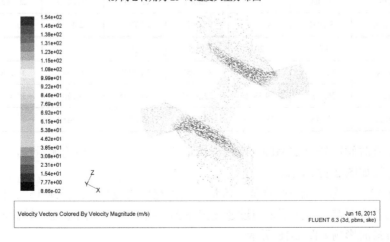

(c)阀芯转角为 27.5°时速度矢量分布图

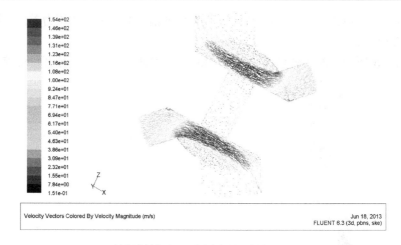

Velocity Vectors Colored By Velocity Magnitude (m/s)

Jun 18, 2013
FLUENT 6.3 (3d, pbns, ske)

(d)阀芯转角为30°时速度矢量分布图

图 2-16　阀芯转角为 22.5°～30°时速度矢量分布图

入与流出的速度差逐渐变小。由于流线的连续性，高速液流从阀口一侧流入弓形槽，并冲击到弓形槽底面，可见弓形槽底面对出流的流线产生了很大的影响，所以才使负压区域只在一侧出现。然后高速液流紧贴阀槽底面流动，使阀槽底面中间部分压力低、两端压力高。高速液流从阀口一侧流入弓形槽，而另一侧流速很低，使弓形槽离控制阀口近端的压力比远端的压力大，形成了在 22.5°～30°时弓形槽壁面压力分布异常的现象，使阀口趋于打开。

4)流量仿真结果与分析

读取阀两个出口的质量流量，然后计算出口总的体积流量(outlet)，各个阀芯转角时的流量具体值如表 2-3 所示。

表 2-3　流量仿真结果

θ /(°)	1	2.5	5	7.5	10	12.5	15
outlet1/(L/min)	1.696	4.1973	8.3876	12.3922	16.2626	20.0298	23.3085
outlet2/(L/min)	1.703	4.1973	8.3601	12.3853	16.2213	20.1055	23.2741
outlet/(L/min)	3.3991	8.3945	16.7477	24.7775	32.4839	40.1353	46.5826
θ /(°)	17.5	20	22.5	25	27.5	30	
outlet1/(kg/s)	26.7351	29.5803	32.2982	34.9060	36.7775	38.7385	
outlet2/(kg/s)	26.7832	29.3876	32.3394	34.6445	36.7707	38.4358	
outlet/(L/min)	53.5183	58.9679	64.6376	69.5505	73.5482	77.1743	

已知仿真时阀压降为 21MPa，则根据流量公式，可计算得理论流量值，出口流量仿真值与理论值对比如图 2-17 所示。

从图 2-17 中可知，流量仿真值与流量理论值整体比较吻合，但从 15°开始，流量仿真值与理论值偏差逐渐增大。接下来通过速度矢量图分析产生偏差的原因。转阀阀口的非直角锐边结构对流量的影响如图 2-18 所示。

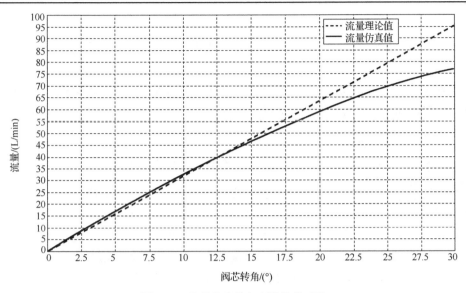

图 2-17　流量仿真值与理论值的对比

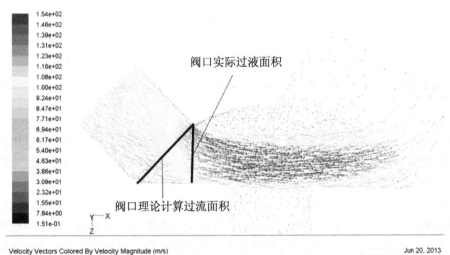

图 2-18　30°时速度矢量分布的局部放大图

从图 2-18 中可以看出，控制阀口完全打开时，由于控制阀口轴线与弓形槽底面的倾角比较大，所以形成的实际过流面积比理论过流面积要小，那么实际流量值要比理论值小。从而推知，0°～15°时，弓形槽与阀口倾角对过流面积影响很小。

综上所述，通过分析可以确定，由于转阀阀口和阀芯弓形槽非直角锐边结构的影响，射流为不完全收缩，所以阀芯旋转过程中产生了稳态液动力并使阀口趋于打开的异常现象。那么对于本转阀而言研究射流角的规律已然没有意义。阀口与阀芯弓形槽形成的倾角使得阀口实际的过流面积减小，从而影响了阀的流量。阀口从 0°～30° 开启过程中，稳态液动力矩变化比较大，影响了系统的控制性能；从 15°～30° 开启过程中，流量偏差比较大，影响了阀的流量特性，所以需要进一步对阀口、阀芯弓形槽的形状或位置进行优化。

2.5　新型电液伺服转阀的结构优化与改进

通过对目前补偿稳态液动力方法梳理，结合前面的仿真分析可知改变阀口的流道方向以及阀芯弓形槽底面的形状对转阀的稳态液动力和流量特性有影响。进一步通过建模仿真分别进行分析验证。

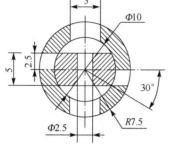

图 2-19　改变后流场的尺寸

1. 阀口角度的改进方案

最初设计时，为了便于加工，两个阀口轴线经过阀套圆心沿径向相对，所以阀口与水平方向的夹角为 15°。现在将阀口与水平方向的夹角改为零，使流体与弓形槽底面的冲击角度减小，通过仿真观察稳态液动力矩与出口流量的变化，具体尺寸如图 2-19 所示。

通过对阀芯转角 5°、10°、15°、20°、25°、30°进行仿真，进一步分析稳态液动力矩和出口流量的变化，仿真结果如表 2-4 所示。

表 2-4　阀口角度结构优化的仿真结果

$\theta /(°)$	5	10	15	20	25	30
$T/(N \cdot m)$	−0.1295	−0.2348	−0.2498	−0.2175	−0.1339	0.0510
outlet/(L/min)	17.8005	35.4145	51.5237	66.5298	80.3120	89.6078

2. 弓形槽底面的改进方案

弓形槽底面与阀口形成的实际过流面积比理论过流面积要小，所以为了保证出口流量，对弓形槽底面进行改进。通过使弓形槽底面具有一定的弧度，可以加大阀口的过流面积，其弧形底面的确定方法如图 2-20 所示。

在阀芯转角最大的时候，以阀口的过流面积投影长度 2.59mm 为半径作圆，然后以垂直平分弓形槽底面的半径与过流面积投影的延长线的交点为圆心，以 6.12mm 为半径画圆，则可以确定弓形槽底面的弧形。其中弓形槽底面圆弧的圆心所在轮廓圆的半径为 6.83mm，具体尺寸如图 2-21 所示。

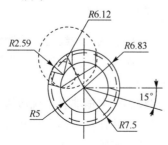

图 2-20　弧形底面的确定方法

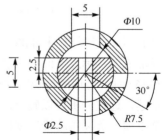

图 2-21　弓形槽底面改变后的结果

通过对阀芯转角 5°、10°、15°、20°、25°、30°进行仿真，分析弓形槽底面弧形结构对稳态液动力矩和出口流量的影响，仿真结果如表 2-5 所示。

表 2-5　弓形槽底面结构优化的仿真结果

$\theta /(°)$	5	10	15	20	25	30
$T/(\mathrm{N \cdot m})$	−0.1643	−0.1947	−0.1899	−0.2567	−0.1881	0.0867
outlet/(L/min)	18.5298	34.4789	50.0785	69.8395	94.0253	112.2179

3. 阀口角度和弓形槽底面的共同影响

通过改变阀口角度，出口流量仿真值已经与理论值非常接近，那么进一步改变弓形槽底面，研究其对稳态液动力矩和出口流量的影响。在阀芯转角最大的时候，以阀口的过流面积投影长度 2.59mm 为半径作圆，以垂直平分弓形槽底面的半径与过流面积投影的延长线的交点为圆心，以 8.66mm 为半径画圆，则可以确定弓形槽底面的弧形。其中弓形槽底面圆弧的圆心距离阀芯轴心的距离为 10mm，具体尺寸如图 2-22 所示。

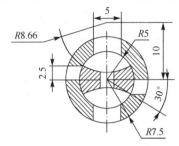

图 2-22　阀口角度和弓形槽底面改变后的结果

通过对阀芯转角 5°、10°、15°、20°、25°、30° 进行仿真，分析阀口角度改变和弓形槽底面弧形结构对稳态液动力矩和出口流量的共同影响，仿真结果如表 2-6 所示。

表 2-6　结构优化的仿真结果

$\theta /(°)$	5	10	15	20	25	30
$T/(\mathrm{N \cdot m})$	−0.1735	−0.2543	−0.2753	−0.2889	−0.2825	−0.0427
outlet/(L/min)	18.5436	35.2631	52.7968	72.1927	96.5230	115.5344

4. 改进后不同结构形式的对比及分析

不同结构稳态液动力矩的仿真结果如图 2-23 所示，并且不同结构流量的仿真结果如

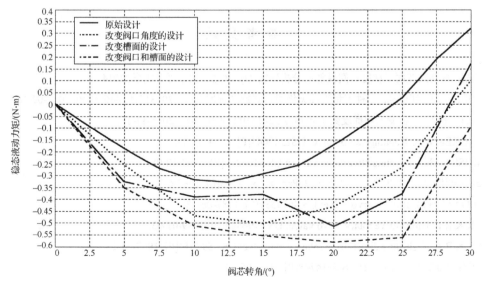

图 2-23　不同结构稳态液动力矩的仿真结果

图 2-24 所示。从图 2-23 和图 2-24 中可以看出，结构改进后，稳态液动力矩和出口流量都变大。对于改变阀口角度的设计，稳态液动力矩在阀芯转角为 15° 时达到最大，整体变化趋势与原始设计一致，出口流量与理论流量基本吻合，满足设计要求。改变弓形槽底面后稳态液动力矩变化不再平缓，起伏比较大，在阀芯转角为 20° 时达到最大，出口流量始终大于理论流量。同时改变阀口角度和弓形槽底面，稳态液动力矩比其弓形槽设计都大，在阀芯转角为 25° 之前变化平稳，然后急剧上升；出口流量也始终大于理论流量，与改变弓形槽底面设计的出口流量接近。出口流量大于理论流量是因为理论流量计算时选取了假定阀口为直角锐边的流量系数，从而改变了阀的结构，使流量系数也发生了改变。

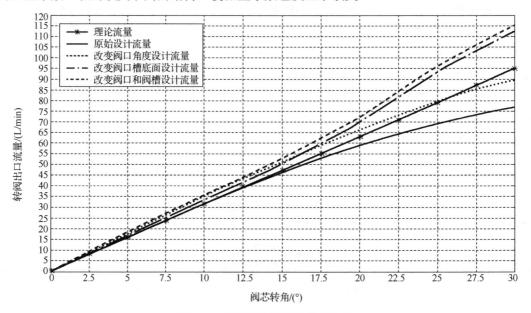

图 2-24　不同结构流量的仿真结果

参 考 文 献

[1]　王晓. 直动式变面积梯度转阀性能的分析研究[D]. 大连: 大连理工大学, 2014.

[2]　桑勇, 王晓, 邹德高. 一种流量连续无级可调式旋转伺服阀: ZL201310105446. 6 [P]. 2015-02-18.

[3]　桑勇, 王晓. 一种变面积梯度数字转阀: ZL201310253948. 3[P]. 2015-11-18.

[4]　TUCKER W R. Rotating servo-valve: US2349641[P]. 1944-05-23.

[5]　MOSS N. Servo operated hydraulic valves: US 3106224[P]. 1963-10-08.

[6]　田中常雄. ロータリサーボバルブ: JaPan 昭 57-7763[P]. 1982-6-2.

[7]　SLOATE H M. Rotary servo valve: US 4674539[P]. 1987-06-23.

[8]　VICK R L. Direct drive rotary servo valve: US 4794845[P]. 1989-01-03.

[9]　VICK R L. High-flow direct-drive rotary servovalve: US 5597014[P]. 1997-01-28.

[10]　NOGAMI T. Rotary valve: US 5014748[P]. 1991-05-14.

[11]　SALLAS J J. Low inertia servo valve: US 5467800[P]. 1995-11-21.

[12]　LEONARD M B. Rotary servo valve: US 5954093[P]. 1999-09-21.

[13]　WOODWORTH R D. Rotary servovalve and control system. Compiler: US 6269838[P]. 2001-08-07.

[14]　GOLDFARD M. High bandwidth rotary servo valves. Compiler: US 7322375[P]. 2008-01-29.

[15]　KERCKHOVE P G V. Rotary-actuated electro-hydraulic valve. Compiler: US 7735517 B2[P]. 2010-06-15.

[16]　付永领, 裴忠才, 宋国彪, 等. 新型直接驱动伺服阀的稳态液动力分析[J]. 机床与液压, 1998, (6):
　　　 18-20.

[17]　付永领, 裴忠才, 宋国彪, 等. 新型直接驱动伺服阀的瞬态液动力分析[J]. 机床与液压, 1999(1): 23-24.

[18]　张光琼. 单级转轴式旋转电液伺服阀[J]. 机床与液压, 1991, (2): 34-38.

[19]　阮健, 裴翔, 姜伟. 2D 电液数字换向阀的实验研究[J]. 机床与液压, 1999, (5): 12-13.

[20]　李胜, 阮健, 孟彬. 2D 数字伺服阀频率特性研究[J]. 中国机械工程, 2011, 22(2): 215-219.

[21]　高宗江, 史立亚. 一种数字式液压伺服转阀: 86107688[P]. 1986-11-07.

[22]　SANG Y, WANG X, LI X X. Design of a novel electro-hydraulic rotary valve with continuous adjustable
　　　 rated flow[J]. Journal of Mechanical Engineering Research and Developments. 2016, 39(3): 640-652.

[23]　卢长庚, 李金良. 液压控制系统的分析与设计[M]. 北京: 煤炭工业出版社, 1991.

[24]　裴翔, 李胜, 阮健. 转阀阀芯卡紧现象的分析及减小措施[J]. 机床与液压, 2000, (5): 74-75.

[25]　盛敬超. 液压流体力学[M]. 北京: 机械工业出版社, 1987.

[26]　张宪. 变面积梯度的 2D 数字阀性能分析及实验研究[D]. 杭州: 浙江工业大学, 2011.

[27]　杨钢, 高隆隆, 李宝仁. 新型高压电-气伺服阀阀口气体射流数值研究[J]. 机械工程学报, 2013, (2):
　　　 165-173.

[28]　路甬祥. 电液比例控制技术[M]. 北京: 机械工业出版社, 1988.

[29]　袁冰, 于兰英, 柯坚, 等. 液压滑阀阀芯旋转现象的 CFD 解析[J]. 机床与液压, 2006, (3): 131-134.

[30]　袁冰. 液压滑阀阀芯旋转现象机理研究[D]. 成都: 西南交通大学, 2004.

[31]　于勇. Fluent 入门与进阶教程[M]. 北京: 北京理工大学出版社, 2008.

第3章 电液伺服系统中溢流阀的动态特性分析

在电液伺服系统中，溢流阀作为必不可少的压力控制元件，用来保持系统的压力恒定。另外，溢流阀还可以作安全阀使用，当系统压力由于意外情况而升高时，释放系统压力，保护电液伺服系统。锥形阀由于具有通流能力强、密封性好、对油液中的杂质不敏感等优势，在液压阀中得到了广泛应用，其中锥阀式溢流阀尤为常见。溢流阀的动态特性不仅受实际工作条件的影响，还与阀的结构、设计参数，甚至电液伺服系统的构成有关。因此，课题组近年通过 CFD 仿真分析了锥阀式溢流阀的动态特性[1-4]，为溢流阀的设计、结构参数优化和使用提供了参考，具有一定的理论意义和实际应用价值。

3.1　溢流阀的研究现状

近几十年来，国外学者对于溢流阀进行了深入的研究，已经趋于成熟。Ray 根据刚体运动和流体动力学基本原理建立了溢流阀的非线性动态模型并进行了仿真[5]，研究表明流体的惯性对阀芯的运动产生了一种阻尼效果，具体表现为阀的开启延时作用，并得到溢流阀的开启时间近似正比于入口孔的长度与半径的比值，在入口处的高频压力波动下，阀芯移动组件可能产生颤振和频跳。Kondrat'eva 等为了消除压力容器、溢流阀、管路组成的系统在操作时产生的不稳定现象，对系统的数学模型进行了理论分析并针对系统稳定性提出了相应的计算方法[6]。Singh 建立了溢流阀的数学和物理模型，通过数值仿真研究了弹簧-质量特征、内部部件的形状、调节圈设置、波纹管、背压、阻尼等不同参数对溢流阀动态特性和稳定性的影响[7]。Moody针对核动力工业中设计用来排放蒸汽的溢流阀，提出了一种根据已知蒸汽排放率估计水排放率的方法，并描述了溢流阀在突然开启的瞬间溢流阀的参数对管道的作用力情况[8]。Macleod 通过分析溢流阀、压力容器、管路组成的系统，使用 Manifold 闭合的周期性的数学面计算临界点的位置关系，来避免溢流阀的颤振，从而设计出了具有良好性能的溢流阀[9]。Ortega 基于质量守恒方程、动量守恒方程和固体动力学方程原理建立了直动式溢流阀的动态数学模型，通过在 Fluent 软件中建立简化的二维模型进行数值模拟得到阀的流量系数，并探究了开启压力、阀芯位移、弹簧等参数对溢流阀的瞬时动态特性的影响[10,11]。Finesso 等建立了三维的溢流阀几何模型，通过 Fluent 中的网格变形技术和用户自定义函数，对带有流量补偿的溢流阀的压力-流量特性进行了数值仿真和实验研究，在不同的弹簧刚度和流量补偿条件下，仿真和实验取得了良好的一致性[12]。Beune 等通过 CFD 仿真得出，对于不可压缩流体，阀芯力的突然升高和降低是由于流体流过阀芯时流体方向改变所造成的，对于真实的气体，在开启压力为 40bar(1bar=10^5Pa)时，观察到了阀芯的振动现象[13]。Anna 等为了提高 RELAP5 中溢流阀对管路的作用力的测量准确度，将溢流阀模型在 CFD 中进行建模仿真，修正了 RELAP5 中的溢流阀模型，并将溢流阀的二维和三维模型的 CFD 仿真结果进行了对比[14]。Bazsó 等对直动式泄压锥阀的动态特性和静态特性进行了实验研究,研究发现阀的颤振频率在参数变化的很大范围内为常数，并且和流量、开启压力有关[15]。Dasgupta 通过键合仿真技术研究了先导性溢流阀的动态特性，在控制方程中考虑了阀口的压力流量特性，通过仿真确定了一些重要的溢流阀设计参数，这些参数对于系统的动态响应具有重要意义[16]。Erdődi 等主要通过两种方法对作用于阀芯上的力做了估计，并将一维数学模型的数值仿真与 CFD 方法作了对比，发现它们有很好的一致性[17]。

国内对于溢流阀动态特性的研究起步比较晚，而且受国内加工制造精度的影响，大多数溢流阀产品从国外引进。但经过很多学者的不断努力钻研，也有了长足的进步和发展。Song 等于 2010 年使用 ANSYS CFX 软件，借助于动网格技术对二维简化的溢流阀进行了动态分析和流固耦合分析，结果表明，流体与压缩弹簧之间的不稳定作用力使阀芯产生了振动[18]；为了提高准确率和使 CFD 仿真更接近于实际工况，使用几何上更加准确的三维模型，并提出了一些网格生成新技术来避免负网格的出现[19]；后又将 CFD 仿真范围拓展，使用多域网格，通过数值模拟探讨了开启时间、关闭时间和启闭压差的控制参数，并且仿真发现在关闭的过程中，系统中的溢流阀中阀芯出现了振荡[20,21]。王启珠对弹簧式溢流阀的常见问题总结为三方面：①溢流阀的泄漏；②溢流阀动作不灵活；③动作性能不达要求。表现为：溢流阀到规定压力不开启；溢流阀不到规定压力就开启；溢流阀排放后压力继续上升；溢流阀阀门颤振和频跳[22]。罗辉东、戴芳芳采用理论分析、数值模拟和实验并举的方法研究了溢流阀开启过程中超压介质气体在泄放流道中高速流动和转向时反冲盘对阀瓣的反冲效应，并分析了反冲效应的影响因素[23,24]。梁寒雨通过 CFX 软件对溢流阀开启过程阀口流场进行了数值模拟并通过溢流阀阀芯传感器、检测法兰传感器和 VB 采集软件进行了实验数据的采集，将数值模拟与实验结果对比，对实验检测手段的可行性进行了验证[25]。朱寿林对溢流阀的排量进行了研究，针对排量检测相关流动机理、影响溢流阀泄放能力的因素进行了数值模拟和实验测试[26]。陈力智对容器升压速率和容积、连接管道长度、溢流阀调节圈高度、阀杆摩擦等可能影响溢流阀动态不稳定性的参数进行了探索[27]。焦黎栋对机械化采煤的关键设备液压支架用的大流量溢流阀进行了动态特性仿真与数值模拟，利用 MATLAB/Simulink 模拟各参数对阀芯振荡和系统超调量的影响并采用 CFD 对气穴与气蚀现象进行了数值模拟[28]。郑淑娟等利用 AMESim 软件建立了先导式溢流阀的模型,研究了阀的不同参数对其动态特性的影响[29]。郜立焕等以先导式电液比例溢流阀为研究对象，利用 AMESim 软件进行了简单分析，为先导式电液比例溢流阀的设计和研究奠定了一定基础[30]。杨帅鹏以直动式滑阀结构为研究对象，利用 AMESim 软件对大流量溢流阀的动态特性进行了详尽的分析，得到了大流量溢流阀的最佳动态特性参数值，并设计了三种不同溢流孔形状的阀芯结构，利用 Fluent 软件对溢流阀进行了静态分析[31]。张秋菊分别建立了溢流阀流场的二维和三维几何模型，并利用 Fluent 软件对两种模型的流场进行了稳态数值模拟[32]。高红针对溢流阀阀口的气穴现象，用计算流体动力学的方法对锥阀和球阀阀口气穴流场进行了数值模拟，预测了气穴发生区域，并对溢流阀阀芯形状进行了改进，通过对不同结构的流场分析，来寻求减小气穴的阀芯结构[33]。刘子川以液压支架用的进口安全阀为研究对象，利用 AMESim 对其进行动态特性分析，并通过 Workbench 软件对不同条件下安全阀的内部流场信息进行了探究[34]。

3.2　溢流阀数值计算的 CFD 模型

3.2.1　CFD 分析的基本假设

溢流阀的性能包括静态特性和动态特性。静态特性是指溢流阀正常稳定工作、无压力突变时的性能，动态特性是指溢流阀在压力瞬时突变工况下，由一个稳定状态到另一个稳定状态时溢流阀的控制性能，通常指压力阶跃变化时的性能，常用压力与时间的关系即时间特性来描述。溢流阀的静态特性和动态特性往往是相互制约、互相矛盾的，要求静态特性优良，相应的动态特性可能会变差，反之动态特性优良，静态特性就变差[35]。在使用溢流阀的过程中，其静态特性往往是给定的，在产品相应的使用手册中可以查询到，但溢流阀的动态特性往往是未知的。

锥阀式溢流阀的动态特性和锥阀的结构尺寸、弹簧、阻尼、压力和流量等有关，同时也和液压系统中的管路长度、蓄能器等参数有关，国内外有很多文献涉及溢流阀的动态特性问题，关于锥阀式溢流阀的研究大多采用数学建模方法，基于流固耦合的 CFD 锥阀式溢流阀的瞬态仿真研究并不多见。因此，课题组通过商用 CFD 流体分析软件，研究了锥阀式溢流阀在开启过程中的动态特性。研究工作对于液压溢流阀的振动控制和应用研究，具有一定的参考意义。为便于 CFD 分析，作如下假设。

(1) 由于液压油的压缩性很小，可以忽略不计，在 CFD 分析过程中液压油视为不可压缩流体，不考虑液压油的压缩性。

(2) 在流固耦合的过程中，流体和阀芯相互作用，但阀芯的变形很小，由于阀芯变形对流体的影响可以忽略不计，因此只考虑阀芯运动状态变化时对流场的影响，不考流体作用导致的阀芯变形。

(3) 在仿真初始条件下，液压油充满整个溢流阀或液压系统。

(4) 由于缺乏可靠数据，假设摩擦力和弹簧力与流体作用力相比可以忽略，仿真时不考虑阀芯所受的摩擦力。

(5) 只考虑阀芯在沿来流方向(溢流阀正常工作时的运动方向)上的运动，垂直于溢流阀运动方向的分力所导致的运动不予考虑。

相对于二维模型，三维模型更加真实可信，但是其计算量巨大、耗时过长，由于流体在阀腔内的流动和锥阀阀芯均为轴对称结构，故模型二维化是合理的。二维轴对称简化是将三维模型沿对称轴旋转 360° 而产生一个二维平面的过程，二维模型与三维模型的唯一区别为出口的位置，一般的简化方案是将阀的出口部分沿对称轴旋转 360° 展开，这样简化的模型等效出口偏大，流体从阀芯的过流间隙中流出时，压力损失几乎全部发生在阀口处，流体流出阀口区域后，迅速丧失压力，在出口边界处极易引发回流，阀腔内部实际是有背压存在的。

3.2.2　溢流阀阀芯的受力分析和运动分析

溢流阀在液压系统中起稳压和安全保护的作用，当系统压力达到溢流阀的开启压力时，溢流阀开启，液压油通过溢流阀阀口回油箱。运动过程中阀芯受力决定了阀芯的运动状态，因此，对于阀芯受到的力必须做全面的分析。溢流阀阀芯运动过程中的受力分析示意图如图 3-1

所示，作用在锥阀阀芯上的力包括弹簧力、
背压作用力、流体提升力、阀芯重力、黏性
力、摩擦力和阻尼力，下面给出详细的说明。

1) 弹簧力

弹簧用于调节溢流阀的开启压力，或者
在比例阀中作为传力元件使用，在设定开启
压力和阀芯开启过程中，弹簧被压缩，都会
产生弹簧力，弹簧力的大小可以用胡克定律
描述为

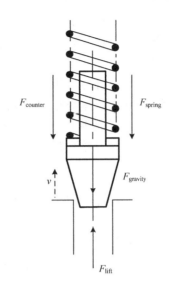

$$F_{spring} = -kx \qquad (3.1)$$

式中，k 为弹簧的劲度系数；x 为弹簧的压
缩量。

2) 背压作用力

背压作用力作用于锥阀阀芯的背部或阀

图 3-1　溢流阀阀芯运动过程中的受力分析示意图

杆的顶端，与溢流阀的开启方向相反，使阀芯趋于关闭，是由于阀腔内部存在压力所产生的，
背压作用力计算公式为

$$F_{counter} = P_2 A_2 \qquad (3.2)$$

式中，P_2 为背压区流体压强；A_2 为背压作用的阀芯表面积。

3) 流体提升力

流体提升力作用于锥阀阀芯的底部，是克服弹簧力和背压作用力使阀芯开启的力。

4) 阀芯重力

阀芯重力指阀芯由于地球的吸引而受到的力。与阀芯的质量成正比，阀芯的重力和弹簧
力共同构成溢流阀的设定压力，即开启压力。

5) 黏性力

黏性力指由于流体黏性产生的阻碍流体流动的力，存在于流体与阀芯之间，也存在于两
流体层的接触面上，黏性力又称为剪切力，作用在阀芯表面，方向与流体的运动方向一致，
阀芯受到的黏性力可表示为

$$F_{viscous} = \tau A \qquad (3.3)$$

对于牛顿流体如液压油，黏性切应力可表示为

$$\tau = \mu \left(\frac{\partial U_i}{\partial x_j} + \frac{\partial U_j}{\partial x_i} \right) \qquad (3.4)$$

式中，τ 为黏性切应力；A 为阀芯表面面积；μ 为动力黏度。

6) 摩擦力

摩擦力指由于运动部件和静止部件之间的相对运动而产生的力，本节主要考虑的是弹簧
座和阀套之间的摩擦力，该力与其他力相比数值很小，可忽略。

7) 阻尼力

在溢流阀中经常会出现动态不稳定现象，如颤振、频跳等[36,37]，阻尼是一种用来减小或

者消除阀芯振动的结构。本节使用的阻尼是一种位于锥阀阀芯前端的环形间隙阻尼，阀芯前端通过阀杆连接的圆柱与阀体之间形成间隙，一部分流体进入阀芯前端腔室内，用于调节锥阀阀芯的稳定性。

假设摩擦力、黏性力与其他力相比很小，可以忽略不计，在本节中考虑的力主要有流体提升力、背压作用力、弹簧力、重力和阻尼结构产生的力。

当液压系统压力达到预定压力，作用在表面上的流体作用力大于弹簧力和重力的合力时，溢流阀开启。预设弹簧力为

$$F_{preset} = P_{set} A_0 - mg \qquad (3.5)$$

式中，F_{preset} 为预设的弹簧力；P_{set} 为设定压力；A_0 为阀座孔的面积；m 为锥阀阀芯的质量；g 为重力加速度。

用牛顿第二定律描述锥阀的运动，可以表示为

$$m\ddot{x}(t) = F_{fluid}(t) - F_{spring} - mg \qquad (3.6)$$

式中，$\ddot{x}(t)$ 为锥阀阀芯的加速度；$F_{fluid}(t)$ 为流体作用力；F_{spring} 为弹簧力；mg 为阀芯重力。

鉴于锥阀运动的复杂性和变化性，直接使用数学方法求解二阶微分方程是不现实的，所以对于瞬态问题，CFD 在时间域和空间域中使用离散化方法。在模拟过程中，锥阀阀芯是个运动部件。因此，本节使用动态网格生成结构化网格，采用动态分层方法更新网格，结构化网格是非常必要的。CFD 计算过程中，是基于该时间步的信息推断下一时间步的网格运动，其原理如下。

$$dv = \frac{[F_{fluid}^n(t) - F_{spring}^n - mg]\Delta t}{m}$$
$$v^{n+1} = v^n + dv \qquad (3.7)$$
$$x^{n+1} = x^n + v^{n+1}\Delta t$$

式中，$F_{fluid}^n(t)$ 和 $F_{spring}^n(t)$ 分别为流体作用力和弹簧力；m 为锥阀阀芯的质量；Δt 为模拟中的时间步长；dv 为速度增量；x^n 和 v^n 分别为位移和速度；x^{n+1} 和 v^{n+1} 分别为下一个时间步的位移和速度。

3.2.3 溢流阀的 CFD 仿真理论及相关设置

1）近壁区域模拟

对于湍流流动可以分为近壁区域和核心区域，近壁区域又可以分为黏性底层、过渡层和对数律层三个子层。离壁面最近的网格节点属于哪一个子层是由 y^+ 的值来决定的[38]。y^+ 的计算公式如下。

$$y^+ = \frac{\Delta y \rho u_\tau}{\mu} \qquad (3.8)$$

$$u_\tau = \left(\frac{\tau_w}{\rho}\right)^{\frac{1}{2}} \qquad (3.9)$$

式中，y^+ 为无量纲的参数值；Δy 为第一层网格到壁面的距离；ρ 为流体密度；μ 为流体的动力黏度；u_τ 为壁面摩擦速度；τ_w 为壁面切应力。

一般地，当 $y^+ < 5$ 时，对应的区域处于黏性底层子层；$5 \leqslant y^+ < 30$ 时，对应的区域处于对数律层子层；$y^+ \geqslant 30$ 时，对应的区域处于湍流核心区域。对于一些湍流模型，为了获得比较精确的数值结果，y^+ 的控制是非常重要的[39]。

本节采用"无滑移"壁面边界，即流体在近壁面处的速度为零，流体在近壁区域的速度由零开始变化，速度梯度很大。CFD 模拟有两种方法处理近壁区域：一种是使用半经验公式的壁面函数法，将壁面上的物理量与湍流区内的未知量联系起来，不对壁面内的流动求解，划分网格时，近壁区域不需要加密，只需要将第一个节点布置在对数律成立的区域内，常与高雷诺数的 k-ε 湍流模型配合使用；另一种途径是采用低雷诺数模型求解黏性影响比较强的黏性底层。这时，近壁区域的网格需要加密处理以获得比较精确的流场数值解。

Fluent 中使用的壁面函数适用于高雷诺数的湍流模型，有标准壁面函数、Scalable 壁面函数和非平衡壁面函数三种。三种壁面函数特点如下：①标准壁面函数。$y^+ < 15$ 时使用壁面函数会使数值求解恶化，不能保证求解的精度。②Scalable 壁面函数。在沿壁面方向细化网格且 $y^+ < 15$ 时可以避免标准壁面函数导致的求解恶化的缺陷，对于任意沿壁面细化的网格，Scalable 壁面函数可以给出一致的数值解，$y^+ > 15$ 时功能与标准壁面函数相同。③非平衡壁面函数。非平衡壁面函数考虑了压力梯度对于速度扭曲的影响，因此，适用于有分离、再附着和冲击等与压力梯度相关并且变化迅速的复杂流动的模拟。

在对锥阀式溢流阀的模拟过程中，使用锐边阀座，阀口的开度很小，且阀口与阀座之间的区域分为多个子域，阀口处的速度很大。因此，阀口处需要加密，不得不沿壁面细化网格，使用标准壁面函数会恶化数值求解，不能保证求解的精度。因此，本节对于高雷诺数 k-ε 模型采用 Scalable 壁面函数。

2) 动网格

溢流阀中锥阀阀芯的开启涉及流体边界的运动，流场形状由于阀芯运动而随时间改变。需要使用动网格技术来模拟，同时全部使用结构化网格以减小计算量，在 ICEM 中生成网格时不仅需要定义块为不同的部分以区分计算域，而且每部分计算域需要单独生成网格，然后在 ICEM 中装配两个计算域，在 Fluent 中定义交界面的边界条件为 interface。溢流阀计算域划分示意图如图 3-2 所示，分为入口区域、静态区域、动态区域和出口区域四个子域，四个子域之间采用非共形交界面 interface 连接，它允许连接的两个计算域的网格节点不完全一致。

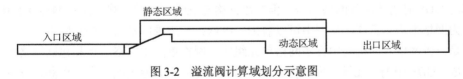

图 3-2　溢流阀计算域划分示意图

动网格涉及的内容如下。

(1) 运动的定义。运动的定义包括 PROFILE 文件和 UDF 中的预定义宏。

(2) 网格的更新。网格的更新根据每个迭代步中边界的变化情况自动完成，Fluent 中关于网格更新的方法有三种：弹性光顺法、动态分层法和网格重构法。

本节采用动态分层法进行网格的更新，因此必须使用结构化网格并划分不同的计算域，动态分层过程中包含了网格的生成和销毁。网格在运动区域的两端生成或销毁，运动区域的两端边界应定义为静态区域，在网格生成边界处，当旧的网格层高度满足式(3.10)时将分割形成新的网格层。

$$h_{\text{extend}} > (1+\alpha_s)h_{\text{ideal,extend}} \tag{3.10}$$

当旧的网格层被压缩到满足式(3.11)时，旧的网格层将和相邻网格层合并。

$$h_{\text{collapse}} < \alpha_c h_{\text{ideal,collapse}} \tag{3.11}$$

式中，h_{extend}、h_{collapse} 分别为网格生成边界、网格销毁边界的实际网格高度，随着计算的推进不断地变化；$h_{\text{ideal,extend}}$、$h_{\text{ideal,collapse}}$ 分别为定义的网格生成边界和网格销毁边界的理想网格高度；α_s 为网格分割因子；α_c 为网格合并因子。

3) 用户自定义函数

使用动网格模型，Fluent 要将运动的描述定义在网格面或网格区域上，而溢流阀边界的运动方式和参与运动区域的动作，是通过 UDF 指定的。UDF 是使用 C 语言编写的，并通过 Fluent 提供的 DEFINE 宏定义的，如果要使用 UDF 实现相应的操作，必须调用对应的 DEFINE 宏。用户可以使用 UDF 自定义边界条件、材料属性，对迭代过程中的计算值进行调整等，功能十分强大。使用 UDF 时必须熟悉 Fluent 中的数据类型，具体如下。

锥阀式溢流阀的运动控制是利用 UDF 宏来实现的，本节使用到的预定义宏如下。

(1) DEFINE_ADJUST。DEFINE_ADJUST 宏是通用的 DEFINE 宏，用户可以使用这个宏传递自定义的参数，修改流场变量并计算积分，本节使用 DEFINE_ADJUST 宏实现阀芯每个面上力的积分运算，计算溢流阀的进出口流量，无论稳态计算还是瞬态计算，DEFINE_ADJUST 宏每个迭代步都要执行一次，并在每个迭代步开始之前调用。

(2) DEFINE_CG_MOTION。DEFINE_CG_MOTION 宏是通用的 DEFINE 宏，通过给 Fluent 提供一个线速度或角速度来指定运动区域或者运动边界的动作。只用于瞬态计算，每个时间步调用一次，本节通过每个时间步给锥阀一个线速度来指定锥阀式溢流阀的运动。

(3) DEFINE_EXECUTE_AT_END。DEFINE_EXECUTE_AT_END 既可用于稳态计算也可用于瞬态计算，用于在每个迭代步的末尾或每个时间步的末尾计算流场变量，本节使用 DEFINE_EXECUTE_AT_END 对阀芯所受合力、速度、加速度等进行计算，并及时将所计算的结果传递给对应的宏。

用户自定义函数从 Fluent 求解器中获取数据，求解器中的数据是用网格及其组成定义的，因此编写 UDF 时需要用到网格术语，但二维网格与三维网格的网格单元和网格面有所不同。图 3-3 为网格术语示意图，从图中可以看出二维网格和三维网格有一些共同点，无论是二维网格还是三维网格，网格均由许多网格单元组成，网格单元由网格节点和包围网格单元的网格面组成。UDF 中的单元域和面域由 thread 数据类型获得，通过循环宏可以获得 thread 中的每个成员，进而获取单元域和面域中的流场信息，或在这些域上定义相关物理量。

UDF 编写好之后需要通过编译或解释的方式将其加载到 Fluent 中。解释型 UDF 使用简单，逐行执行代码，但其解释过程慢，且占用内存，适合简单的模型；编译型 UDF 通过编译形成共享库文件和 Fluent 链接，编译的前提是必须安装 C/C++编译器，编译成功后，可以把编译好的 UDF 文件加载到工程中，且由于编译型 UDF 将代码一次性转换为机器语言，运行效率较高。锥阀式直动溢流阀的 UDF 编程复杂，程序工作量大，且所用预定义宏部分不支持解释，但均可使用编译的方式加载，因此本节采用编译型 UDF。

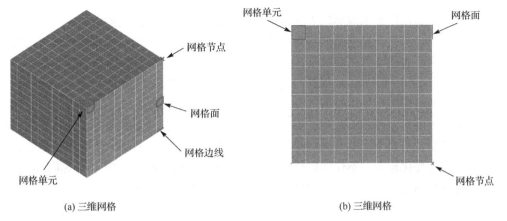

(a) 三维网格　　　　　　　　　　　　　　(b) 三维网格

图 3-3　网格术语示意图

4) 边界条件

锥阀式溢流阀可作为稳压阀和安全阀使用，分别作为稳压回路和安全保护回路。溢流阀作稳压阀使用，阀口打开，液压泵所有的油液全部流回油箱，以保持系统压力为一常数值，当系统稳压时，通过溢流阀的流量为一恒定值。因此，本节使用质量入口边界或者速度入口边界，来模拟作为稳压阀使用的锥阀式溢流阀的动态特性。当作为安全保护回路时，阀口常闭，为使溢流阀具有良好的静态特性，一般要求其开启比不小于 90%。因此，取系统的最大工作压力比溢流阀的开启压力大 10%，这样能够满足需要。本节模拟了溢流阀在极限条件下，即超压 10%的情况下溢流阀的动态特性。使用压力入口边界，研究了最极端的工作条件下，即压力阶跃变化 10%时溢流阀的开启过程曲线。无论作为稳压阀还是安全阀，溢流阀的出口都与油箱连接，油箱与大气连通，溢流阀的出口压力为大气压力，溢流阀出口统一使用压力出口边界条件。

5) CFD 模拟相关设置

在 Fluent 内部，网格的运动实际上是通过移动网格节点来实现的，节点可以通过运动区域间接调用得到。CFD 动网格中的运动区域可以是面区域，也可以是单元区域。节点的运动实际上是通过动态的面区域或单元区域的指定来实现的，运动区域的运动规律形式可以是静止的、刚体运动、变形或用户自定义的运动。图 3-4 是锥阀式溢流阀 CFD 区域划分示意图，代表了直动溢流阀的区域划分情况。

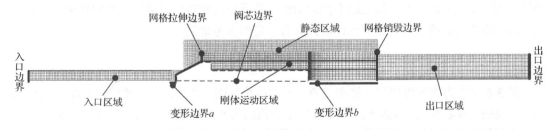

图 3-4　锥阀式溢流阀 CFD 区域划分示意图

首先，所有计算域均采用结构化网格，虽然生成结构化网格的工作量大，但计算量小，计算速度快，更容易收敛。使用 ICEM CFD 软件生成结构化网格，ICEM 具有强大的网格划分能力，可以提供高质量的流体动力学数值计算网格，是目前最强大的六面体与四边形结构化网格生成工具。其次，高质量的网格将显著提高计算的精度，而结构化网格可以比较容易地控制网格质量。对于本节研究的锥阀式溢流阀，当结构尺寸比较小时，在正常工作的状态下，开口量仅为 0.04～0.05mm。阀芯与阀座的配合形式为锥面阀芯配合直角刃阀座，这种锥面阀芯和阀座的组合类型使用最为广泛，初始网格尺寸设为 0.03mm，图 3-5 为锥阀式溢流阀直角刃阀座附近网格划分的示意图。由于过流间隙非常小，会导致此处生成非常差的网格质量，且当网格层数沿最小间隙方向加密到一定程度时，网格质量有进一步变差的趋势。在阀口处，压力梯度变化较大，不仅需要比较密的网格来捕捉压力梯度的变化，还需要在此处划分出静态区域和动态区域。所以，此处采用结构化网格是十分必要的。

图 3-5　锥阀式溢流阀直角刃阀座附近网格划分的示意图

3.3　锥阀式溢流阀的动态特性研究

在液压领域，锥形阀是压力阀中一种应用非常广泛的结构形式，具有密封性好、响应快、抗污染能力强等优点，在比例控制中的应用尤其多[40-42]。锥阀式结构的直动压力阀常常作为先导级，或者作为远程控制阀，广泛应用于各种控制回路中，所以研究作为先导级使用的锥阀式溢流阀的动态特性十分必要，本节讨论作为先导级使用的直动溢流阀在不同工作条件下开启的动态特性，应用商业流体软件 Fluent 对作为先导级使用的锥阀式溢流阀进行 CFD 数值分析，探究溢流阀阀芯在不同工况下的运动情况及诱发的阀芯振动现象。研究结果对于用作先导级的锥阀式溢流阀的使用和设计研究具有一定的参考价值。

3.3.1　作为先导级使用的锥阀式溢流阀的几何模型

图 3-6 是作为先导级使用的锥阀式溢流阀的结构简图，由进口侧、阀体、弹簧、弹簧座、阀座、阀腔、阀芯和出口侧组成。图 3-6 所示溢流阀为 6 通径阀，其几何参数如表 3-1 所示。由于几何结构及流场具有对称性，CFD 仿真采用二维轴对称模型进行计算，以节约计算机资源、节省计算时间[43]，溢流阀选择 0.03mm 的初始开口量，以便于生成结构化网格。进行网格密度灵敏度分析时，由于锥阀和阀座存在微小间隙，进行更细密网格的模拟时网格几乎会崩溃。因此，在该研究中使用相对粗糙的网格。锥阀式溢流阀的二维网格如图 3-7 所示，在

瞬态模拟时，采用结构化网格划分可以节约存储，大大减少计算时间，同时可以生成质量相对比较好的网格来减小计算误差[44]。

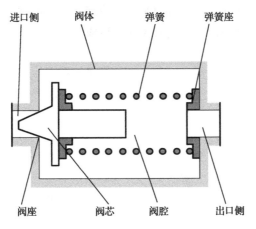

图 3-6　锥阀式溢流阀的结构简图

表 3-1　锥阀式溢流阀的几何参数

参数名称	符号	值
阀芯质量/kg	m	0.03
阀座孔径/mm	D	6
弹簧刚度/(N·m^{-1})	k	12000
主阀锥角半角/(°)	θ	15
油液密度/(kg·m^3)	ρ	870
油液动力黏度/(Pa·s)	μ	0.008

图 3-7　锥阀式溢流阀的二维网格

3.3.2　在不同工作条件下锥阀式溢流阀的动态性能仿真及结果分析

本节主要分析不同条件下的几种典型模拟结果。首先，为了研究在不同卸荷条件下溢流阀的动态特性，预设弹簧力为零。随着入口压力的增加，锥阀位移的变化曲线如图 3-8 所示。从图 3-8 中可以看出，锥阀的最大位移随着入口压力的增加而增加。入口压力为 0.3MPa 时，锥阀位移在 0.005s 时达到最大峰值，之后在 0.01s 时下降到最小值。经过几次小幅振荡后，最终在 0.03s 达到稳定状态。然而，当入口压力为 0.5MPa 时，经过振动衰减之后，锥阀阀芯仍存在小振幅的振荡，最终未进入稳定状态，出现了颤振现象。在入口压力为 0.5MPa 时，作用在锥阀阀芯面 1、面 2 上的流体作用力和锥阀阀芯所受到的流体作用力如图 3-9 所示。作用在面 1 上的流体作用力使锥阀阀芯打开、离开阀座，从而产生提升力。作用在面 2 上的背压以及弹簧力使阀门趋向于关闭。可以观察到，流体作用产生升力的变化趋势和背压引起力随时间的变化趋势具有一致性。因此，作用在锥阀不同部位上的流体作用力具有相同的变化趋势。当锥阀阀芯停止改变其运动方向时，在速度为零的点存在力的突变。这是由流体换向时，流体惯性力导致流体撞击锥阀阀芯表面所造成的。

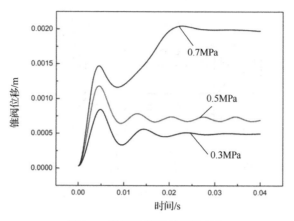

图 3-8　锥阀位移随时间的变化

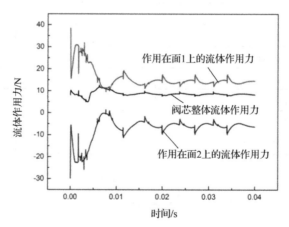

图 3-9　锥阀流体作用力随时间的变化

对于 0.7MPa 的入口压力，锥阀在大约 0.005s 先达到一个峰值，然后下降到谷值。但在此之后，锥阀的位移连续增加到一个恒定值，最后达到稳定状态。该现象可以基于 CFD 模拟获得的流场信息来解释。图 3-10 显示了入口压力为 0.7MPa、时间分别为 0.015s 和 0.04s 时的速度矢量图。从图 3-10 中可以看出，在面 2 附近出现了漩涡。从阀口间隙流出的流体撞击在溢流阀的侧壁上，然后，在溢流阀的侧壁的反作用力下，流体改变了其流向。在溢流阀的背压区域内形成了漩涡，在 0.015s 时，由于小阀口开度导致的高速射流最终在面 2 附近引起两个漩涡，使部分压力势能转换为动能。因此，作用在面 2 上背压的影响会减弱，导致锥阀的位移在 0.015s 后连续增加。可见，背压的存在对于锥阀阀芯的动态响应存在一定影响。

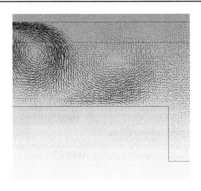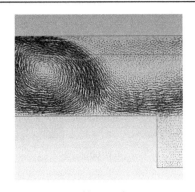

(a) 0.015s 时　　　　　　　　　　　　　　　　(b) 0.04s 时

图 3-10　在 0.7MPa 的入口压力下阀杆附近的速度矢量图

图 3-11 和图 3-12 分别为在 0.7MPa 的入口压力下不同时刻的速度云图和压力云图。从图中可以看出，几乎所有的压降均发生在阀口处，从速度云图中可以看出，在 0.005s 时流体速度达到最大值 34.79m/s，发生于锥阀位移的第一个波峰处。流体从锥阀阀芯和阀座之间形成的间隙中流出，在过流间隙处的流体速度为全流场速度的最大值。流体从间隙流出后，沿着锥阀阀芯表面流动，最后撞击到阀腔壁面上，阀腔壁面给流体一个反作用力，使流体方向改变。一部分流体流向锥阀翼缘与阀腔之间的间隙，另一部分流体反向流向阀杆壁面，撞击阀杆后再次改变流动方向，在溢流阀背压区形成了漩涡，流体的流动轨迹可以通过速度云图观察到。由于流体撞击出现漩涡，会造成能量损失，在液压系统中这种损失表现为压力损失，从 0.03s 和 0.04s 的压力云图中可以看出，在阀杆靠近翼缘处出现了负压区。损耗的能量转变为热能，使系统温度升高、性能变差。为减小发热量，设计溢流阀时应尽量减少或避免漩涡的出现，可以改变阀芯或阀体结构以达到这个目的。因此，CFD 数值模拟可以使设计师更加深刻地理解问题产生的机理，为解决相关问题提供指导。

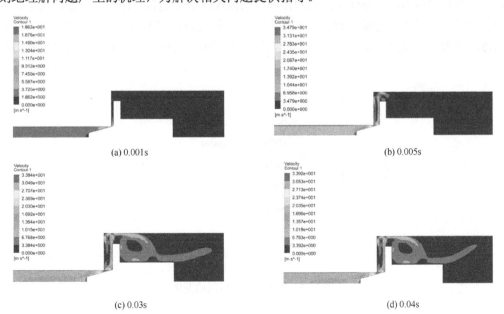

(a) 0.001s　　　　　　　　　　　　　　　　(b) 0.005s

(c) 0.03s　　　　　　　　　　　　　　　　(d) 0.04s

图 3-11　在 0.7MPa 的入口压力下不同时刻的速度云图

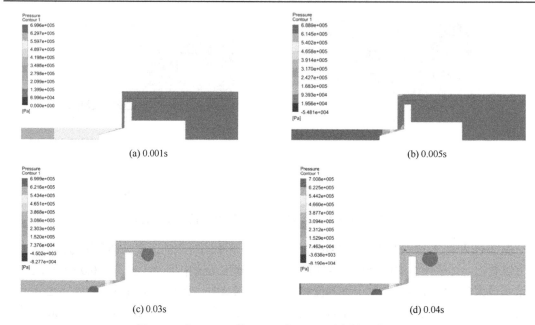

图 3-12　在 0.7MPa 的入口压力下不同时刻的压力云图

3.3.3　在不同设定压力下锥阀式溢流阀的 CFD 仿真结果分析

　　不同设定压力下的锥阀位移和体积流量随时间的变化分别如图 3-13 和图 3-14 所示。设定压力是在锥阀开始离开阀座时测量的入口压力，也叫开启压力。可以看出，设定压力越高，锥阀的响应速度越快。还可以观察到，油液通过溢流阀的体积流量随着设定压力的增加而增加。然而，锥阀位移的变化趋势与体积流量有明显的不同。表 3-2 中显示了锥阀在达到稳态位置时，预设弹簧力、流体作用升力和作用在溢流阀阀芯上的背压作用力的数值大小。入口压力的超压值设置为设定压力的 10%，即入口压力的值为设定压力和超过压力的和，并且出口压力设定为大气压力。虽然流体作用升力随着设定压力的增加而增加，但预设弹簧力和由

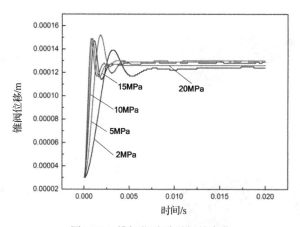

图 3-13　锥阀位移随时间的变化

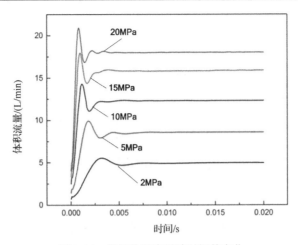

图 3-14　锥阀体积流量随时间的变化

表 3-2　在不同的设定压力下锥阀式溢流阀力的数值解

设定压力/MPa	预设弹簧力/N	流体提升力/N	背压作用力/N
2	56.5	60.6	2.6
5	141.0	151.3	8.8
10	282.5	297.9	13.9
15	424.0	448.2	22.6
20	565.0	602.4	36.1

背压引起的流体作用力也增加。可以看出，预设弹簧力和由背压引起的流体作用力的总和几乎接近流体作用升力的值。由锥阀位移引起的弹簧力的增量几乎相同，因此锥阀位移没有明显的差异，溢流阀在一定的压力范围之内可以保持定压精度。

在不可压缩流体的液压系统中，以上这种性能对于用作先导控制的锥阀式溢流阀至关重要。在先导控制的锥阀式溢流阀中由于压力变化时锥阀位移没有明显的差异，因此在一定的调压范围内，锥阀的位移变化对主阀的影响较小，可以避免主阀剧烈振荡和空化的发生。当溢流阀工作时，换用比较大的弹簧刚度甚至可以使提升阀的位移更小，但是由于在大弹簧刚度下压力对于锥阀位移变化十分敏感，使低压调节性能变差。

3.3.4　在给定流量下锥阀式溢流阀的 CFD 仿真结果分析

在液压系统中，通过锥阀式溢流阀的体积流量可以是恒定值。例如，一个系统由一个恒定排量泵、一个简单的锥阀式溢流阀和一个连接它们的液压软管组成。当执行器停在固定位置时，随着压力的升高溢流阀开始溢流，起到稳压的作用。在这种情况下，质量入口边界或者速度入口边界会更加符合实际，方便对具有恒定质量流量、不可压缩液压油的锥阀进行不稳定性数值研究。

在 2.0L/min、2.8L/min、5.5L/min、6.9L/min 和 8.3L/min 的流量下，锥阀位移和流体提升力随时间的变化情况如图 3-15～图 3-18 所示，其设定压力为 5MPa。从图中可以看出，在 2.0L/min 和 2.8L/min 的恒定流量条件下，溢流阀出现了颤振现象，随着流量的增加，颤振的

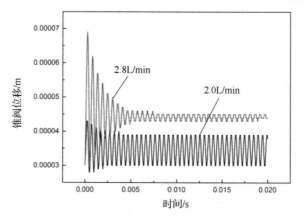

图 3-15　锥阀位移随时间的变化

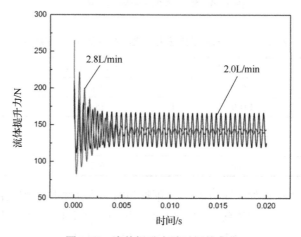

图 3-16　流体提升力随时间的变化

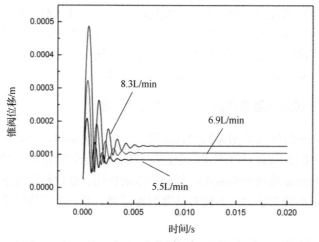

图 3-17　锥阀位移的曲线图

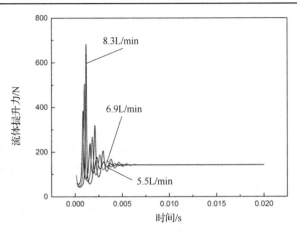

图 3-18　流体提升力的曲线图

频率降低。在低流量条件下，在几次振幅衰减之后，锥阀位移的颤振以固定频率发生，并且，随着流量的增加，颤振的幅度减小，锥阀的颤振仅在低流量条件下发生。可以看出，随着流量的增加，锥阀式溢流阀趋于稳定。从初始时刻开始，经过几次振幅衰减之后，锥阀最终达到稳定状态。因此，存在一个临界值，低于该临界值，溢流阀失去其稳定性并发生颤振。通过图 3-15 和图 3-16 中获得的 CFD 数值仿真信息可以得到颤振频率，在 2.0L/min 的流量下获得 2000Hz 的颤振频率，在 2.8L/min 的流量下获得 1600Hz 的颤振频率。溢流阀的不稳定性不仅会对阀门本身造成疲劳损坏，还会影响液压系统的使用、降低液压元件的使用寿命。因此，在设计或者使用之前，应考虑适当的供给流量，避免溢流阀工作在颤振出现的流量值区间内。

3.4　不同参数对溢流阀动态特性的影响

在液压领域，锥阀式直动溢流阀结构简单、通流能力好、动作响应快[45]。阀芯与阀座为线接触，采用线密封，密封性好，在工业上有着广泛的应用[46]。但阀芯-弹簧的低阻尼特点，使其动态特性比较差，阀芯容易振动，进而引发液压冲击，缩短液压元件的使用寿命，甚至无法使用[47]。本节从考虑改善锥阀式溢流阀动态特性的角度出发，研究不同参数如公称通径、阻尼和弹簧刚度等对锥阀式溢流阀动态特性的影响。其研究方法及相关结果对锥阀式直动溢流阀的优化设计有较好的参考价值和实际意义。

3.4.1　锥阀式直动溢流阀模型

1) 锥阀式直动溢流阀几何模型

作为先导级使用的锥阀式溢流阀的结构尺寸较小、开口量很小。另外，弹簧刚度比较大，且多为比例控制，直接作用的锥阀流量相对比较大。因此，本节选取了不同通径的锥阀式直动溢流阀作为研究对象进行研究。使用溢流阀的通径越大，在相同的调定压力下流量就越大。本节研究了在不同通径下溢流阀的动态特性，图 3-19 为经过简化的锥阀式直动溢流阀的几何简图。根据几何结构和流场的对称性，可将三维模型简化为二维轴对称问题进行 CFD 分析。

图 3-19　锥阀式直动溢流阀的几何简图

2) CFD 仿真敏感性分析

溢流阀的敏感性分析包括网格敏感性分析、湍流模型敏感性分析和时间步长敏感性分析，三个敏感性分析分别研究网格密集程度、湍流模型选择和时间步长大小对 CFD 仿真结果的影响程度[48]。对所有 CFD 仿真模型均需进行敏感性分析，以减少数值计算误差。本节以 16mm 公称通径的锥阀式直动溢流阀为研究对象，在弹簧刚度 $k = 40000\text{N/m}$ 的条件下，观察入口压力由 10 MPa 到 11 MPa 阶跃变化时溢流阀的动态特性。仿真结果将作为管路-溢流阀系统动态特性分析中网格数量、湍流模型和时间步长的选择依据。

(1) 网格敏感性分析。

最初几步的迭代将产生流体作用力的波动，这些波动会在几个时间步长内消失，这是由于不可压缩流体力的计算对于插值计算误差比较敏感，所以整体上并不影响流体作用力的计算[49]。

本节采用两种密度的网格：100000 个网格单元和 200000 个网格单元进行网格敏感性分析，分析结果如图 3-20(a) 和 (b) 所示。从阀芯开启过程位移曲线和流体作用力曲线可以看出，当网格加密一倍时所得仿真结果的差异比较小，基本可以忽略，说明仿真结果已经不依赖于网格数量，即仿真结果具有网格独立性。为减小计算量，采用 100000 数量的网格进行计算，既可以获得比较好的精度，又可以节约计算成本。

(2) 湍流模型敏感性分析和时间步长敏感性分析。

溢流阀开启过程中，流体冲击阀芯，伴随有流体分离和漩涡的产生，采用 Realizable $k\text{-}\varepsilon$ 模型可以达到更好的预测效果，而且 Realizable $k\text{-}\varepsilon$ 模型已经被初步证明适用于绝大多数流动问题的数值求解。对于包含大曲率的弯曲流动，使用 Realizable $k\text{-}\varepsilon$ 模型模拟的效果要优于标准 $k\text{-}\varepsilon$ 模型，对于高雷诺数模型选择使用 Realizable $k\text{-}\varepsilon$ 模型并结合 Scalable 壁面函数可防止沿壁面网格细化带来的数值结果的恶化。所以，本节选择 Realizable $k\text{-}\varepsilon$ 模型和低雷诺数的

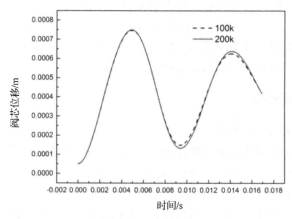

(a) 阀芯开启过程位移曲线

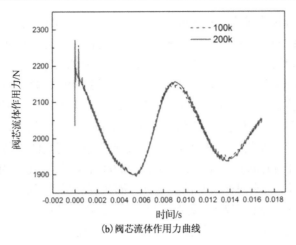

(b) 阀芯流体作用力曲线

图 3-20　网格敏感性分析结果

SST k-ω 模型进行湍流模型敏感性分析。同时选择 0.1ms、0.05ms、0.02ms 和 0.01ms 四个不同的时间步长对两种湍流模型进行时间敏感性分析，分析结果如图 3-21 所示。

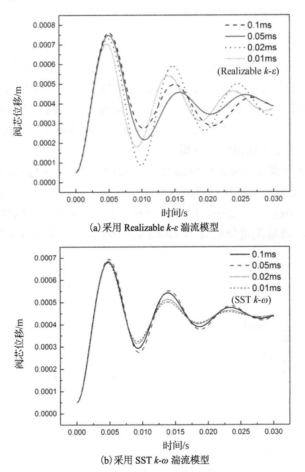

(a) 采用 Realizable k-ε 湍流模型

(b) 采用 SST k-ω 湍流模型

图 3-21　湍流模型敏感性分析和时间步长敏感性分析的结果

图 3-21(a)和(b)分别为采用 Realizable *k-ε* 湍流模型和 SST *k-ω* 湍流模型时，在不同时间步长下阀芯位移的曲线图。可以看出，两种湍流模型得出的阀芯位移曲线不完全一致，很难断定哪种湍流模型可以准确地预测锥阀式溢流阀开启过程的动态特性。但从图 3-21(a)可以看出，对于 Realizable *k-ε* 湍流模型，在阀芯趋于稳定的过程中，随着时间步长的减小，衰减振动中的波峰逐渐前移。也就是说，溢流阀开启的时间和到达稳定状态的时间都减小，可见使用 Realizable *k-ε* 湍流模型得出的仿真结果受时间步长的影响比较大，减小时间步长并不能使阀芯位移响应曲线趋于收敛；而采用 SST *k-ω* 湍流模型，得出的阀芯位移响应曲线的变化趋势基本趋于一致，且当时间步长减小到 0.02ms 和 0.01ms 时，阀芯位移响应曲线基本重合。此时，SST *k-ω* 湍流模型具有时间步长的独立性，即仿真结果不受时间步长大小的影响。

本节选择 SST *k-ω* 湍流模型对锥阀式溢流阀的动态特性进行分析，这是因为迄今为止，SST *k-ω* 湍流模型对于大多数的流动模拟，大部分结果都比较准确，可以为工程应用所接受。经过敏感性分析后发现，相对于 Realizable *k-ε* 湍流模型，使用 SST *k-ω* 湍流模型得出的仿真结果具有较好的一致性，且具有网格无关性和时间步长独立性，仿真结果可信度更高。根据分析仿真选择 0.02ms 的时间步长，既可以获得比较合理的计算精度，又可以减小计算量。

3.4.2　不同公称通径溢流阀的动态特性分析

锥阀式直动溢流阀一般用在小流量或低压的场合，锥阀的结构虽然简单、响应较快，但锥阀实际上是一个弹簧-质量系统，极易引发振动，造成压力失稳。在流量较小、压力较低时，锥阀式溢流阀一般是稳定的，但在压力较高或者流量较大时常常容易发生振动，此时需要进行结构改进或者改用先导式溢流阀。为研究直动式锥形式溢流阀在不同通流能力下的动态特性，对不同公称通径溢流阀，在弹簧刚度为 *k*=40000N/m 的条件下，入口压力由 10MPa 到 11MPa 阶跃变化时，进行了动态特性分析。

图 3-22～图 3-24 分别为 10mm 公称通径、16mm 公称通径、20mm 公称通径锥阀式溢流阀的阀芯位移曲线、质量流量曲线、阀芯净作用力曲线，其中三个通径的溢流阀对应的阀芯质量分别为 0.3kg、1.0kg 和 1.2kg。10mm 公称通径、16mm 公称通径的阀芯位移分别为 0.264mm、0.445mm，质量流量分别为 0.350kg/s、0.985kg/s，流量和位移的增大导致溢流阀

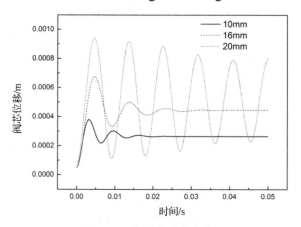

图 3-22　阀芯位移的曲线

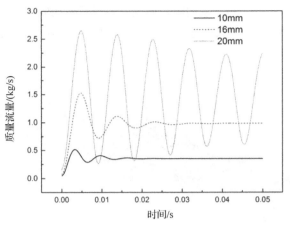

图 3-23　质量流量的曲线

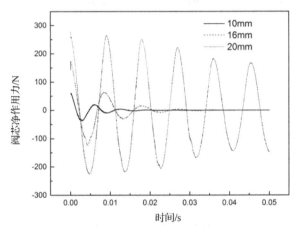

图 3-24　阀芯净作用力的曲线

的稳态时间增长,锥阀式溢流阀的位移较小。因此,开口量变化时,压力的变化不是很大,保证了定压精度。从图中可以看出,随着溢流阀通径的增加,溢流阀的响应灵敏度逐渐下降,超调量也逐渐增加,但溢流阀均经过小幅振动之后,阀芯净作用力接近于零,基本达到平衡状态。

一个动态性能优良的溢流阀,应当具备灵敏度好、超调量小、稳态过渡时间短等优点。但随着溢流阀公称通径的增大,溢流阀的响应时间变长,稳态性能逐渐变差。公称通径为16mm 时,溢流阀仍然是稳定的,当公称通径为 20mm 时,溢流阀出现了颤振现象,阀芯不断振动,溢流阀存在动态不稳定现象,会造成水锤冲击,不仅影响液压系统的使用,还会缩短液压元件的使用寿命。在设计锥阀式溢流阀时可以推断,在公称通径为 16mm 和 20mm 之间,存在一个公称通径值临界点。超过该临界点,锥阀开始振动,必须采取其他形式的结构、增加阻尼、进行结构优化后,才可继续使用。

锥阀式溢流阀的低阻尼特性是锥阀阀芯振动的主要原因,对于锥阀阀芯振动问题,常用优化溢流阀结构、增加阻尼或者人为控制方式来解决。针对 20mm 通径锥阀式溢流阀出现的颤振现象,本节从结构上优化改进锥阀的结构、增加锥阀阀芯的阻尼,来解决锥阀阀芯颤振现象。图 3-25 为改进结构后 20mm 通径锥阀式溢流阀的示意图,锥阀的前端通过阀杆连接一个圆柱结构，圆柱体和阀体之间存在间隙，通过此环形间隙构成阻尼。当环形间隙为 0.5mm 时，通过 CFD 仿真结果对比增设环形阻尼与未设置阻尼两种情况下溢流阀开启过程的动态特性，如图 3-26 所示。

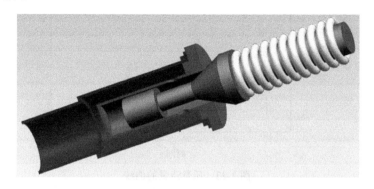

图 3-25　改进结构后 20 通径锥阀式溢流阀的示意图

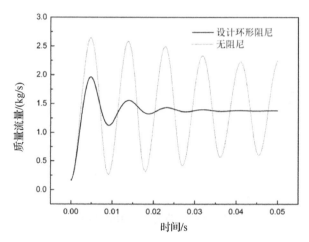

图 3-26　锥阀式溢流阀质量流量曲线的对比图

可以看出，未设置环形阻尼时，溢流阀一直处于动态不稳定状态，最大流量可达 2.7kg/s，最小流量为 0.2kg/s。增设环形阻尼后，溢流阀的动态特性明显得到改善，在 30ms 左右已经达到稳定状态，流量达到 1.37kg/s，流量比 16mm 通径锥阀式溢流阀增大约 1.5 倍。通过 CFD 仿真证明，该结构对于出现颤振的 20mm 通径锥阀式溢流阀的动态特性，具有明显的改善作用。

图 3-27 和图 3-28 分别为无阻尼情况和有环形阻尼情况下，锥阀式溢流阀在 0.05s 时的压力云图和速度云图。从图中可以看出，在无阻尼情况下阀腔内出现了负压区，压降几乎全部发生在锥阀阀芯和阀座形成的过流间隙处。出现负压区是由于阀芯的振动导致了阀腔内部压力的剧烈变化。图 3-28 展示了溢流阀在 0.05s 溢流时的速度分布，从图中可以发现，改进阀芯结构后，阀口处流体的最大速度为 157m/s，流体沿着锥阀阀芯表面流出，未出现明显的漩涡，溢流阀背压区未出现负压区，工作情况良好。

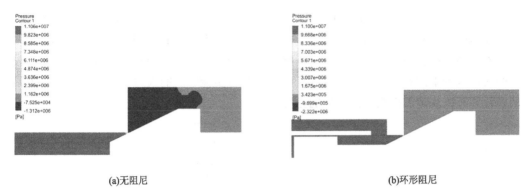

(a)无阻尼　　　　　　　　　　　　　　　(b)环形阻尼

图 3-27　不同况下锥阀式溢流阀 0.05s 时的压力云图

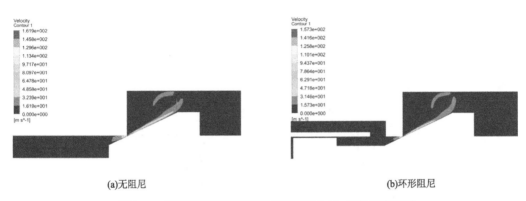

(a)无阻尼　　　　　　　　　　　　　　　(b)环形阻尼

图 3-28　不同阻尼情况下锥阀式溢流阀 0.05s 时的速度云图

3.4.3　阻尼对溢流阀动态特性影响的 CFD 分析

对于溢流阀的动态特性，通过传递函数分析相当复杂，对于结构更加复杂的液压阀，很难用解析法对其动态特性进行详尽地计算。随着计算机技术的发展，通过 CFD 仿真对溢流阀的动态特性进行仿真计算，通过辅助计算和分析，可以优化溢流阀的性能。设计的环形阻尼对阀芯的运动有一定阻力，可避免阀芯的振动，提高溢流阀的稳定性。基于 20mm 公称通径锥阀式直动溢流阀出现的振动现象，采用带环形阻尼的阀芯结构，通过提高溢流阀的阻尼能力，改善了溢流阀的动态特性，然而环形阻尼的长度和间隙的比值对于溢流阀的动态特性有很大的影响，本节为方便研究，保持环形阻尼的长度不变，仅仅通过改变间隙值来研究环形阻尼的长度和间隙的比值对锥阀式溢流阀的动态特性的影响程度，本节取阻尼孔的长度为 20mm，在此基础上分别对不同环形间隙下锥阀式溢流阀开启过程的动态特性进行了 CFD 仿真。

在弹簧刚度为 $k = 40000$N/m 的条件下，入口压力由 10MPa 到 11MPa 阶跃变化时，进行了动态特性的分析，取环形间隙值分别为 0.1mm、0.2mm、0.5mm 和 2.0mm。仿真结果如图 3-29～图 3-31 所示。其中，图 3-29 为不同环形间隙下锥阀式溢流阀阀芯位移的曲线图，图 3-30 和图 3-31 分别为不同环形间隙下锥阀式溢流阀阀芯速度的曲线图。从图中可以看出，环形阻尼的间隙值对于锥阀式溢流阀的动态响应有一定的影响。随着环形间隙的增加，溢流阀的不稳定的趋势更加明显。0.1mm 的小环形间隙有利于锥阀式溢流阀的稳定性，但响应时间过长。阀芯速度仅为 0.01m/s，到 0.1s 时仍未达到稳定状态，降低了溢流阀的灵敏度，而且容易堵塞，使阻尼孔失效，溢流阀的稳定性恶化。当环形间隙为 2.0mm 时，溢流阀的振动加剧，阀芯长时间未能过渡到稳定状态，阀芯最大振幅可达 0.8mm，速度达 0.25m/s，对使用不可压缩流体的液压系统仍会造成一定程度的液压冲击。使用 CFD 分析方法，可以在比较短的时间内，改变不同参数模拟对象的性能，从而节省实验所需的人力、物力和时间，为溢流阀的设计和相关规律的推断起到很好的指导作用。

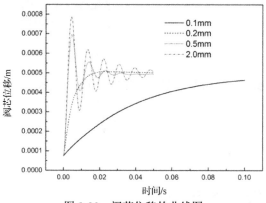

图 3-29　阀芯位移的曲线图

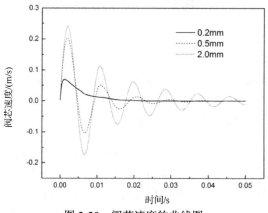

图 3-30　阀芯速度的曲线图

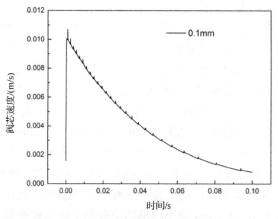

图 3-31　阀芯速度的曲线图

当环形间隙为 0.2mm 时，阀芯可快速平稳地过渡到稳定状态。阀芯做单向运动，阀芯速度持续减小，最终达到平衡状态。可以看出，在环形间隙分别为 2.0mm、0.5mm 时，溢流阀阀芯运动处于欠阻尼状态；当环形间隙为 0.2mm 时，溢流阀阀芯运动接近于临界阻尼状态；当环形间隙为 0.1mm 时，溢流阀阀芯运动处于过阻尼状态。对于不同形式、结构尺寸的溢流阀，其动态性能可能有所不同，但通过 CFD 仿真均可以找到最佳的环形间隙尺寸，实现对影响溢流阀动态性能参数的优化。对于 20mm 公称通径锥阀式溢流阀，在阻尼孔的长度为 20mm 时，设计环形间隙为 0.2mm，溢流阀的动态性能可达到最佳状态。

图 3-32 为 0.2mm 和 2.0mm 环形间隙下，锥阀式溢流阀阀芯速度的云图。图 3-28 为 0.5mm 环形间隙下，锥阀式溢流阀的阀芯速度云图。通过对比可以发现，环形间隙的大小对于锥阀式溢流阀动态特性的影响虽然很大，但对于流场内部的流动影响很小，在过流间隙处，流体的最大速度几乎相等。

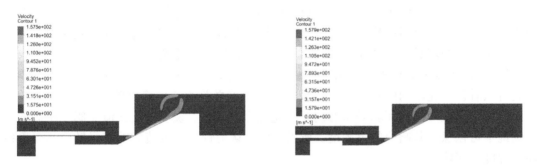

(a) 0.2mm 环形间隙条件下　　　　　　　　　　(b) 2.0mm 环形间隙条件下

图 3-32　锥阀式溢流阀阀芯速度的云图

3.4.4　弹簧刚度的影响

对溢流阀而言，减小弹簧刚度，可以提高溢流阀的定压精度，即溢流阀在流量或压力变化时可以较好地保持系统的调定压力。改变锥阀式溢流阀的弹簧刚度（分别为 6000N/m、10000N/m 和 40000N/m），在入口压力由 10 MPa 到 11 MPa 阶跃变化时，进行阀芯位移动态特性分析。图 3-33 为不同弹簧刚度下，锥阀式溢流阀阀芯位移的响应曲线图。从图 3-33 中

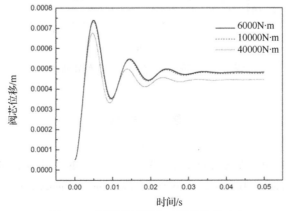

图 3-33　不同弹簧刚度下阀芯位移响应

可以看出，在 30ms 左右时，阀芯基本都达到了稳定状态。弹簧刚度对锥阀式溢流阀的动态特性的影响基本很小，可以忽略。在弹簧刚度增加约 6 倍的情况下，溢流阀的位移增大了不到 10%。由于通过锥阀流量的变化量正比于阀芯位移的变化量，因此弹簧刚度增加约 600%，流量的变化不到 10%。所以，改变弹簧刚度对于增大锥阀式溢流阀的流量是不可行的，但减小弹簧刚度，可以减小锥阀开度变化时造成弹簧力变化，改善锥阀式溢流阀的定压性能。在压力较高时，溢流阀的弹簧刚度势必较大，定压性能变差。这也是普通锥阀式溢流阀一般用于低压、小流量场合的原因。

3.4.5　压力跃变程度的影响

为研究溢流阀在不同的阶跃压力下的动态特性，在入口压力由 10MPa 分别超压 1%、2%、5%、10%，且弹簧刚度为 $k=40000N/m$ 的条件下，进行动态特性分析。图 3-34 为不同超压条件下，锥阀式溢流阀阀芯位移的响应曲线。从曲线可以看出，不同于盘阀式溢流阀，盘阀式溢流阀在超压较大时，可以比较快地达到稳定状态；超压较小时，阀芯达到稳态的时间较长。锥阀式溢流阀超压较大时，在到达稳定状态之前振动较剧烈，在超压较小时，不仅在到达稳态之前振动减缓，而且可以比较快地达到稳定状态。从图 3-34 中还可以看出：在不同的超压下，尽管在到达稳态之前阀芯位移的振动幅度有所不同，但到达第一个波峰的时间和升压时间几乎是完全相同的，说明锥阀式溢流阀在不同的超压情况下可以保持其响应的灵敏度。所以，可以认为锥阀式溢流阀响应灵敏度不受系统超压程度的影响。

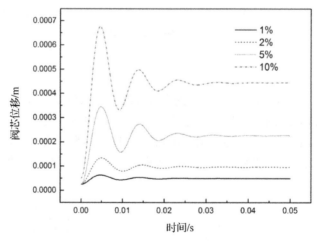

图 3-34　不同超压条件下阀芯位移响应

参 考 文 献

[1]　SANG Y, WANG X D, SUN W Q. Analysis of fluid flow through a bidirectional cone throttle valve using computational fluid dynamics[J]. Australian Journal of Mechanical Engineering, 2019: 1-10.

[2] SANG Y, WANG X D, SUN W Q. Numerical and experimental study on the friction of o ring for hydraulic seals[J]. Australian Journal of Mechanical Engineering, 2019: 1-10.

[3] SANG Y, WANG X D, SUN W Q. The dynamic characteristics of a small hydraulic poppet safety relief valve[J]. International Journal of Fluid Machinery and Systems, 2020, 13 (1): 233-240.

[4] 王旭东. 锥阀式溢流阀的动态特性研究[D]. 大连: 大连理工大学, 2019.

[5] RAY A. Dynamic modeling and simulation of a relief valve [J]. Simulation, 1978, 31 (5): 167-172.

[6] KONDRAT'EVA T F, ISAKOV V P, PETROVA F P. Dynamic stability of safety valves [J]. Chemical & Petroleum Engineering, 1978, 14 (12): 1097-1104.

[7] SINGH A. An analytical study of the dynamics and stability of a spring loaded safety valve [J]. Nuclear Engineering and Design, 1982, 72 (2): 197-204.

[8] MOODY F J. Unsteady piping forces caused by hot water discharge from suddenly opened safety/relief valves [J]. Nuclear Engineering and Design, 1982, 72 (2): 213-224.

[9] MACLEOD G. Safety valve dynamic instability: an analysis of chatter [J]. Journal of Pressure Vessel Technology, 1985, 107 (2): 172-177.

[10] ORTEGA A J. A numerical model about the dynamic behavior of a pressure relief valve[C]. 12th Brazilian Congress of Thermal Engineering and Sciences, 2008.

[11] ORTEGA A J. Analysis of the discharge coefficient of a spring loaded pressure relief valves during its dynamic behavior[C]. 20th International Congress of Mechanical Engineering, Belo Horizonte, 2009.

[12] FINESSO R, RUNDO M. Numerical and experimental investigation on a conical poppet relief valve with flow force compensation [J]. International Journal of Fluid Power, 2017, 18 (2): 111-122.

[13] BEUNE A, KUERTEN J G M, VAN HEUMEN M P C. CFD analysis with fluid-structure interaction of opening high-pressure safety valves [J]. Computers & Fluids, 2012, 64 (15): 108-116.

[14] ANNA B, THORÉN L. CFD simulation of a safety relief valve for improvement of a one-dimensional valve model in RELAP5 [D]. London: Chalmers University of Technology, 2012.

[15] BAZSÓ C, HŐS C J. An experimental study on the stability of a direct spring loaded poppet relief valve [J]. Journal of Fluids & Structures, 2013, 42: 456-465.

[16] DASGUPTA K. Dynamic analysis of pilot operated pressure relief valve [J]. Simulation Modelling Practice and Theory, 2002, 10: 35-49.

[17] ERDŐDI I, HŐS C. CFD simulation on the dynamics of a direct spring operated pressure relief valve. Conference on Modelling Fluid Flow, Budapest, 2015, 1-4.

[18] SONG X G, JI H J, LEE H S, et al. 2-D dynamic analysis of a pressure relief valve by CFD[C]. Proceedings of the 9th Wseas International Conference on Applied Computational Science, Hangzhou, 2010.

[19] SONG X G, WANG L, PARK Y C. Transient analysis of a spring-loaded pressure safety valve using computational fluid dynamics (CFD) [J]. Journal of Pressure Vessel Technology, 2010, 132 (5): 1-6.

[20] SONG X G, CUI L, PARK Y C. Three-dimensional CFD analysis of a spring-loaded pressure safety valve from opening to re-closure[C]. Proceedings of the ASME 2010 Pressure Vessels & Piping Division / K-PVP Conference, Bellevue, WA, 2010, 1-9.

[21] SONG X G, PARK Y C, PARK J H. Blowdown prediction of a conventional pressure relief valve with a simplified dynamic model [J]. Mathematical and Computer Modelling, 2013, 57 (1-2): 279-288.

[22] 王启珠. 弹簧式溢流阀常见问题及使用建议[J]. 轻工科技, 2013, 111(2): 111-124.

[23] 罗辉东. 溢流阀反冲效应的控制方法研究[D]. 广州: 华南理工大学, 2011.

[24] 戴芳芳. 溢流阀反冲效应的数值模拟与实验研究[D]. 广州: 华南理工大学, 2012.

[25] 梁寒雨. 溢流阀开启过程阀口流场的 CFD 数值模拟与实验研究[D]. 广州: 华南理工大学, 2010.

[26] 朱寿林. 溢流阀排量及泄放机理仿真与实验研究[D]. 广州: 华南理工大学, 2012.

[27] 陈力智. 基于流固耦合的安全阀动态不稳定性研究[D]. 大连: 大连理工大学, 2016.

[28] 焦黎栋. 大流量溢流阀动态特性仿真与流场数值模拟[D]. 太原: 太原理工大学, 2010.

[29] 郑淑娟, 陶涛. 先导式溢流阀的动态特性研究[J]. 煤矿机械, 2012, 33(2): 51-53.

[30] 郜立焕, 于群, 潘永琦. 先导式电液比例溢流阀的动态特性研究[J]. 液压与气动, 2012, 3: 104-105.

[31] 杨帅鹏. 基于 AMESim 的液压支架用大流量溢流阀动态特性研究[D]. 兰州: 兰州理工大学, 2017.

[32] 张秋菊. 高水基溢流阀流场的 CFD 仿真[D]. 太原: 太原理工大学, 2008.

[33] 高红. 溢流阀阀口气穴与气穴噪声的研究[D]. 杭州: 浙江大学, 2003.

[34] 刘子川. 安全阀的动态特性仿真及流场分析[D]. 西安: 西安科技大学, 2015.

[35] 许益民. 电液比例控制系统分析与设计[M]. 北京: 机械工业出版社, 2005.

[36] ISRA A, BEHDINAN K, CLEGHORN W L. Self-excited vibration of a control valve due to fluid-structure interaction [J]. Journal of Fluids and Structures, 2002, 16 (5): 649-665.

[37] BOTROS K K, DUNN F H, HRYCYK J A. Riser-relief valve dynamic interactions[J]. Journal of Pressure Vessel Technology, 1998, 120: 207-212.

[38] KHCHINE Y E, SRITI M. Boundary layer and amplified grid effects on aerodynamic performances of S809 airfoil for horizontal axis wind turbine (HAWT) [J]. Journal of Engineering Science & Technology, 2017, 12(11): 3011-3022.

[39] SANG C J, KANG J H. Orifice Design of a pilot-operated pressure relief valve[J]. Journal of Pressure Vessel Technology, 2017, 139(3): 031601-1-10.

[40] 杨树军, 王青, 鲍永, 等. 锥阀式数字比例溢流阀特性的实验研究[J]. 机床与液压, 2016, 44(11): 66-68.

[41] 李军霞, 寇子明. 电液比例溢流阀特性分析与仿真研究[J]. 煤炭学报, 2010, 35(2): 320-323.

[42] 陈轶辉, 赵树忠, 孟宪举, 等. 比例溢流阀特性测试与分析系统的设计[J]. 机床与液压, 2012, 40(10): 59-62.

[43] FRANCIS J, BETTS P L. Modelling incompressible flow in a pressure relief valve Archive[J]. Proceedings of the Institution of Mechanical Engineers, 1997, 211 (2): 83-93.

[44] 弓永军, 王祖温, 徐杰, 等. 先导式纯水溢流阀仿真与实验研究[J]. 机械工程学报, 2010, 46(24): 136-142.

[45] 许文学, 刘桓龙, 唐银, 等. 阀芯前端带旁路阻尼的锥阀型溢流阀特性研究[J]. 机床与液压, 2018, (4): 97-100.

[46] 马威, 马飞, 周志鸿, 等. 液压溢流阀的失稳分析和实验研究[J]. 工程科学学报, 2016, 38(1): 135-142.

[47] 刘桓龙, 王国志, 柯坚, 等. 双独立阻尼减振溢流阀的压力特性研究[J]. 液压与气动, 2013, (6): 51-54.

[48] ALSHAIKH M, DEMPSTER W. A CFD study on two-Phase frozen flow of air/water through a safety relief valve[J]. International Journal of Chemical Reactor Engineering, 2015, 13(4): 533-540.

[49] 贺小峰, 何海洋, 刘银水, 等. 先导式水压溢流阀动态特性的仿真[J]. 机械工程学报, 2006, 42(1): 75-80.

第 4 章　电液伺服系统中管路的动态特性分析

管路是液压系统中的基本元件，在传递流体介质和能量方面起着不可或缺的作用，是能源系统、控制系统和执行器之间传递能量及信号的"桥梁"。理论和实践证明，液压管路特性的好坏直接决定着液压系统性能的优劣，因此应充分研究液压系统的管路特性，从而提高系统的整体性能。随着采用电液伺服系统的机械装备不断向大型化、重型化发展，管路越来越偏向传输高压和大流量的介质。然而，管路在传输高压、大流量液压油时更是常常伴随着振动问题，如果管路振动过大，不但会缩短管路和系统的使用寿命，更有可能影响系统的操作甚至引发事故。

管路振动问题是液压管路系统稳定性和可靠性所面临的主要问题。液压管路系统承受的振动激励形式主要有液压泵所输出流体的脉动激励、机器运转中产生的振动激励以及整个设备产生的振动激励。液压管路在上述激励形式下，会引发强迫振动，当激励频率接近管路的模态频率时，会使得管路产生共振，导致管路损伤，引起管路系统故障。液压系统管路的故障形式主要有管接头松脱、接头漏油、密封件失效、卡箍失效、卡套裂纹、噪声等。这些振动故障不仅会引起设备功能失效，造成重大事故，也会给设备操作人员带来很大的安全隐患。因此，非常有必要分析电液伺服系统中管路的动态特性，揭示振动机理，并提出切实可行的减振方案，减少各类故障的发生。

4.1　液压管路基本元素的建模分析

4.1.1　液阻的建模分析

液阻分为层流液阻、湍流液阻和局部液阻。液体为层流时，其在黏性阻力的作用下在等径直液压管路两端产生的压差与流量的比值，称为层流液阻，用 R_1 表示，即

$$R_1 = \frac{\Delta p}{q} \tag{4.1}$$

式中，R_1 为层流液阻；Δp 为压差；q 为流量。

以圆管为例，其压差为

$$\Delta p = \lambda \frac{l}{d} \cdot \frac{\rho v^2}{2} \tag{4.2}$$

式中，$\lambda = 75/Re$（液压油的层流经验公式），$Re = \frac{vd}{v}$；v 为断面平均速度；d 为当量直径；v 为运动黏度。

流量为

$$q = \frac{\pi}{4} v d^2 \qquad\qquad (4.3)$$

将式(4.2)、式(4.3)代入式(4.1)，整理后得

$$R_1 = \frac{150 v \rho l}{\pi d^4} \qquad\qquad (4.4)$$

由式(4.4)可知，圆管层流液阻与液体的运动黏度、密度和液压管路的长度成正比，与液压管路直径的 4 次方成反比。

液体为湍流时，其在黏性阻力的作用下在等径直液压管路两端产生的压差与流量平方的比值，称为湍流液阻，用 R_t 表示，即

$$R_t = \frac{\Delta p}{q^2} \qquad\qquad (4.5)$$

式中，R_t 为湍流液阻；Δp 为压差；q 为流量。

同样以圆管为例，其压差为

$$\Delta p = \lambda_t \frac{l}{d} \cdot \frac{\rho v^2}{2} \qquad\qquad (4.6)$$

式中，$\lambda_t = 0.3164 Re^{-\frac{1}{4}}$（液压油的湍流经验公式），$Re = vd/v$。

将式(4.3)、式(4.6)代入式(4.5)，整理后得

$$R_t = \lambda_t \frac{8 \rho l}{\pi^2 d^5} \qquad\qquad (4.7)$$

由式(4.7)可知，圆管湍流液阻与液体的密度和液压管路的长度成正比，与液压管路直径的 5 次方成反比。

流动的液体在液压管路的接头、弯头、阀口以及突然变化的截面两端产生的压差与流量平方的比值，称为局部液阻，用 R_p 表示，即

$$R_p = \frac{\Delta p}{q^2} \qquad\qquad (4.8)$$

式中，R_p 为局部液阻；Δp 为压差；q 为流量。

液压管路局部液阻的压差为

$$\Delta p = \zeta \frac{\rho v^2}{2} \qquad\qquad (4.9)$$

式中，ζ 为局部阻力系数，由实验来确定。

将式(4.3)、式(4.9)代入式(4.8)，整理后得

$$R_p = \zeta \frac{8 \rho}{\pi^2 d^4} \qquad\qquad (4.10)$$

由式(4.10)可知，液压管路局部液阻与液体的密度成正比，与液压管路直径的 4 次方成反比。

4.1.2　液阻串并联管路的动态特性

在电液伺服系统中，液压管路液阻的连接形式是多种多样的，但归纳起来无非是两大类：液阻的串联和并联。

1. 液阻的串联

如果液压管路中有两个或更多个液阻一个接一个地顺序相连，这样的连接法就称为液阻的串联。串联液压管路中既有层流液阻又有湍流液阻和局部液阻，其连接方式如图 4-1 所示。

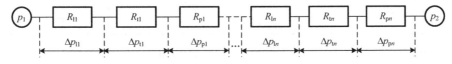

图 4-1　串联液压管路

其中，液压管路的总压差 Δp 为各段压差之和。

$$\Delta p = \sum_{i=1}^{n}(\Delta p_{li} + \Delta p_{ti} + \Delta p_{pi}) = \sum_{i=1}^{n}(qR_{li} + q^2 R_{ti} + q^2 R_{pi}) \tag{4.11}$$

即

$$\Delta p = q\sum_{i=1}^{n}R_{li} + q^2\left(\sum_{i=1}^{n}R_{ti} + \sum_{i=1}^{n}R_{pi}\right) \tag{4.12}$$

各类串联液阻可分别用一个该类的等效液阻来代替，等效条件是在同一液压管路总压差 Δp 的作用下流量 q 保持不变。各类等效液阻等于该类各个串联液阻之和，即

$$R_1 = \sum_{i=1}^{n}R_{li}, \quad R_t = \sum_{i=1}^{n}R_{ti}, \quad R_p = \sum_{i=1}^{n}R_{pi} \tag{4.13}$$

式中，R_1 为等效层流液阻；R_t 为等效湍流液阻；R_p 为等效局部液阻。

串联液压管路的总压差可写为

$$\Delta p = qR, \quad R = \sum_{i=1}^{n}R_{li} + q\left(\sum_{i=1}^{n}R_{ti} + \sum_{i=1}^{n}R_{pi}\right) \tag{4.14}$$

图 4-2 是两个液阻串联的简单液压管路。

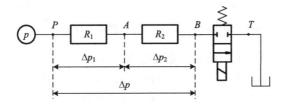

图 4-2　两个液阻串联的简单液压管路

以圆管层流液阻为例，对图 4-2 所示的串联液压管路进行仿真，其仿真参数的设置如表 4-1 所示。

表 4-1　串联液压管路的仿真参数

参数	名称	数值	单位
ρ	液压油密度	868	kg/m³
K	液压油体积模量	16000	bar
v	液压油运动黏度	0.5	m²/s
p	液压源的恒定压力	100	bar
d_0	液压管路直径	100	mm
d_1	节流孔 R_1 的直径	10	mm
l_1	节流孔 R_1 的长度	10	mm
d_2	节流孔 R_2 的直径	10	mm
l_2	节流孔 R_2 的长度	10	mm
f	电磁开关阀的频率	250	Hz

图 4-2 中电磁开关阀在 0s 处开启，在 1s 处关闭，其液压管路的仿真结果如图 4-3 所示。

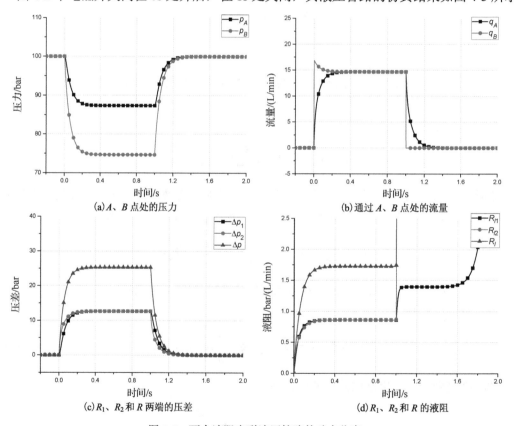

(a) A、B 点处的压力

(b) 通过 A、B 点处的流量

(c) R_1、R_2 和 R 两端的压差

(d) R_1、R_2 和 R 的液阻

图 4-3　两个液阻串联液压管路的动态仿真

　　在 0s 之前，电磁开关阀处于关闭状态，液压管路中各点的压力均为 100bar，各点的流量均为 0L/min，各点之间的压差为 0，R_1、R_2 的液阻均为无穷大。由图 4-3(a)～(d) 可知，A、B 点处的压力，通过 A、B 点处的流量，R_1、R_2 和 R 两端的压差，以及 R_1、R_2 和 R 的液阻的瞬态响应在 0s 处和 1s 处均表现出过阻尼的特征。由于 B 点更靠近低压端，A、B 两点之间比 P、A 两点之间先形成压差，所以其瞬态响应的速度略快于 A 点。B 点与电磁开关阀直接相连，阀口特性的作用使流量具有冲击特征而在向稳态值收敛之前产生一个阶跃超调。在 0s 和 1s

之间，各参数保持恒定的数值即各参数的稳态值，由图 4-3(d)可知，$R=R_1+R_2$，符合串联液阻的等效规律。此外，R_1、R_2 的液阻在 0s 和 1s 之间基本一致，但在 1s 之后，R_2 的液阻为无穷大，回复到电磁开关阀开启前的状态，而 R_1 的液阻在 1s 和 2s 之间先以过阻尼的特征达到一个新的稳态值一段时间后，在 2s 处达到无穷大。这种现象是由液体的可压缩性造成的。当电磁开关阀关闭时，B 点处的液体在电磁开关阀的刚性阻碍下以阶跃的形式瞬间停止流动，而 A 点处的液体可以通过压缩其低压端的液体而继续向低压端流动，从而达到液压管路的一个新的动态平衡，直到低压端的液体被压缩到表现出刚性时，A 点处的液体才停止流动，其动作相对于 B 点处的液体具有一定的迟滞性。

2. 液阻的并联

如果液压管路中有两个或更多个液阻连接在两个公共的节点之间，这样的连接法称为液阻的并联。各个并联液压管路两端的压差相同。同样的，并联液压管路中也既有层流液阻又有湍流液阻和局部液阻，其连接方式如图 4-4 所示。

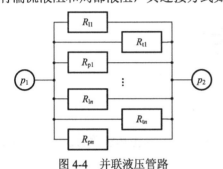

图 4-4　并联液压管路

其中，液压管路的总流量 q 为各分路流量之和，即

$$q = \sum_{i=1}^{n} q_i \tag{4.15}$$

总压差 Δp 与各分路的压差相等，即

$$\Delta p = \Delta p_1 = \Delta p_2 = \cdots = \Delta p_n \tag{4.16}$$

并联层流液压管路各支路的压差可写为

$$\Delta p_1 = q_1 R_{l1}, \quad \Delta p_2 = q_2 R_{l2}, \quad \cdots, \quad \Delta p_n = q_n R_{ln} \tag{4.17}$$

并联层流液阻也可用一个等效层流液阻 R_1 来代替，即

$$\Delta p = q R_1 \tag{4.18}$$

将式(4.17)、式(4.18)代入式(4.15)得

$$\frac{\Delta p}{R_1} = \sum_{i=1}^{n} \frac{\Delta p}{R_{li}} \tag{4.19}$$

由式(4.19)可知，等效层流液阻的倒数等于各个并联层流液阻的倒数之和，即

$$\frac{1}{R_1} = \sum_{i=1}^{n} \frac{1}{R_{li}} \tag{4.20}$$

并联湍流或局部液压管路各支路的压差可写为

$$\begin{cases} \Delta p_1 = q_1^2 R_{l1} \\ \Delta p_2 = q_2^2 R_{l2} \\ \cdots\cdots \\ \Delta p_n = q_n^2 R_{ln} \end{cases} \Rightarrow \begin{cases} q_1 = \sqrt{\dfrac{\Delta p_1}{R_{l1}}} \\ q_2 = \sqrt{\dfrac{\Delta p_2}{R_{l2}}} \\ \cdots\cdots \\ q_n = \sqrt{\dfrac{\Delta p_n}{R_{ln}}} \end{cases} \tag{4.21}$$

并联湍流液阻和局部液阻也可用等效湍流液阻 R_t 和等效局部液阻 R_p 来代替,即

$$\Delta p = q^2(R_t + R_p) \tag{4.22}$$

将式(4.21)、式(4.22)代入式(4.15)得

$$\sqrt{\frac{\Delta p}{R_t + R_p}} = \sum_{i=1}^{n} \sqrt{\frac{\Delta p_i}{R_{ti} + R_{pi}}} \tag{4.23}$$

由式(4.23)可知,等效湍流液阻与等效局部液阻之和倒数的平方根等于各个并联等效湍流液阻与等效局部液阻之和的倒数的平方根的代数和,即

$$\sqrt{\frac{1}{R_t + R_p}} = \sum_{i=1}^{n} \sqrt{\frac{1}{R_{ti} + R_{pi}}} \tag{4.24}$$

图 4-5 是两个液阻并联的液压管路。

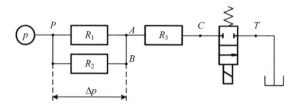

图 4-5 两个液阻并联的简单液压管路

以层流液阻为例,对图 4-5 所示的并联液压管路进行仿真,其仿真参数的设置如表 4-2 所示。

表 4-2 并联液压管路的仿真参数

参数	名称	数值	单位
ρ	液压油密度	868	kg/m³
K	液压油体积模量	16000	bar
ν	液压油运动黏度	0.5	m²/s
p	恒定压力液压源的压力	100	bar
d_0	液压管路直径	100	mm
d_1	节流孔 R_1 的直径	10	mm
l_1	节流孔 R_1 的长度	10	mm
d_2	节流孔 R_2 的直径	20	mm
l_2	节流孔 R_2 的长度	10	mm
d_3	节流孔 R_3 的直径	10	mm
l_3	节流孔 R_3 的长度	10	mm
f	电磁开关阀的频率	250	Hz

图 4-5 中电磁开关阀在 0s 处开启,在 1s 处关闭,其液压管路的仿真结果如图 4-6 所示。

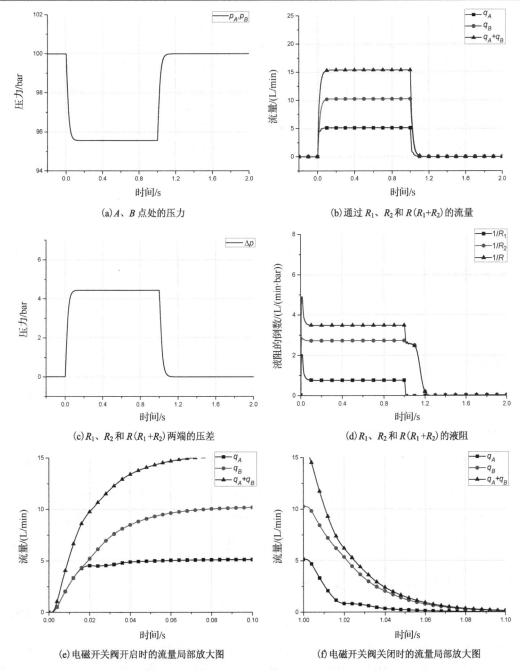

(a) A、B 点处的压力

(b) 通过 R_1、R_2 和 $R(R_1+R_2)$ 的流量

(c) R_1、R_2 和 $R(R_1+R_2)$ 两端的压差

(d) R_1、R_2 和 $R(R_1+R_2)$ 的液阻

(e) 电磁开关阀开启时的流量局部放大图

(f) 电磁开关阀关闭时的流量局部放大图

图 4-6　两个液阻并联液压管路的动态仿真

在 0s 之前,电磁开关阀处于关闭状态,液压管路中各点的压力均为 100bar,各点的流量均为 0L/min,各点之间的压差为 0,R_1、R_2 液阻的倒数均为 0。由图 4-6(a)～(d)可知,A、B 点处的压力,通过 R_1、R_2 和 R 的流量,R_1、R_2 和 R 两端的压差,以及 R_1、R_2 和 R 的液阻的瞬态响应在 0s 处和 1s 处均表现出过阻尼的特征。A、B 点与电磁开关阀直接相连,阀口特性的作用使流量具有冲击特征,从而导致液阻的倒数在向稳态值收敛之前产生一个阶跃超调。在 0s 和 1s 之间,各参数保持恒定的数值即各参数处于稳定的状态。由图 4-6(d)可知,

$1/R = 1/R_1 + 1/R_2$，符合并联层流液阻的等效规律。由图 4-6(e)、(f)可知，R_2 的液阻在 0s 和 1s 的邻域内在向稳态值逼近的同时相对于 R_1 液阻的曲线表现出一定幅值的振荡特征。这种现象是由各液压管路之间在汇流处的耦合造成的。由式(4.4)和表 4-2 可知，$R_1 > R_2$。当电磁开关阀开启或关闭时，流经 R_1 和 R_2 的液体在 A、B 点处汇流产生耦合，由于 $R_1 > R_2$，R_1 右端液体的密度 ρ_A 低于 R_2 右端液体的密度 ρ_B。由于 A、B 点为液压管路中相距很近的两处，其压力值基本相等，从而导致 R_1 右端流量的增长略大于无耦合影响时的流量，产生一定程度的超调，并以欠阻尼振荡的特征、无耦合影响的流量曲线为基准向稳态值收敛。因为欠阻尼系统的响应速度比过阻尼系统快，所以在电液伺服阀开启或关闭后，通过 R_1 的流量比通过 R_2 的流量先达到稳态值。

4.1.3　液容的建模分析

液体在液压管路中柔性环节和液体可压缩性的影响下，其体积对压力的偏导数，称为液容，用 C_f 表示，即

$$C_f = \frac{\partial V}{\partial p} \tag{4.25}$$

式中，C_f 为液容；V 为液体体积；p 为液体压力。

液体的体积模量为

$$K = V\frac{\partial p}{\partial V} \tag{4.26}$$

将式(4.26)代入式(4.25)，整理后得

$$C_f = \frac{V}{K} = \frac{Al}{K} \tag{4.27}$$

由式(4.27)可知，液容与液压管路的长度和横截面积成正比，与液体的体积模量成反比。

当液压管路中液体的体积 V 或压力 p 发生变化时，在液压管路中引起的流量为

$$q = \frac{\partial V}{\partial t} = C_f\frac{\partial p}{\partial t} \tag{4.28}$$

将式(4.28)两边乘以 p，并积分之，则得

$$\int_0^t pq\mathrm{d}t = \int_0^p C_f p\mathrm{d}p = \frac{1}{2}C_f p^2 \tag{4.29}$$

由式(4.29)可知，当液容上的压力增高时，液体的压力能增大；在此过程中，液容吸收能量。$C_f p^2/2$ 就是液容中的压力能。当液容上的压力降低时，液体的压力能减小，即液容释放能量。液压管路的接通、断开、压力改变或参数改变等会使液压管路中的能量发生变化，但是能量不能跃变，否则将使功率 $\mathrm{d}W/\mathrm{d}t$ 达到无穷大，而这在实际中是不可能存在的。因此，液容中储有的压力能 $C_f p^2/2$ 不能跃变，这反映在液容上表现为压力 p 不能发生跃变。

4.1.4　阻容型液压管路的动态特性

分析阻容型液压管路动态特性的过程，就是通过给阻容型液压管路提供不同波形的输入信号，分析其对应输出的波形。

1)阻容型液压管路的零状态响应和零输入响应

阻容型液压管路在电磁开关阀开启前液容未储有能量的条件下,由电磁开关阀开启使恒流液压源阶跃输入所产生的液压管路的响应,称为阻容型液压管路的零状态响应。阻容型液压管路在电磁开关阀关闭前液容储满能量的条件下,由电磁开关阀关闭后液容的初始状态所产生的液压管路的响应,称为阻容型液压管路的零输入响应。

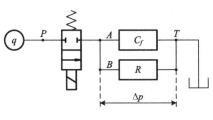

图 4-7　阻容型液压管路

分析阻容型液压管路的零状态响应和零输入响应,实际上就是分析其吸收压力和释放压力的过程。图 4-7 是阻容型液压管路。

以气压式蓄能器为主要液容的液压管路为例,对图 4-7 所示的阻容型液压管路和纯液阻型液压管路($C_f = 0$)进行零状态响应和零输入响应仿真,其仿真参数的设置如表 4-3 所示。

表 4-3　阻容型液压管路的仿真参数

参数	名称	数值	单位
ρ	液压油密度	850	kg/m^3
K	液压油体积模量	17000	bar
v	液压油运动黏度	60	m^2/s
q	液压源的恒定流量	100	L/min
d_0	液压管路直径	20	mm
R	节流孔的层流液阻	1	bar/(L/min)
p_c	蓄能器气体预充压力	80	bar
V_c	蓄能器最大容积	1	L
n	蓄能器多变指数	1.4	—
f	电磁开关阀的频率	250	Hz

图 4-7 中电磁开关阀在 0s 处开启,其液压管路的零状态响应仿真结果如图 4-8 所示。

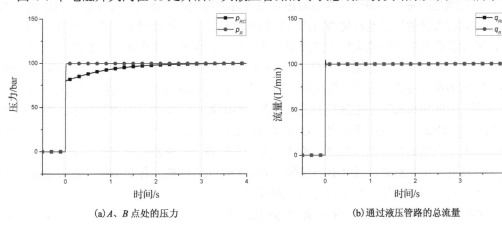

(a) A、B 点处的压力　　　　　　　　　　　(b) 通过液压管路的总流量

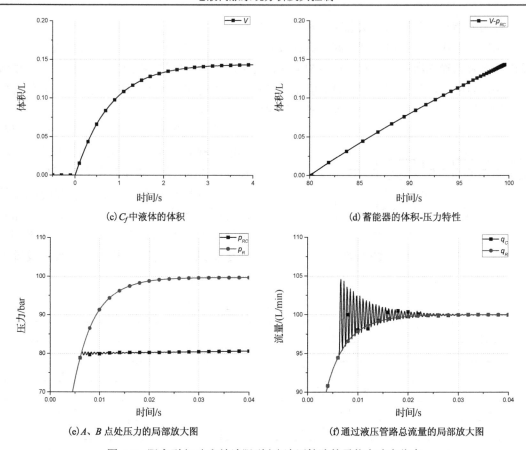

(c) C_f 中液体的体积

(d) 蓄能器的体积-压力特性

(e) A、B 点处压力的局部放大图

(f) 通过液压管路总流量的局部放大图

图 4-8　阻容型 (RC) 和纯液阻型 (R) 液压管路的零状态响应仿真

　　在 0s 之前，电磁开关阀处于关闭状态，液压管路中各点的压力均为 0bar，各点的流量均为 0L/min，蓄能器中液体的体积为 0。由图 4-8(a)、(b)、(e)、(f) 可知，当电磁开关阀开启时，阻容型液压管路在 A、B 点处的压力和液压管路总流量的瞬态响应在 0s 处表现为欠阻尼振荡的特征，而纯液阻型液压管路在 A、B 点处的压力和液压管路总流量的瞬态响应在 0s 处则表现为过阻尼的特征。由于阻容型液压管路容性的影响，当液压管路中的压力达到 80bar 时，液容吸收液体的压力能转化为液压管路的弹性势能，从而减慢了液压管路中压力的上升速度，所以其瞬态响应的速度慢于纯液阻型液压管路；同理，由图 4-8(c) 看出，由于容性的影响，液容中流体体积增长速度随着流体体积的增大而减缓。在 0s 和 4s 之间，阻容型液压管路中的压力在容性的作用下缓慢地向液容压力上限的稳态值逼近，而纯液阻型液压管路中的压力则以阶跃的形式瞬间达到稳态值。由图 4-8(d) 可知，蓄能器的液容基本上可以视为常值，但其在 80bar 的邻域内表现出一定幅值的振荡特征。这种现象也是由液压管路中液体的惯性造成的。当电磁开关阀开启时，液体充满液压管路，蓄能器吸收液体。由于蓄能器中的储能元件具有一定的质量，液体的一部分压力能先转化为储能元件的动能，然后储能元件的动能和弹性势能相互转化，产生较为剧烈的振动。

　　图 4-7 中电磁开关阀开启至液压管路达到稳态后在 0s 处关闭，其液压管路的零输入响应仿真结果如图 4-9 所示。

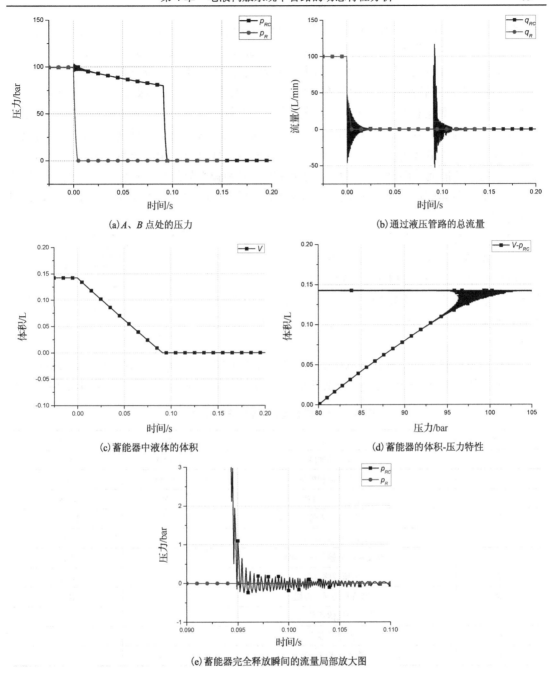

(a)A、B 点处的压力

(b) 通过液压管路的总流量

(c) 蓄能器中液体的体积

(d) 蓄能器的体积-压力特性

(e) 蓄能器完全释放瞬间的流量局部放大图

图 4-9 阻容型(RC)和纯液阻型(R)液压管路的零输入响应仿真

在 0s 之前，电磁开关阀处于开启状态，液压管路中各点的压力均为 100bar，各点的流量均为 10L/min，蓄能器中液体的体积为 0.14L。由图 4-9(a)、(b)可知，当电磁开关阀关闭时，阻容型液压管路在 A、B 点处的压力和液压管路总流量的瞬态响应在 0s 处表现为欠阻尼振荡的特征，而纯液阻型液压管路在 A、B 点处的压力和液压管路总流量的瞬态响应在 0s 处则表现为过阻尼的特征。由于阻容型液压管路容性的影响，当液压管路中的压力低于蓄能器中的压力时，液容释放液压管路的弹性势能转化为液体的压力能，从而减慢了液压管路中压力的下降速度，所以其瞬态响应的速度慢于纯液阻型液压管路。在 0s 和 4s 之间，阻容型液压管路中的压力在容性的作用下以缓慢速度按照近似线性的特征衰减，直到液压管路中的压力低于 80bar 时，液容将压力能完全释放，阻容型液压管路中的压力才以近似阶跃的形式下降至 0。而纯液阻型液压管路中的压力则在电磁开关阀关闭的瞬间就以阶跃的形式降低至 0。由图 4-9(c) 可知，蓄能器中液体的体积成线性衰减。由图 4-9(d) 可知，蓄能器的液容基本上可以视为常值，但其在 100bar 的邻域内表现出一定幅值的振荡特征。这种现象同样也是由液压管路中液体的惯性造成的。这是由于蓄能器中的储能元件具有一定的质量，液体的一部分压力能先转化为储能元件的动能，然后储能元件的动能和弹性势能相互转化，产生较为剧烈的振动。同理，图 4-9(b) 中 0s 处和 0.1s 处的流量和图 4-9(e) 中的压力振动也属于液压管路惯性的特征。

2) 交变阻容型液压管路的动态特性

阻容型液压管路中由液压源交变输入所产生的交变输出响应，称为交变阻容型液压管路的动态特性。分析交变阻容型液压管路的动态特性，实际上就是分析它的交变压力和流量动态变化的过程。图 4-10 是交变阻容型液压管路。

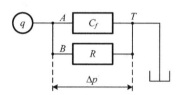

图 4-10　交变阻容型液压管路

同样以蓄能器为主要液容的液压管路为例，对图 4-10 所示的交变阻容型液压管路和交变纯液阻型液压管路 $(C_f = 0)$ 进行正弦交变输入的动态仿真，其仿真参数的设置如表 4-4 所示。

表 4-4　交变阻容型液压管路的仿真参数

参数	名称	数值	单位
ρ	液压油密度	850	kg/m^3
K	液压油体积模量	17000	bar
ν	液压油运动黏度	60	m^2/s
E_q	交变液压源输入流量均值	100	L/min
A_q	交变液压源输入流量幅值	10	L/min
f_q	交变液压源输入流量频率	10	Hz
d_0	液压管路直径	20	mm
R	节流孔的层流液阻	1	bar/(L/min)
p_C	蓄能器气体预充压力	80	bar
V_c	蓄能器容积	1	L
n	蓄能器多变指数	1.4	—

图 4-10 中交变液压源输入流量的函数为 $q = A_q \sin(2\pi f_q t) + E_q$ 时，其液压管路的动态仿真结果如图 4-11 所示。

由图 4-11(a) 可知，交变阻容型液压管路的压力在液压管路容性的调节作用下，其正弦波的幅值远小于交变纯液阻型液压管路压力正弦波的幅值，其压力基本上可以视为恒定值 100bar。由图 4-11(b) 可知，通过交变阻容型液压管路总流量的幅值与交变纯液阻型液压管路的幅值基本相等，但在液压管路容性的调节作用下，其相位略超前于交变纯液阻型液压管路。图 4-11(c) 反映了蓄能器中液体体积的变化规律，其输出正弦波的相位相对于通过交变阻容型

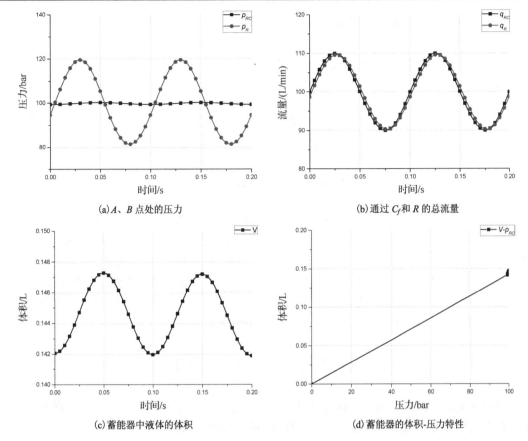

(a) A、B 点处的压力　　　　　　　　(b) 通过 C_f 和 R 的总流量

(c) 蓄能器中液体的体积　　　　　　(d) 蓄能器的体积-压力特性

图 4-11　交变阻容型液压管路的动态仿真

液压管路的总流量正好滞后 1/4 个周期。V 对时间 t 的导数正好为蓄能器中的流量特性曲线，其相位与图 4-11(b) 中 q_{RC} 一致，从而实现对液压管路中压力波动的补偿。由图 4-11(d) 可知，蓄能器的液容基本上可以视为常值。

4.1.5　液感的建模分析

液体在其质量惯性的影响下，其压力对流量时间偏导数的偏导数，称为液感，用 I_f 表示，即

$$I_f = \partial p / \partial \left(\frac{\partial q}{\partial t} \right) \tag{4.30}$$

式中，I_f 为液感；p 为液体压力；q 为液体流量；t 为时间。

由牛顿第二定律可知

$$\Delta pA = ma = m \frac{\mathrm{d}v}{\mathrm{d}t} = \rho l \frac{A \mathrm{d}v}{\mathrm{d}t} = \rho l \frac{\mathrm{d}q}{\mathrm{d}t} \tag{4.31}$$

将式(4.31)代入式(4.30)，整理后得

$$I_f = \frac{\partial p}{\partial(\partial q / \partial t)} = \frac{\rho l}{A} \tag{4.32}$$

由式(4.32)可知，液感与液体的密度和液压管路的长度成正比，与液压管路的横截面积成反比。

当液压管路中液体的压力 p 或流量对时间的导数 $\partial q / \partial t$ 发生变化时，在液压管路中引起的压力变化为

$$p = I_f \frac{\mathrm{d}q}{\mathrm{d}t} \tag{4.33}$$

将式(4.33)两边乘以 q，并积分之，则得

$$\int_0^t pq\mathrm{d}t = \int_0^q I_f q\mathrm{d}q = \frac{1}{2} I_f q^2 \tag{4.34}$$

由式(4.34)可知，当液感中的流量增大时，液体的动能增大；在此过程中，压力能转换为动能。$I_f q^2 / 2$ 就是液感中液体的动能。当液感中的流量减小时，液体的动能减小，即液感释放能量。同样有液压管路的接通、断开、压力改变或参数改变等不能使液压管路中的能量跃变。因此，液感中储有的动能 $I_f q^2 / 2$ 不能跃变，这反映在液感上表现为流量 q 不能发生跃变。

由于参数 ρ 和 l 对液感的影响与其对液阻的影响相同，参数 A 对液感的影响远小于其对液阻的影响，所以本书对液感的动态特性不做详细讨论。

4.2　管路振动和压力传递的分析

总的来说，管路振动及压力传递特性的研究方法包括理论和实验法。其中，理论法主要包括有限元法、特征线法、传递矩阵法、阻抗分析法和模态综合法[1]。

4.2.1　管路数学模型的理论推导

对管路进行理论分析，需要首先建立管路的数学模型。

如图 4-12 所示的一段流体管路，入口处的压力和流量为 p_1 和 q_1，出口处的压力和流量为 p_2 和 q_2，流体管路中任意 x 处的压力和流量为 p 和 q。根据流体力学的基本假设，取流体微元 $\mathrm{d}x$，建立其运动微分方程为

$$\rho\mathrm{d}x \frac{\partial q}{\partial t} = \left[p - \left(p + \frac{\partial p}{\partial x}\mathrm{d}x \right) \right] A - R_f \tag{4.35}$$

整理得

$$\frac{\partial p}{\partial x} + \frac{\rho}{A}\left(\frac{\partial q}{\partial t} + R_v q \right) = 0 \tag{4.36}$$

流体连续性方程为

$$q - \left(q + \frac{\partial q}{\partial x}\mathrm{d}x \right) = \frac{A\mathrm{d}x}{K_e} \frac{\partial p}{\partial t} \tag{4.37}$$

整理得

$$\frac{\partial q}{\partial x} + \frac{A}{K_e} \frac{\partial p}{\partial t} = 0 \tag{4.38}$$

$$K_e = K_y \left/ \left[1 + \frac{D}{b} \frac{K_y}{E} \left(1 - \frac{\varepsilon}{2} \right) \right] \right. \tag{4.39}$$

式中，ρ 为流体的密度；R_f 为频率相关流体摩擦阻力，$R_f = R_v \rho \mathrm{d}xq$；$A$ 为流体管路的横截面积；R_v 为频率相关流体摩擦阻力系数；K_e 为流体的表观体积弹性模量；D 为固体管道的外直径；K_y 为流体的体积弹性模量；b 为固体管道的管壁厚度；E 为固体管道管材的弹性模量；ε 为固体管道管材的泊松比。

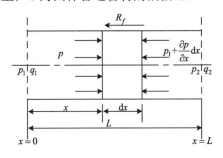

图 4-12　流体管路

对式 (4.36) 和式 (4.38) 进行拉普拉斯变换，得到

$$\frac{\partial Q(x,s)}{\partial x} + \frac{A}{K_e} s P(x,s) = 0 \tag{4.40}$$

$$\frac{\partial P(x,s)}{\partial x} + \frac{\rho}{A} (s + R_v) Q(x,s) = 0 \tag{4.41}$$

式中，s 为拉普拉斯算子，取 $R_v = \dfrac{R s J_1}{\mathrm{j} R \sqrt{s/v} J_0 - 2 J_1}$。

由边界条件

$$\begin{aligned} x = L &: P(L,s) = P_2(s), Q(L,s) = Q_2(s) \\ x = 0 &: P(0,s) = P_1(s), Q(0,s) = Q_1(s) \end{aligned} \tag{4.42}$$

求解式 (4.40) 和式 (4.41)，得到以传递矩阵形式表示的流体管路动态特征方程为

$$\begin{bmatrix} P_2(s) \\ Q_2(s) \end{bmatrix} = \begin{bmatrix} \cosh \Gamma(s) & -Z_0(s) \sinh \Gamma(s) \\ -\dfrac{1}{Z_0} \sinh \Gamma(s) & \cosh \Gamma(s) \end{bmatrix} \begin{bmatrix} P_1(s) \\ Q_1(s) \end{bmatrix} = G \begin{bmatrix} P_1(s) \\ Q_1(s) \end{bmatrix} \tag{4.43}$$

式中，$P_1(s)$ 为入口处压力偏差的拉普拉斯变量；$Q_1(s)$ 为入口处流量偏差的拉普拉斯变量；$\cosh[\Gamma(s)]$ 和 $\sinh[\Gamma(s)]$ 分别为 $\Gamma(s)$ 的双曲余弦和双曲正弦函数；$Z_0(s)$ 为管路特性阻抗，其表达式为

$$Z_0(s) = \frac{\rho c^2 \Gamma(s)}{\pi R^2 s} \tag{4.44}$$

$\Gamma(s)$ 为管路传播因子，其表达式为

$$\Gamma(s) = \frac{sL}{a \left[1 - 2 J_1 \left(\mathrm{j} R \sqrt{\dfrac{s}{v}} \right) \middle/ \mathrm{j} R \sqrt{\dfrac{s}{v}} \cdot J_0 \left(\mathrm{j} R \sqrt{\dfrac{s}{v}} \right) \right]^{\frac{1}{2}}} \tag{4.45}$$

式中，v 为油液运动黏度；a 为流体中的声速，$a = 1/\sqrt{\rho \beta_e}$，$\rho$ 为油液密度；J_0、J_1 分别为零阶和一阶的第一类贝塞尔函数；j 为虚数单位。

由上述管道传输模型可得管道截面间的压力传递函数为

$$\begin{aligned} G_1(s) = \frac{P_2(s)}{P_1(s)} &= \frac{1}{\cosh[\Gamma(s)] + Z_2(s) Z_0(s) \sinh[\Gamma(s)]} \\ &= \frac{1}{\cosh[\Gamma(s)] + \dfrac{\rho c^2 \Gamma(s)}{Z_2(s) \pi R^2 s} \sinh[\Gamma(s)]} \end{aligned} \tag{4.46}$$

　　在管路频率特性计算中，为保证计算精度并尽量使计算简单化，经对比本节采用高精度的变形贝塞尔级数近似模型来表示管路传播因子 $\Gamma(s)$，则有

$$\Gamma(s) = \frac{sL}{a[1 - 2I_1(\lambda)/\lambda \cdot I_0(\lambda)]^{\frac{1}{2}}} \tag{4.47}$$

式中，I_0 和 I_1 为变形贝塞尔函数；$\lambda = R\sqrt{s/\upsilon}$。

　　由于 $\dfrac{2I_1(\lambda)}{\lambda \cdot I_0(\lambda)} = \dfrac{2}{\lambda} - \dfrac{1}{\lambda^2} - \dfrac{1}{\lambda^3} \cdots \approx \dfrac{2}{\lambda}$，其中 $|\lambda| \geqslant 3$，所以有

$$\Gamma(s) = \frac{sL}{a(1 - 2/\lambda)^{\frac{1}{2}}} \tag{4.48}$$

　　由于 $\left|\dfrac{2}{\lambda}\right| < 1$，所以，可以将 $\left(1 - \dfrac{2}{\lambda}\right)^{\frac{1}{2}}$ 进行泰勒级数展开并取前两项得

$$\left(1 - \frac{2}{\lambda}\right)^{\frac{1}{2}} \approx 1 - \frac{1}{2} \cdot \frac{2}{\lambda} = 1 - \frac{1}{\lambda} \tag{4.49}$$

故

$$\Gamma(s) = \frac{sL}{a(1 - 2/\lambda)^{\frac{1}{2}}} \approx \frac{sL}{a\left(1 - \dfrac{1}{\lambda}\right)} \tag{4.50}$$

　　将 $s = j\omega$，$\Gamma(s) = \alpha + j\beta$ 代入式 (4.50)，经变换得

$$\alpha = \frac{\omega L}{a} \cdot \frac{\psi/\sqrt{2}}{\psi^2 - \sqrt{2}\psi + 1}, \quad \beta = \frac{\omega L}{a} \cdot \frac{\psi^2 - \psi/\sqrt{2}}{\psi^2 - \sqrt{2}\psi + 1} \tag{4.51}$$

式中，$\psi = R\sqrt{\omega/\upsilon}$。令 $k' = (\rho a^2)/(Z_2 \pi R^2)$，得 $G_1(s)$ 的分母为

$$\cosh(\alpha + j\beta) + k' \cdot \frac{\alpha + j\beta}{j\omega} \sinh(\alpha + j\beta) = A + jB$$

$$= \cosh\alpha\cosh\beta + j\sinh\alpha\sinh\beta + k'\frac{\beta - j\alpha}{\omega} \cdot (\sinh\alpha\cosh\beta + j\cosh\alpha\sinh\beta) \tag{4.52}$$

其中

$$\begin{cases} A = \cosh\alpha\cosh\beta + \dfrac{k'}{\omega}(\beta\sinh\alpha\cosh\beta + \alpha\cosh\alpha\sinh\beta) \\[2mm] B = \sinh\alpha\sinh\beta + \dfrac{k'}{\omega}(\beta\sinh\alpha\cosh\beta - \alpha\cosh\alpha\sinh\beta) \end{cases} \tag{4.53}$$

则有

$$|G_1(j\omega)| = \frac{1}{\sqrt{A^2 + B^2}}, \quad \angle G_1(j\omega) = -\arctan\frac{B}{A} \tag{4.54}$$

　　当不考虑其他液压元件的影响时，闭端管路 (输出端完全闭合的流体管路) 的边界条件为 $Q_2 = 0$，则由式 (4.46) 求得压力传递特性为

$$\frac{P_2}{P_1} = \frac{1}{G_a(22)} \tag{4.55}$$

通过查阅文献[2]可知,闭端管路的谐振频率 f 与共振管长度 L 的关系为

$$f = \frac{(2n+1)a}{4L} \tag{4.56}$$

式中, a 为流体中的声速。

4.2.2　水锤的基本运动方程

输流管道在运行过程中不可避免地会出现由于各种原因诱发的水力暂态过程,严重时甚至会产生称为水锤或者水击的极端水力现象。水力暂态过程诱发的管道振动问题在振动力学中称为喘振。水锤作为一种极端的非定常流动问题,产生的压力变化将以波的形式在管道系统中运动,诱发管道系统产生自激振动,甚至是大幅度的振荡,危害管道系统的正常运行。对水锤的研究最早可追溯到 19 世纪中叶,1858 年 Menabre 首先对水锤现象进行了研究。Joukowsky 对供水管道系统的非定常流动进行了大量的实验研究,并于 1898 年发表了一篇题为 *On the hydraulic hammer in water supply pipes* 的论文,在文中 Joukowsky 把管道系统中由水的非定常流动引起的极端水力现象称为水锤,并提出了水锤的基本运动方程。

$$\frac{\partial \upsilon_f}{\partial t} + \frac{1}{\rho_f}\frac{\partial p}{\partial z} = 0, \quad \frac{\partial \upsilon_f}{\partial z} + \left(\frac{1}{K_f} + \frac{2R}{E\delta}\right)\frac{\partial p}{\partial t} = 0 \tag{4.57}$$

求解水锤的基本运动方程,可得水锤压力变化量与流体流速变化量之间的关系式,即著名的 Joukowsky 公式。

$$\Delta P = -\rho_f C_{fv}\Delta\upsilon_f \tag{4.58}$$

式中, ΔP 表示管内压力的变化量; ρ_f 表示管内流体的质量密度; C_{fv} 表示管内流体压力波的速度; $\Delta\upsilon_f$ 表示管内流体流速的变化量。Joukowsky 公式定量地表达了输流管道中水锤压力变化量与流体流速变化量之间的关系,该公式可用于估算管线很长或者阀门瞬间开闭、管道的约束广度很大以及不计运动过程中能量损失时产生的最大水锤压力。

4.3　液压管路的仿真

4.3.1　AMESim 中液压管路的仿真

根据管路的数学模型,在 AMESim 中建立管路仿真模型如图 4-13 所示,主要包括液压源、恒压泵、液压管路、伺服阀和液压缸。选取考虑管路容抗、阻抗及惯性影响的 HL040 管路子模型,该模型是一种能够很好地模拟实际管路情况的子模型。仿真时液压系统中各部分的主要参数如表 4-5 所示。发挥 AMESim 频域分析的优势,探索管长与管径对管路固有频率的影响规律。

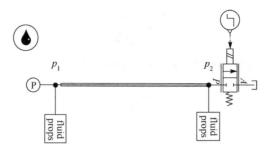

图 4-13　管路实验仿真模型

表 4-5　液压系统各部分主要参数

名称	参数	名称	参数
液压油密度	868kg/m³	运动黏度	56cSt
恒压泵压力	80bar	管厚	2mm

注：$1St = 10^{-4} m^2/s$。

在 AMESim 中对该系统进行频域分析，设定仿真时间为 0.5s，步长为 0.0001s。选取管路入口端压力 p_1 为控制变量，管路出口端压力 p_2 为观测变量，线性化时间为 0.086s，此时伺服阀处于关闭状态，因此管路属于闭端管路。管路内径为 10mm，研究不同管长(8m、10m、12m、14m、16m、18m、20m)对管路固有频率的影响。不同管长管路的固有频率仿真值和理论计算值(声速为 1350m/s)如图 4-14 和表 4-6 所示。

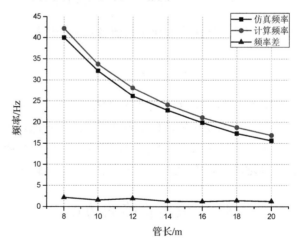

图 4-14　管路固有频率随管长变化曲线

表 4-6　不同管长管路的频率对比

管长/m	仿真值/Hz	理论计算值/Hz	差值/Hz	误差
8	40.00	42.18	2.18	0.051683
10	32.17	33.75	1.58	0.046815
12	26.18	28.12	1.94	0.06899
14	22.81	24.10	1.29	0.053527

续表

管长/m	仿真值/Hz	理论计算值/Hz	差值/Hz	误差
16	19.88	21.09	1.21	0.057373
18	17.33	18.75	1.42	0.075733
20	15.63	16.87	1.24	0.073503

从表 4-6 所示的管路固有频率仿真值与理论计算值的对比可以看出，仿真值与理论计算值差值均在 2.5Hz 以内，两者吻合较好。从图 4-14 可以看出，仿真频率和理论计算频率具有相同的变化趋势，即在其他条件一定的情况下，随着管路长度的增加，管路固有频率明显降低，该规律可为今后液压伺服系统管路的设计提供参考。

取管路长度为 12m，管路厚度为 10mm，设置管路内径分别为 40mm、60mm 和 80mm 在 AMESim 中进行仿真分析。不同内径的管道频率响应曲线如图 4-15 所示。由图 4-15（a）可知，随着管道内径的增加，管道压力幅值比显著增加，幅值比依次为 13.3dB、20.5dB 和 25.4dB，而谐振频率几乎没有变化；由图 4-15（b）可知，三种情况的相位差也几乎没有变化。可见，在设计液压装置管路时，如果管路长度和厚度一定，可以通过改变管道的内径来减少管路共振带来的影响。

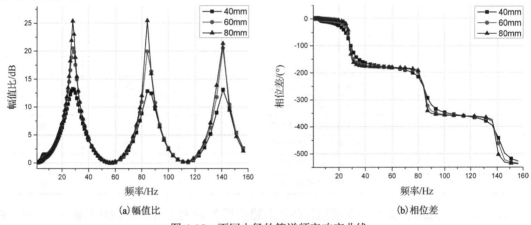

(a)幅值比　　　　　　　　　　　　　　　　　　(b)相位差

图 4-15　不同内径的管道频率响应曲线

由以上分析可知，当管路内径和厚度一定时，随着管路长度的增加，管路固有频率显著降低，这将使系统更容易发生共振；当管道长度和厚度一定时，随着管道内径的增加，管道压力幅值比显著增加，而谐振频率及相位差几乎没有变化。因此在进行管路设计时，要充分考虑管道长度和管道内径对管路固有频率的影响，避免或减轻系统共振的发生。

4.3.2　实际液压管路的动态特性

在电液伺服系统中，实际液压管路是由不同液阻、液容和液感通过复杂串并联接交错而成的复合型液压管路。当实际液压管路满足其谐振条件时，就会产生水锤现象，图 4-16 是常用实际液压管路。

由于实际液压管路的液容一般非常小，其零状态响应和零输入响应的特征基本相同，液压管路中各点处压力和流量的变化特征基本相同。因此，为了说明实际液压管路水锤现象的显著特点，本节仅对液压管路中 A 点处的零输入响应的压力仿真进行分析。

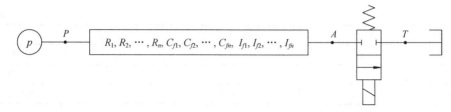

图 4-16　常用实际液压管路

以层流为例，对图 4-16 所示的常用实际液压管路的水锤现象按照以下四种情况进行仿真：①小流量短液压管路；②小流量长液压管路；③大流量短液压管路；④大流量长液压管路。其仿真参数的设置如表 4-7 所示。

表 4-7　常用实际液压管路的仿真参数

参数	名称	数值	单位
ρ	液压油密度	868	kg/m^3
K	液压油体积模量	16000	bar
v	液压油运动黏度	0.5	m^2/s
p	恒定压力液压源的压力	100	bar
d_1	小流量短液压管路直径	20	mm
l_1	小流量短液压管路长度	2	m
d_2	小流量长液压管路直径	20	mm
l_2	小流量长液压管路长度	20	m
d_3	大流量短液压管路直径	100	mm
l_3	大流量短液压管路长度	2	m
d_4	大流量长液压管路直径	100	mm
l_4	大流量长液压管路长度	20	m
f	电磁开关阀的频率	250	Hz

图 4-16 中电磁开关阀开启至液压管路达到稳态后在 0s 处关闭，其液压管路 A 点处的零输入响应仿真结果如图 4-17 所示。

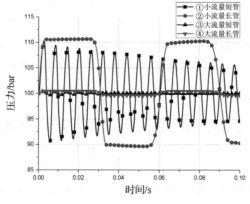

图 4-17　A 点处的压力

由图 4-17 可知,小流量液压管路在水锤作用下的压力波动幅值大于大流量液压管路,短液压管路在水锤作用下的压力谐振频率大于长液压管路。因此,液压管路的直径越大、长度越短,液压管路压力的收敛特性越好,电液伺服系统的稳定性越好。以水、乙醇、液压油和汞四种典型介质为例,对图 4-16 和表 4-7 所示的小流量短液压管路的水锤现象进行仿真,25℃下四种液体介质的仿真参数设置如表 4-8 所示。

表 4-8　25℃下四种液体介质的仿真参数

介质	密度/(kg/m³)	体积模量/bar	黏度/cP
水	1000	22000	0.894
乙醇	789	9000	1.074
液压油	868	16000	0.434
汞	15380	250000	1.526

注: $1cP = 10^{-3}Pa \cdot s$。

图 4-16 中电磁开关阀开启至液压管路达到稳态后在 0s 处关闭,其液压管路 A 点处的零输入响应仿真结果如图 4-18 所示。由图 4-18 可知,四种液体介质的压力幅值和谐振频率各不相同,其中压力幅值从大到小排列为汞>水>液压油>乙醇,谐振频率从大到小排列为水>液压油>汞>乙醇。这是由液体介质的密度、体积模量和黏度的不同造成的。液体介质的密度、体积模量和黏度影响液压管路中液阻、液容和液感的大小,从而影响实际液压管路水锤的压力幅值和谐振频率。

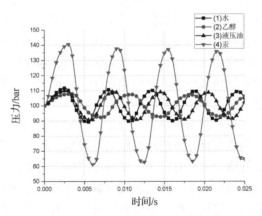

图 4-18　25℃下四种液体介质的压力

4.4　高压大流量管路的 CFD 仿真分析

本节针对高压大流量管路开展 CFD 仿真工作,并结合实验结果说明仿真的可靠性。迄今为止,国内外有许多学者已经对管路的振动特性进行了研究,主要是关于充液管路中的瞬态现象,如水锤现象、管路振动以及流固耦合现象。Guo 等[3]采用 Fluent 软件中的滑移网格技术来模拟阀门突然关闭导致的水锤现象,仿真结果相较于传统的特征线法更接近于实验结果。Zanganeh 等[4]研究了采用轴向弹性支撑的管路由水锤现象导致的振动以及管路的流固耦合,仿真结果表明,管路的轴向弹性支撑能够明显缓解管路的轴向振动。Gorman 等[5]研究了包含径向壳振动和管内初始轴向拉应力影响的轴向耦合模型,模型中还考虑了管壁与流体的泊松耦合,并以输送脉动流的管道为例进行了数值分析和讨论。Pittard 等[6]为了研究充分发展的管道流动对管道振动的影响,采用基于 LES 模型的流固耦合方法计算了湍流中的瞬时压力波动,发现流速与管道振动之间存在很强的数值相关性,最终发现管道壁面压力波动与流量呈近似二次关系。Loh 等[7]采用流固耦合分析研究了弯管的紊流激振特性,并通过模态分析研究了空管的振动特性;Loh 等进一步采用 LES 模型研究了低流量时弯管的结构振动和动态响应,并采用快速傅里叶变换确定了管路各方向的激励频率。Zhu 等[8]采用双向流固耦合方法,通过计算流体力学软件,建立并分析了埋地输液管道的有限元模型,研究了管道在轴向应力作用下的管土摩擦系数、断层管角、液体密度等特性,并给出了最佳参数。Xu 等[9]通过 CFD软件分析了弯曲的充液管中的流固耦合现象,分别对空管和和充液管进行了模态分析,结果表明弯管的流固耦合现象对模态频率的影响较为明显,管路的振动随时间不断变化。Simao等[10]通过实验和数值仿真研究了阀门突闭时的水锤现象和管路的流固耦合现象,为了减少网格数量并简化系统,作者在管路出口采用了一个移动的矩形模型用于模拟阀门的关闭,模型的移动速度对应阀门关闭的速度。Dahmane 等[11]基于牛顿法和数值模拟的分析方法,研究了不同边界条件下管道的流固耦合现象,并对管路结构进行了模态分析,数值模拟结果与解析方法结果吻合。Lavooij 等[12]认为,水锤现象是导致充液管路发生瞬态振动的主要原因。此外,Popescu 等[13]发现当管路发生共振现象时,流致噪声会进一步引发高强度的管路振动。因此,为了设计安全可靠的液压系统,必须深入了解管路的振动特性。管路系统中的内部激励和外部激励较为复杂,导致管路结构及管内流体振动耦合便产生流固耦合运动。对于弱耦合物理模型,流动对固体的影响较小且固体变形对流体的流动往往影响不大,故通常采用单向耦合方法。但对于固体的变形或位移对流体流动有较大影响的强耦合物理模型,通常采用双向耦合的方法才能获得较为满意的仿真结果。单向耦合法在理论上比较简单,但工程上必须做一些假设,而双向耦合法相对更为复杂且需要耗费更多时间;因此,当固体的变形足够小时,考虑到计算成本,大部分的仿真都采用单向耦合法。研究发现,当管道变形较小时,两种耦合方法的计算结果差异与参数变化导致的预期结果差异相比可以忽略不计。因此,采用单向耦合法能够节约更多的计算资源和计算时间。单向流固耦合是指流体和管路之间的相互作用是单方向的,基础是计算流体动力学,就是通过求解流体微分方程来模拟流体的运动状态,考虑流体运动状态的改变对管路的影响,忽略管路变化对流体域的影响。单向流固耦合具有分析速度快、对计算机等硬件的要求不高、能满足工程分析的精度的特点,故而广泛应用于流固耦合分析领域。有学者研究发现,当流固耦合导致的变形很小时,双向流固耦合和单向流固耦合计算出的结果差异可以忽略[14],因此,为了节约计算资源和计算时间,此处选择单向流固耦合法对管路进行分析。

4.4.1　管路几何模型的建立

回油管路的实物模型如图 4-19 所示,其固体域的几何模型如图 4-20 所示,有五处约束用于限制管路的轴向运动,管路的两端为固定约束。入口滑阀局部放大图如图 4-21 所示,各管段编号如图 4-22 所示。

图 4-19　回油管路的实物模型

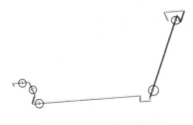

(a)回油管路几何模型及约束

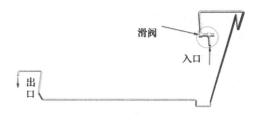

(b)约束回油管路流体域

图 4-20　回油管路几何模型及约束回油管路流体域

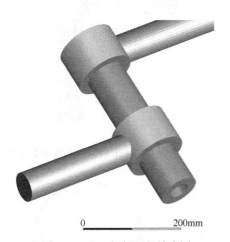

0　　　　　　　200mm

图 4-21　入口滑阀局部放大图

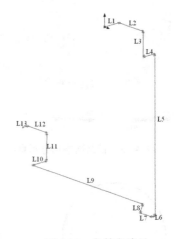

图 4-22　各管段编号

表 4-9 展示了管路的所有长度参数,其中 L8 段和水平面的夹角为 60°,管路内径为 60mm,外径为 70mm。

表 4-9　管段参数汇总

管段名称	长度/mm	管段名称	长度/mm
L1	550	L8	180
L2	1000	L9	5880

续表

管段名称	长度/mm	管段名称	长度/mm
L3	700	L10	480
L4	380	L11	780
L5	5600	L12	780
L6	60	L13	140
L7	480		

4.4.2 网格独立性和步长独立性验证

网格的质量和数量对仿真计算的准确性以及计算时间有很大的影响，为了平衡计算准确性和计算资源的消耗，需要对计算网格进行独立性验证。管路网格划分示意图如图 4-23 所示，滑阀横截面网格示意图如图 4-24 所示，流体域网格截面图如图 4-25 所示。在本算例中，管路的长度超过了 10m，因此流体域采用 ICEM 软件生成结构化网格，用于提高网格精度并减少计算时间，三种网格划分密度和数量下网格的最大歪斜率都小于 0.6，满足计算要求，见表 4-10。

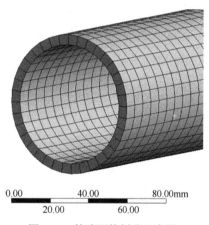

图 4-23 管路网格划分示意图

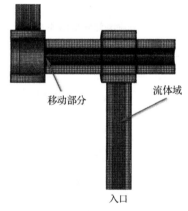

图 4-24 滑阀横截面网格示意图

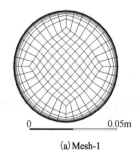

(a) Mesh-1

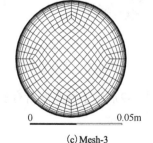

(b) Mesh-2 (c) Mesh-3

图 4-25 流体域网格截面图

由于流体在弯管处的流速变化大，对管道的冲击较大，并且较长的管段往往存在约束不足的情况，更容易发生较大的变形和振动；因此，在管路中设置了 A、B、C 三处监测点

（图 4-26），用于监测滑阀开启过程中三点的压力变化，而压力变化曲线将作为网格独立性验证的依据，参考点位置示意图如图 4-26 所示。

表 4-10　流体域网格参数表

名称	网格数/个	最大歪斜率
Mesh-1	1000377	0.56189
Mesh-2	1552665	0.57364
Mesh-3	2028050	0.57368

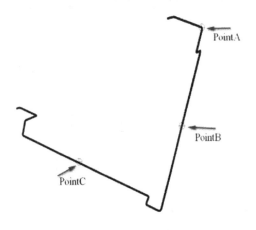

图 4-26　监测点位置示意图

图 4-27 给出了监测点 A、B 和 C 在瞬态仿真中的压力变化曲线。从图 4-27 中可以看出，当网格数量从 Mesh-1 增加到 Mesh-2 时，监测点的压力变化较为明显，进一步当网格数量从 Mesh-2 增加到 Mesh-3 时，压力变化很小，几乎可以忽略。因此，为了保持仿真计算的精度，同时降低计算成本，选取 Mesh-2 作为后续仿真分析的网格。

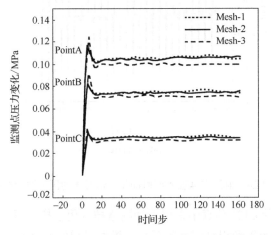

图 4-27　不同网格下监测点的压力随时间的变化曲线

除了网格独立性，步长独立性也对瞬态模拟的结果有显著的影响，如果步长较大，水锤现象会快速衰减并很难监测，如果步长过小，计算时间会变长，并且水锤现象会一直持续，计算成本会大大增加，因此需要考虑合适的时间步长。参考文献[15]、[16]采用滑移网格对阀致水锤现象进行了分析，其时间步分别设置为 0.00035s 和 0.0003s，因此，为了研究时间步长对观察水锤现象的影响，固定网格数量为 Mesh-2，时间步长分别设置为 0.0006s、0.0003s 以及 0.0001s，通过分析监测点 A 处的压力变化来确定滑阀开启过程中合适的时间步长。

从图 4-28 可以看出，当时间步长设置为 0.0006s 时，监测点 A 处的压力变化并不明显，说明水锤现象不能很好地被观测到；尽管时间步长为 0.0003s 时能够看到监测点 A 有明显的压力波动，但时间步长为 0.0001s 时更能体现管道内部的正负压力波动，因此时间步长为 0.0001s 能够满足后续仿真的要求。

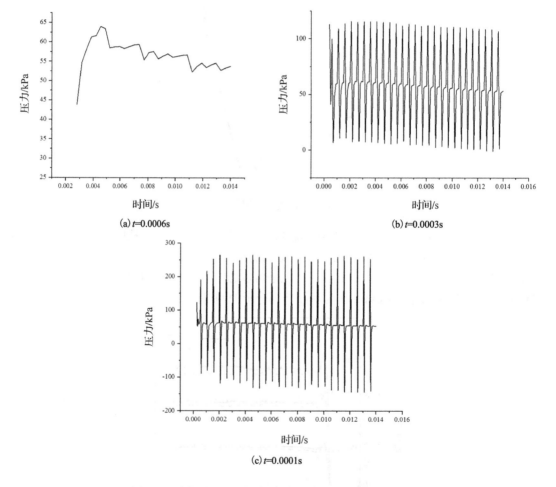

图 4-28 监测点 A 在不同时间步长情况下的压力波动曲线

综上，本模型分析的 CFD 仿真中采用了动网格技术用于模拟滑阀的开启过程，充分考虑到动网格铺层更新的需求以及提高网格的质量，模型采用结构化网格；时间步长为 0.0001s，仿真时间共 0.015s。

4.4.3 湍流参数设置

至今为止,许多湍流模型都被用于对管路振动及水锤现象的研究。Jablonska 等[17]在 Fluent 软件中采用双方程 k-ε RNG 湍流模型作为计算模型,设置壁面函数为标准壁面函数来研究长管中的非稳定流动造成的水锤现象,仿真结果与实验结果贴近。Martins 等[18]采用 Realizable k-ε 模型分析了液压管道中的瞬态流动,仿真结果显示当阀门突然关闭时,管路中出现逆流和压力波动,仿真结果与实验数据吻合。Nikpour 等[19]采用 RMS 以及 Realizable k-ε 模型来研究 2D 管路中的水锤现象,仿真结果表明 RMS 以及 Realizable k-ε 模型结果都和实验结果比较相符,但 Realizable k-ε 模型所需的仿真时间比 RMS 更短,所以 Realizable k-ε 模型更加适合管路中水锤现象的分析。Yang 等[15]研究了箱-管路-阀-箱系统中的阀致水锤现象,作者采用滑移网格技术来模拟阀门的关闭,并成功观测到了水锤现象,仿真的结果与实验结果一致。同样的,Wang 等[16]建立了直管和分支管作为实验模型,采用滑移网格技术来模拟阀门的关闭。Yang 等和 Wang 等均采用 Realizable k-ε 模型来研究管路中的水锤现象,采用 SIMPLE 算法对压力速度进行耦合,仿真结果都得到了实验的验证。可以看出,在研究管路的振动和流体流动时 k-ε 模型得到了广泛的应用,其中 Realizable k-ε 模型被证实适用于多种情况的管路流动。具体在本节中,虽然管路的几何模型相较于之前的相关研究略显复杂,但流体流动情况是基本一致的。此外,本模型中还存在弯管流动,综合考虑计算成本和准确性,本节采用 Scalable Wall 函数,湍流模型采用 Realizable k-ε 模型,压力速度耦合采用 SIMPLE 算法,离散方法采用二阶迎风格式。

4.4.4 仿真结果分析

流致管路振动可以由流体压力脉动以及流体流速的快速变化等导致,当流体波动的频率和管路的自然频率接近时,管路就会发生共振;在高压、大流量液压系统中,当滑阀开启时,由于流体的流速和压力的波动,流致管路振动就可能发生。

为了研究滑阀开启过程对管路的影响,并避免共振现象发生,管路的模态频率分析是很有必要的。管路及流体的主要参数如表 4-11 所示。

表 4-11　管路及流体的主要参数设置

参数	值	参数	值
杨氏模量	200GPa	流体密度	998.5kg/m³
管路密度	7850kg/m³	流体黏度	0.0103kg/(m·s)
泊松比	0.3	入口速度	6m/s
内径	60mm	出口压力	大气压
壁厚	5mm		

分别对空管和充液管的模态进行分析。考虑空管的的模态频率,该模态分析在 ANSYS mechanical 中完成,并不存在流固耦合现象;但在实际情况下,管路和流体的流固耦合可能会影响管路的模态频率。为了观察流固耦合对管路模态频率的影响并获得一个相对准确的模态分析结果,对充液管也进行了模态分析,采用 Fluent 软件来计算流体流动的瞬态过程,并

在 ANSYS mechanical 中进行单向流固耦合。设置入口为速度，其大小为 6m/s，出口压力为大气压，其他边界设置为壁面；此处为了减少计算时间，没有将阀体带入仿真计算。在空管和充液管两种情况下管路的前十三阶模态频率如表 4-12 所示。

表 4-12　空管和充液管的前十三阶模态频率

阶次	充液管/Hz	空管/Hz	差异/%
1	8.6698	8.6508	0.2192
2	9.2391	9.221	0.1959
3	17.085	17.067	0.1054
4	17.327	17.309	0.1039
5	24.083	24.056	0.1121
6	24.932	24.907	0.1003
7	32.653	32.537	0.3553
8	45.366	45.338	0.0617
9	46.277	46.249	0.0605
10	47.053	47.028	0.0531
11	47.618	47.594	0.0504
12	62.06	62.017	0.0693
13	69.287	69.157	0.1876

从表 4-12 可以看出，虽然充液管的模态频率比空管略高，但差异几乎可以忽略不计，这表明对于本模型，当入口速度为 6m/s 时，流固耦合对管路模态频率的影响很小。通过模态分析，可以观察到不同频率下管路的模态振型及管路的最大振动位置。管路的二阶、三阶七阶以及十三阶振型如图 4-29 所示，显然，管路的最大振动位置主要位于图 4-29 所示的四个不同部分，这对于对该模型施加额外约束、改进管路结构或者采用其他方式减轻管路振动有指导作用。

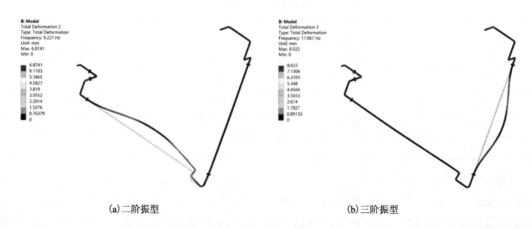

(a)二阶振型　　　　　　　　　　　　　(b)三阶振型

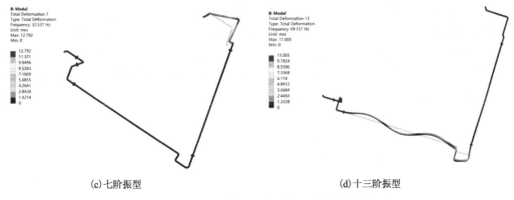

(c) 七阶振型　　　　　　　　　　　　　　　(d) 十三阶振型

图 4-29　二阶、三阶、七阶及十三阶管路模态振型

4.4.5　流致管路振动及分析

1) 脉动流下的管路振动分析

进一步考虑由泵脉动导致的流体速度变化，为了研究流体流速变化对管路共振的影响，流速变化可以由式 (4.59) 描述。

$$\Delta v = \frac{\Delta Q}{\pi d^2/4} \tag{4.59}$$

式中，Δv 为流速变化；ΔQ 为泵导致的流量变化；d 为管路直径。

流体流动的速度是与泵的频率相关的周期函数，因此可以采用 $\sin(x)$ 随时间 t 的变化来近似表示；参考三阶模态分析的模态频率，将流体的波动频率设置为 17Hz。入口平均流速为 6m/s，速度波动范围为 ±0.5m/s，流体速度可以用式 (4.60) 表示，将其应用到 UDF 中，便能够在 Fluent 中设置满足要求的流速。

$$v = 6.0 + 0.5\sin(2\pi ft) \tag{4.60}$$

式中，v 为管路入口流速；t 为时间；f 为流体速度的波动频率。

2) 快速傅里叶变换 (FFT) 分析

图 4-30 展示了 0.3s 时在波动流激励下的管路变形，管路的不同部分有三处变形较为明

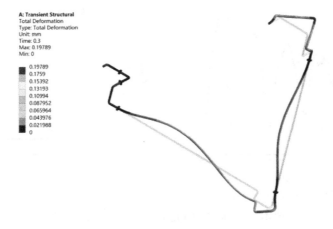

图 4-30　脉动流激励下 0.3s 时管路的变形图

显，通过仿真分析的结果可以看出，在 0.3s 时管路的最大总变形接近 0.2mm。通过对比图 4-29（c）与图 4-30 可以看出，管路变形的最大位置和形状与七阶模态振型基本一致，表明管路的七阶模态频率与管路的共振频率十分接近。为了进一步观察管路的共振特性，在管路上重新设立监测点 A 和 B，如图 4-26 所示。根据预设的速度正弦曲线，对监测点 A 和 B 的速度曲线进行快速傅里叶变换（FFT），结果如图 4-31 所示。

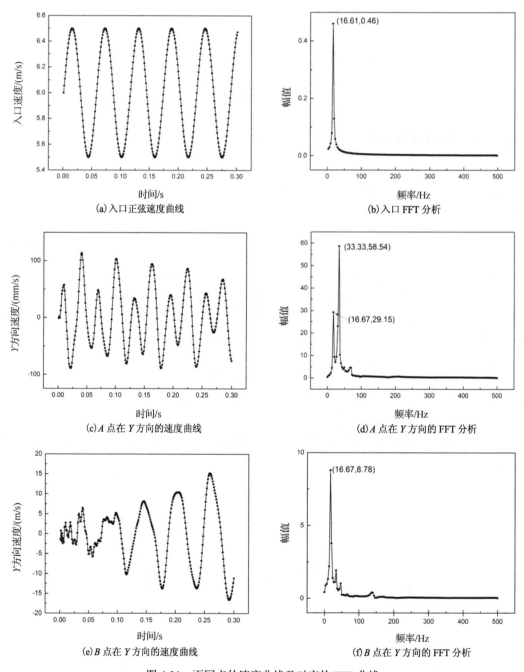

图 4-31　不同点的速度曲线及对应的 FFT 曲线

图 4-31(a)为输入流体的速度变化曲线，从图 4-31(b)的 FFT 结果能显然看到，设定的流体流速波动频率约为 17Hz；而图 4-31(c)表明监测点 A 的 Y 方向速度相对于 X 轴正负波动，峰值达到 100mm/s；峰值对应频率分别为 16.67Hz 和 33.33Hz，这两个频率与三阶模态频率 17.067Hz 及七阶模态频率 32.537Hz 十分接近。此外，七阶模态频率约为三阶模态频率的两倍，从理论角度讲，如果管路的自然频率与激励信号频率相近或者是其整数倍，管路就可能发生共振。由于限定的流体速度波动的频率与三阶模态频率及七阶模态频率的 1/2 很接近，因此在波动流的作用下，管路的变形情况与三阶模态振型和七阶模态振型很相似。

从图 4-29(c)和(d)还可以进一步看出，当管路的振动频率达到七阶模态频率时，管路的最大振动变形点离 A 点非常近，因此，对 A 点的速度信号进行 FFT 分析可以得到两个频率，其中 33.33Hz 的频率在 A 点的速度信号中所占比例较大。类似的，图 4-31(f)为对监测点 B 点的 Y 方向速度信号图 4-31(e)进行 FFT 分析的结果，可以得到峰值频率为 16.67Hz，B 点附近的位置和变形形态与管道的三阶模态频率 17.067Hz 对应的变形非常相似，且 Y 方向速度随时间的增加幅值逐渐增大。图 4-32 展示了监测点 A 和 B 的 Y 方向位移，A、B 点的最大 Y 方向振动位移分别为 0.6mm 和 0.1mm。

仿真结果显示，当流体流速波动频率与管路的自然频率接近时管路会共振，同时还表明，模态分析与流体波动流速 FFT 分析所得的频率是对应的；为了进一步证明 ANSYS Workbench 在计算模态频率方面的准确性和可靠性，接下来对管路进行力锤实验。

3) 实验及结果比较

采用 LMS International Ltd.(Belgium)的模态测试系统和力锤实验对本章中的高压大流量管路进行测试(图 4-33)，管路的频率响应曲线如图 4-34 所示。

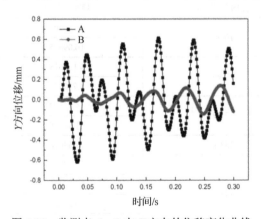

图 4-32　监测点 A、B 在 Y 方向的位移变化曲线　　　　图 4-33　力锤实验测试

从图 4-34 和表 4-13 所示的频率响应结果看出，管路在低阶频率发生共振的可能性更大；通过对比，仿真计算出的模态频率与实验测试所得的频率很相近，一阶频率的相对误差最大，达到了 21.2848%，但其绝对误差小于 3Hz；其他阶的频率误差都在 20% 以内。考虑到实验仪器和操作人员的实验误差，该实验结果与仿真结果较为接近，这表明通过 Ansys Workbench 对管路进行动态特性分析的结果与实际情况有较好的一致性，能够为工程应用提供参考。

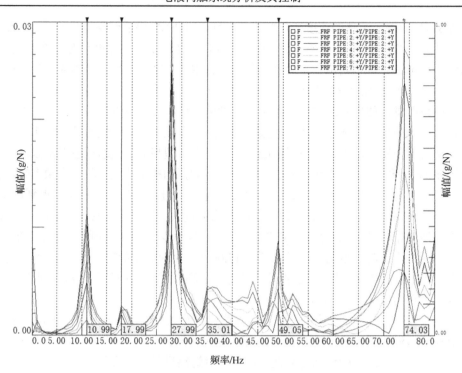

图 4-34　频率响应曲线

表 4-13　力锤实验与模态仿真分析所得的模态频率对比

阶数	空管仿真分析频率/Hz	LMS 结果/Hz	相对误差/%
1	8.6508	10.99	21.2848
2	9.221		16.09645
3	17.067	17.99	5.130628
4	17.309		3.785436
5	24.056	27.99	14.05502
6	24.907		11.01465
7	32.537	35.01	7.063696
8	45.338	49.05	7.567788
9	46.249		5.710499
10	47.028		4.122324
11	47.594		2.9684
12	62.017	74.03	16.22721
13	69.157		6.582467

4.4.6　阀致管路振动及分析

在高压大流量液压系统中，由阀门快速开闭导致的阀致管路振动非常常见，在这种情况下，管路的振动很可能是由管路中的水锤现象导致的[12]。为了研究管路在该情况下的振动特性并提供解决问题的建议，应该进一步对阀门快速开闭情况下的管路动态特性进行分析。在本节中，通过 Fluent 软件中的 UDF 和动网格技术来研究滑阀突开时管路的振动特性。滑阀的开度在 0.15s 内从 0.75mm 增加为 15mm（因为 Fluent 动网格技术无法模拟两个完全重合的固体运动[20]，且液控阀内部流场至少需要一层网格进行连通，所以初始时刻假设计算模型密封面之间存在一个初始开度），用于模拟滑阀的突然开启。

为了观察管道的振动现象，建立监测点 node0、node1、 node2 和 node3，如图 4-35 所示。这些观察点都位于管路的长管部分（分别为 Area one 和 Area two），滑阀与管路的上游入口连接，在 0.015s 时以 1m/s 的速度开启。

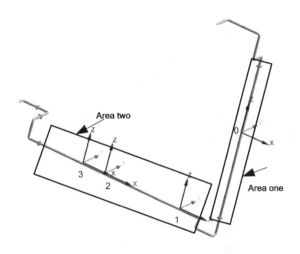

图 4-35　监测点 node0/1/2/3 的位置

4.4.7　不同流速下监测点的轴向速度

首先研究不同的流体流速对管路振动情况的影响。此处的流体被认为是可压缩流体，流体流速近似认为是入口流速。通过 node0 监测不同入口流速下管路的振动特性，图 4-36(a) 和 (b) 展示了 node0 在不同入口流速下 Z 方向的速度和位移曲线。

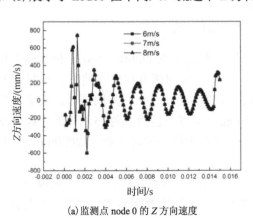

(a) 监测点 node 0 的 Z 方向速度

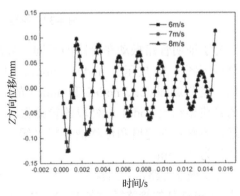

(b) 监测点 node 0 的 Z 方向位移

图 4-36　不同入口流速下监测点 node0 在 Z 方向的速度和位移曲线

可以看出，不同流速情况下 node0 的速度和位移曲线几乎一致，这表明对于本章所研究的高压、大流量液压系统，通过降低入口流体流速来缓解滑阀开启时的管路振动的效果并不明显。

在 node0 的 Z 方向，即管路的轴向可以看出明显的管路振动。随着滑阀开度不断增加，node0 的轴向最大振动速度超过了 100mm/s，最大轴向位移达到 0.1mm。可以通过增加对长管的约束，如用夹持简支代替简支或增加管路的轴向约束来避免长管在轴线方向出现较大的振动速度和位移[4]。

由以上分析结果可知，入口流速对管路的振动影响可以忽略，因此后续的仿真分析所选取的入口流速均为 6m/s。

node0 在 Y 方向的速度曲线如图 4-37 所示，表明 Y 方向也存在振动现象。在滑阀开启的过程中，node0 的速度波动非常明显，其原因是流体的惯性对滑阀和管路有冲击，使得管路中的流体流速不断波动并沿着管路传递，最终随着开度达到最大而逐渐平缓。在管路系统中，这称为水锤现象并通常伴随着高频率的管路振动，这也显示了大振幅高频的流体在 Y 方向的流速波动在管道中传播、衰减并逐渐消失的过程。以上流固耦合的分析结果说明，水锤现象并不能通过降低流体的入口流速来减轻。

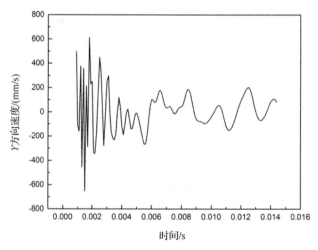

图 4-37　监测点 node0 的 Y 方向速度

为了证明管路振动在管路的不同部分均有发生，对监测点 node1、node2 和 node3 进行分析。图 4-38 展示了 node1、node2 和 node3 在 X 方向的速度和位移曲线。与图 4-36 相比，监测点 node1、node2 和 node3 的速度及位移曲线比 node0 更为剧烈，这表明在该段的管路振动比 node1 所处段的管路振动更强烈；随着监测点位置离管路入口的距离越来越远，监测点的速度和位移曲线越平缓；而 node1 的最大振动速度达到了 2000mm/s，最大位移为 0.4mm。

为了描述管路振动的瞬态过程，node2 位于不同方向的速度和位移曲线如图 4-39 所示。显然，node2 处的管路振动在 X、Y、Z 三个方向都存在，而速度的高频波动主要发生在 Z 方向，说明水锤现象造成的振动主要发生在 Z 方向，而该振动对 X 和 Y 方向的影响并不十分明显，node2 的位移曲线表明该点的最大位移发生在 0.009s 时，最大位移为 0.5mm。

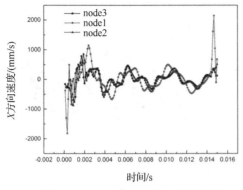

(a) node1、node2 和 node3 在 X 方向的速度

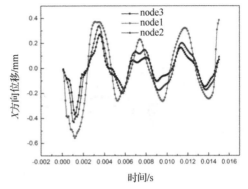

(b) node1、node2 和 node3 在 X 方向的位移

图 4-38　node1、node2 和 node3 在 X 方向的速度和位移曲线

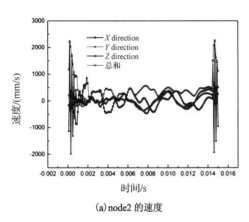

(a) node2 的速度

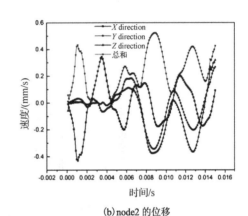

(b) node2 的位移

图 4-39　node2 的速度和位移曲线

4.4.8　增加管壁厚度对水锤的影响

耦合系统的无量纲固有频率随着管道刚度的增加、弹性支座刚度的增大和管道内径的减小而增大，且刚性管道的最大平均加速度大于弹性管道[21,22]，即水锤导致的管路振动能够通过增加管路的刚度、增加弹性支座的刚度及增加管壁厚度来缓解。

本节主要分析管壁厚度对管路振动的影响。管路的内径固定为 60mm，控制管壁厚度分别为 5mm、10mm 以及 15mm，控制入口流速为 6m/s，出口为大气压。监测点 node0（图 4-35）用于监测管路的振动情况。图 4-40 展示了 node0 在不同管壁厚度下 X 方向的振动速度及位移，观察到管壁厚度对于管路振动的影响很明显，且随着管壁厚度的不断增加，X 方向振动速度和位移变化快速下降；同理，node0 在 Y 方向的速度波动也有所缓解，如图 4-41 所示。

降低 X 方向的速度波动和位移变化意味着降低由水锤导致的管路振动对管路的影响。因此，基于流固耦合的仿真结果，增加管路的管壁厚度在工程上能够有效地降低水锤现象的影响；但需要说明的是，增加管路的内壁厚度将减少管路的流量，而增加管路的外壁厚度意味着更高的成本。

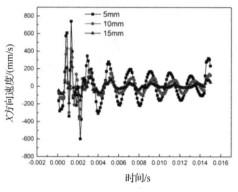

(a) node0 在 X 方向的速度曲线

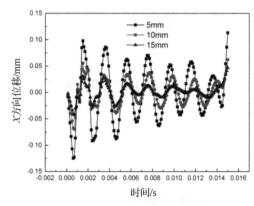

(b) node0 在 X 方向的位移曲线

图 4-40　node0 在不同管壁厚度情况下的 X 方向的速度及位移变化曲线

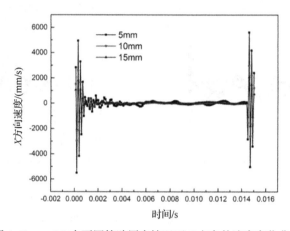

图 4-41　node0 在不同管壁厚度情况下 Y 方向的速度变化曲线

参 考 文 献

[1]　刘忠族, 孙玉东, 吴有生. 管道流固耦合振动及声传播的研究现状及展望[J]. 船舶力学, 2001, (2): 82-90.

[2]　张祝新, 赵丁选, 张雅琴. 液压管路的谐振问题研究[J]. 润滑与密封, 2006, (1): 106-107.

[3]　GUO L L, GENG J, SHI S, et al. Study of the phenomenon of water hammer based on sliding mesh method[J]. Development of Industrial Manufacturing, 2014, 525: 236-239.

[4]　ZANGANEH R, AHMADI A, KERAMAT A. Fluid-structure interaction with viscoelastic supports during waterhammer in a pipeline[J]. Journal of Fluids and Structures, 2015, 54: 215-234.

[5]　GORMAN D G, REESE J M, ZHANG Y L. Vibration of a flexible pipe conveying viscous pulsating fluid flow[J]. Journal of Sound and Vibration, 2000, 230 (2): 379-392.

[6]　PITTARD M, EVANS R, MAYNES D, et al. Experimental and numerical investigation of turbulent flow induced pipe vibration in fully developed flow[J]. Review of Scientific Instruments, 2004, 75: 2393-2401.

[7]　LOH S K, FARIS W F, HAMDI M. Fluid-structure interaction simulation of transient turbulent flow in a

curved tube with fixed supports using LES[J]. Progress in Computational Fluid Dynamics, 2013, 13(1): 11-19.

[8]　ZHU Q, CHEN Y H, LIU T Q, et al. Finite element analysis of fluid-structure interaction in buried liquid-conveying pipeline[J]. Journal of Central South University of Technology, 2008, 15: 307-310.

[9]　XU H, LIU H, TAN M, et al. Fluid-structure interaction study on diffuser pump with a two-way coupling method[J]. International Journal of Fluid Machinery and Systems, 2013, 6(2): 87-93.

[10]　SIMAO M, MORA-RODRIGUEZ J, RAMOS H M. Mechanical interaction in pressurized pipe systems: experiments and numerical models[J]. Water, 2015, 7(11): 6321-6350.

[11]　DAHMANE M, BOUTCHICHA D, ADJLOUT L. One-way fluid structure interaction of pipe under flow with different boundary conditions[J]. Mechanika, 2016, (6): 495-503.

[12]　LAVOOIJ C S W, TIJSSELING A S. Fluid-structure interaction in liquid-filled piping systems[J]. Journal of Fluids and Structures, 1991, 5(5): 573-595.

[13]　POPESCU M, JOHANSEN S T. Modelling of aero-acoustic wave propagation in low Mach number corrugated pipe flow[J]. Progress in Computational Fluid Dynamics, 2009, 9(6-7): 417-425.

[14]　SHURTZ T, MAYNES D, BLOTTER J. Analysis of induced vibrations in fully-developed turbulent pipe flow using a coupled LES and FEA approach[J]. Proceedings of the Asme Fluids Engineering Division Summer Meeting, 2010, 3: 521-531.

[15]　YANG S, WU D Z, LAI Z N, et al. Three-dimensional computational fluid dynamics simulation of valve-induced water hammer[J]. Proceedings of the Institution of Mechanical Engineers Part C-Journal of Mechanical Engineering Science, 2017, 231(12): 2263-2274.

[16]　WANG J, SHUAI Y, DAZHUAN W, et al. Investigation on the characteristics of pipeline transient flow based on three-dimensional cfd method[J]. Fluid Machinery, 2019, 47(4): 6-13.

[17]　JABLONSKA J, KOZUBKOVA M. Experimental measurements and mathematical modeling of static and dynamic characteristics of water flow in a long pipe[J]. XV International Scientific and Engineering Conference Hermetic Sealing, Vibration Reliability and Ecological Safety of Pump and Compressor Machinery, 2017, 233: 012013-1-7.

[18]　MARTINS N M C, SOARES A K, RAMOS H M, et al. CFD modeling of transient flow in pressurized pipes[J]. Computers & Fluids, 2016, 126: 129-140.

[19]　NIKPOUR M R, NAZEMI A H, DALIR A H, et al. Experimental and numerical simulation of water hammer[J]. Arabian Journal for Science and Engineering, 2014, 39(4): 2669-2675.

[20]　颜勤伟. 安全阀泄放过程 CFD 数值模拟与排量计算分析[D]. 杭州: 浙江工业大学.

[21]　FAAL R T, DERAKHSHAN D. Flow-induced vibration of pipeline on elastic support[J]. Proceedings of the Twelfth East Asia-Pacific Conference on Structural Engineering and Construction , 2011, 14: 2986-2993.

[22]　MOHAMAD NOR MUSA, SYAHRULLAIL SAMION, MOHD KAMEIL ABDUL HAMID, WAN MOHAMAD AIMAN WAN YAHYA, ERIZA PAIMAN. Study on Water Hammer Effect in Turbulent Flow through the Pipe System[J], Journal of Advanced Research in Fluid Mechanics and Thermal Sciences, 2018, 50(2): 122-133.

第5章 电液伺服系统中基础液压元件的数学建模

在电液伺服系统中，大量的液压元件往往具有复杂的内部流体/机械/电子的相互作用，因此构成了更为复杂的控制系统[1-5]。本章主要介绍电液伺服系统中基础液压元件的数学模型，包括液压泵、液压马达、电液伺服缸、液压油源系统、电液伺服阀、比例溢流阀、安全阀、蓄能器等，并讨论单液压泵油源系统、多泵合流液压油源系统、电液伺服阀（大流量多级电液伺服阀）和蓄能器（组）的仿真。本章主要针对常用的基础液压元件进行数学建模，内容是后续章节控制研究的基础。

5.1 作动类液压元件的建模与仿真

本节主要介绍液压泵、液压马达、电液伺服缸三种作动类液压元件的数学建模，其中，液压泵主要介绍电液伺服系统常用的齿轮泵、叶片泵和柱塞泵，液压马达主要介绍电液伺服系统常用的柱塞马达。最后，完成单液压泵油源系统和多泵合流液压油源系统的仿真分析工作。

5.1.1 液压泵的数学模型

液压泵是用来增加流经它们的液体能量的液压元件，液压泵腔室的体积随着泵驱动轴的旋转而周期性地变化，泵室的连续膨胀和收缩使得流体从吸入管路传送到输送管路。液压泵的基本工作过程如下。

（1）在泵室的膨胀过程中，泵室与吸入管路相连，膨胀使得在腔室内形成低压，迫使流体被吸入。

（2）当腔室容积达到最大值时，腔室与吸入管路相分离。

（3）当腔室容积收缩时，腔室与泵输送管路相连。然后，流体被转移到泵出口管路，并受到克服出口管路阻力所需压力的作用。

（4）当腔室容积达到最小值时，输出行程结束。随后，腔室与输送管路分离。当泵驱动轴旋转时，此过程将会持续重复。

液压泵排量定义为泵每转输送的液体体积，这个体积取决于液压泵的几何结构，排量也称为几何体积。在假设无泄漏、忽略液压油的压缩性等影响的前提下，液压泵排量与腔室容积的最大值和最小值、腔室数量以及驱动轴每转一圈的泵冲程数有关。液压泵的排量通常用 D_p 来表示，下面分别给出齿轮泵、叶片泵和柱塞泵排量的计算公式。

1）齿轮泵

齿轮泵可分为外啮合齿轮泵和内啮合齿轮泵，它依靠一对啮合的齿轮实现对液压系统的能源供应[6]。当齿轮转动时，吸油腔处的轮齿逐渐脱开，吸油腔的容积逐渐增大形成真空，将液压油吸入齿轮泵中，压油腔处的轮齿逐渐啮合，压油腔的容积逐渐减小，将液压油从齿轮泵中压出，从而将齿轮转动的机械能转换为液压系统的压力能。齿轮泵排量的计算公式可以表示为

$$D_p = 2\pi dmb = 2\pi z m^2 b \tag{5.1}$$

式中，D_p 为齿轮泵的排量；d 为齿轮泵齿轮节圆直径；m 为齿轮泵齿轮模数；b 为齿轮泵齿轮齿宽；z 为齿轮泵齿轮齿数。由式 (5.1) 可知，齿轮泵的排量与齿轮齿数、齿轮齿宽和齿轮模数的平方成正比。

2) 叶片泵

叶片泵可分为单作用叶片泵和双作用叶片泵，它依靠叶片转子实现对液压系统的能源供应[7]。当转子转动时，在离心力或叶片根部油压的作用下叶片顶部紧贴在定子内表面上，叶片配油盘、转子和定子构成的封闭空间在吸油腔处容积逐渐增大形成真空，将液压油吸入叶片泵中，在压油腔处容积逐渐减小，将液压油从叶片泵中压出，从而将叶片转子转动的机械能转换为液压系统的压力能。单作用叶片泵排量的计算公式可以表示为

$$\begin{aligned} D_p = D_i - zV_v &= 2\pi deb - \frac{2z\delta eb}{\cos\theta} \\ &= 2eb\left(\pi d - \frac{z\delta}{\cos\theta}\right) \end{aligned} \tag{5.2}$$

式中，D_p 为单作用叶片泵的排量；D_i 为单作用叶片泵的理想排量；z 为单作用叶片泵叶片的数量；V_v 为单作用叶片泵叶片的体积；d 为单作用叶片泵定子内圆的直径；e 为单作用叶片泵转子和定子间的偏心距；b 为单作用叶片泵叶片的宽度；δ 为单作用叶片泵叶片的厚度；θ 为单作用叶片泵叶片的倾角。由式 (5.2) 可知，单作用叶片泵的流量与转子和定子间的偏心距和叶片的宽度成正比，与定子内圆的直径近似成正比。双作用叶片泵排量的计算公式可以表示为

$$\begin{aligned} D_p = D_i - zV_v &= 2\pi(R^2 - r^2)b - \frac{2z\delta(R-r)b}{\cos\theta} \\ &= 2b\left[\pi(R^2 - r^2) - \frac{z\delta(R-r)}{\cos\theta}\right] \end{aligned} \tag{5.3}$$

式中，D_p 为双作用叶片泵的排量；D_i 为双作用叶片泵的理想排量；z 为双作用叶片泵叶片的数量；V_v 为双作用叶片泵叶片的体积；R 为双作用叶片泵定子内圆长半径；r 为双作用叶片泵定子内圆短半径；b 为双作用叶片泵叶片的宽度；δ 为双作用叶片泵叶片的厚度；θ 为双作用叶片泵叶片的倾角。由式 (5.3) 可知，双作用叶片泵的流量与叶片的宽度成正比，与定子内圆长短半径的平方差近似成正比。

3) 柱塞泵

柱塞泵可分为轴向柱塞泵和径向柱塞泵，它依靠柱塞转子实现对液压系统的能源供应[8]。当转子转动时，柱塞在转子的作用下在柱塞腔内做往复运动，在吸油腔处容积逐渐增大形成真空，将液压油吸入柱塞泵中，在压油腔处容积逐渐减小，将液压油从柱塞泵中压出，从而将柱塞转子转动的机械能转换为液压系统的压力能。轴向柱塞泵排量的计算公式可以表示为

$$D_p = \frac{\pi}{4}d^2 d_0 z \tan\gamma \tag{5.4}$$

式中，D_p 为轴向柱塞泵的排量；d 为轴向柱塞泵的柱塞直径；d_0 为轴向柱塞泵柱塞的分布圆直径；z 为轴向柱塞泵柱塞的数量；γ 为轴向柱塞泵的斜盘倾角。由式 (5.4) 可知，轴向柱塞泵的流量与柱塞直径的平方、柱塞的分布圆直径、柱塞的数量和斜盘倾角的正切值成正比。

径向柱塞泵排量的计算公式可以表示为

$$D_p = \frac{\pi}{4}d^2 2ez = \frac{\pi}{2}d^2 ez \tag{5.5}$$

式中，D_p 为径向柱塞泵的排量；d 为径向柱塞泵的柱塞直径；e 为径向柱塞泵转子和定子间的偏心距；z 为径向柱塞泵柱塞的数量。由式(5.5)可知，径向柱塞泵的流量与柱塞直径的平方、转子和定子间的偏心距和柱塞的数量成正比。

理想情况下，液压泵的流量可以用式(5.6)表示。

$$Q_p = D_p n_p \tag{5.6}$$

式中，Q_p 为液压泵的流量；D_p 为液压泵的排量；n_p 为液压泵的驱动转速。

根据能量守恒原理，输入机械能等于输出机械能，得到

$$2\pi n_p T_p = Q_p(P_{po} - P_{pi}) = D_p n_p \Delta P_p \tag{5.7}$$

式中，T_p 为液压泵的输入扭矩；P_{po} 为液压泵出口的压力；P_{pi} 为液压泵入口的压力；ΔP_p 为液压泵出、入口的压力差。

由式(5.7)可以得到液压泵的输入转矩为

$$T_p = \frac{D_p \Delta P_p}{2\pi} \tag{5.8}$$

由于体积损失、摩擦损失和液压损失的影响，实际液压泵输送的液压功率小于输入的机械功率。液压泵的实际流量小于理论流量，主要原因包括以下几个方面：①液压泵存在内部泄漏；②液压泵工作过程中会产生气穴现象；③流体存在压缩性；④流体有质量，属于惯性流体。流量损失主要是由内部泄漏引起的，泵出口压力较小时，泄漏流过狭窄的间隙，以层流的方式流动，压力增大时泄漏量增大，以湍流的方式流动。泄漏的影响以容积效率的形式表示为

$$\eta_{pv} = \frac{Q_p - Q_{pl}}{Q_p} = 1 - \frac{\Delta P_p}{R_l D_p n_p} \tag{5.9}$$

式中，η_{pv} 为液压泵的容积效率；Q_{pl} 为液压泵的内泄漏；R_l 为内泄漏等效阻抗；ΔP_p 为液压泵出、入口的压力差。一般情况下，液压泵的容积效率为 0.8～0.99，柱塞泵的容积效率较高，而叶片泵和齿轮泵的容积效率一般较低。液压泵的黏性摩擦和机械摩擦会耗散能量，一部分驱动扭矩被用来克服摩擦力做功，称为摩擦力矩，它与液压泵转速、液压油输出压力和液压油黏度有关。用机械效率来表示液压泵的摩擦损失有

$$\eta_{pm} = \frac{\omega_p(T_p - T_{pf})}{\omega_p T_p} = \frac{T_p - T_{pf}}{T_p} \tag{5.10}$$

式中，η_{pm} 为液压泵的机械效率；T_{pf} 为液压泵的摩擦扭矩；ω_p 为液压泵的角速度。

液压泵还有一个损失就是来源于液压泵内部的压力损失。液压泵泵腔内压力肯定大于泵出口压力，这部分损失主要是由局部损失引起的。常规电液伺服系统液压泵的转速通常低于 3000r/min，液压油传递速度不高的情况下，液压损失可忽略不计。这样，实际液压泵的输出流量可以表示为

$$Q_p = D_p n_p \eta_{pv} \tag{5.11}$$

实际液压泵的最小输入转矩为

$$T_p = \frac{D_p \Delta P_p}{2\pi \eta_{pm}} \tag{5.12}$$

5.1.2　液压马达的数学模型

　　液压马达的功能与液压泵正好相反,它是将提供的液压能转换为机械动力的液压元件[9]。液压马达能够输出连续的旋转运动,它的排量是使液压马达轴旋转一整圈所需的油量。液压马达的转速取决于输入的流量,而输入马达口的压力则取决于液压马达负载的扭矩。对于无泄漏和无摩擦的理想液压马达,它的输出转速可以表示为

$$n_m = \frac{Q_m}{D_m} \tag{5.13}$$

式中,n_m 为液压马达的输出转速;Q_m 为液压马达的输入流量;D_m 为液压马达的排量。

　　液压马达出、入口的压力差为

$$\Delta P_m = \frac{2\pi T_m}{D_m} \tag{5.14}$$

式中,ΔP_m 为液压马达出、入口的压力差;T_m 为液压马达的负载扭矩。

　　和液压泵类似,液压马达泄漏的影响也以容积效率的形式表示。

$$\eta_{mv} = \frac{Q_m - Q_{ml}}{Q_m} \tag{5.15}$$

式中,η_{mv} 为液压马达的容积效率;Q_{ml} 为液压马达的内泄漏。

　　用机械效率来表示液压马达的摩擦损失得

$$\eta_{mm} = \frac{\omega_m T_m}{\omega_m (T_m + T_{mf})} = \frac{T_m}{T_m + T_{mf}} \tag{5.16}$$

式中,η_{mm} 为液压马达的机械效率;T_{mf} 为液压马达的摩擦扭矩;ω_m 为液压马达的角速度。

　　这样,液压马达的实际输出转速可以表示为

$$n_m = \frac{Q_m \eta_{mv}}{D_m} \tag{5.17}$$

式中,n_m 为液压马达的实际输出转速;Q_m 为液压马达的输入流量;D_m 为液压马达的排量。

　　液压马达出、入口的实际压力差为

$$\Delta P_m = \frac{2\pi T_m}{D_m \eta_{mm}} \tag{5.18}$$

式中,ΔP_m 为液压马达出、入口的实际压力差。

5.1.3　电液伺服缸的数学模型

　　电液伺服缸作为重要的执行机构,可将液压能转换为机械动力来驱动负载。使用各种液

压控制阀来控制流体压力和流量，实现位移或力的伺服控制[10]。电液伺服缸主要由活塞、活塞杆、缸筒、缸盖和传感器组成，活塞和缸盖配有良好的密封，可以防止泄漏，活塞杆可以是单杆、双杆对称或双杆非对称三种形式。电液伺服缸主要分为拉杆式液压缸和螺纹盖型液压缸。对于高速和大惯性的情况，活塞突然停止会产生严重的冲击力。这个力与运动部件的质量和速度的平方成正比。因此，电液伺服缸的末端位置可能设有缓冲装置。在到达活塞末端位置之前，利用缓冲装置将活塞速度降低到极限值。电液伺服缸输出直线运动，把液压油的压力转化为作用在活塞上的力。在无摩擦、无泄漏的理想前提下，电液伺服缸输出的力和流速可以表示为

$$F_c = P_1 A_1 - P_2 A_2, \quad v_c = \frac{Q_1}{A_1} \tag{5.19}$$

式中，F_c 为电液伺服缸的输出力；P_1 为电液伺服缸高压腔的压力；P_2 为电液伺服缸低压腔的压力；A_1 为电液伺服缸高压腔活塞的有效作用面积；A_2 为电液伺服缸低压腔活塞的有效作用面积；Q_1 为流入电液伺服缸高压腔的流量。

在有摩擦、有泄漏的前提下，电液伺服缸输出的力和流速可以表示为

$$F_c = P_1 A_1 - P_2 A_2 - F_{cf}, \quad v_c = \frac{Q_1 - Q_l}{A_1} \tag{5.20}$$

式中，F_{cf} 为电液伺服缸的摩擦力；Q_l 为电液伺服缸高压腔的泄漏流量。

5.1.4　单液压泵油源系统的仿真

本节利用图 5-1 所示的单液压泵油源系统完成仿真模拟工作。该系统包含驱动电动机、液压泵、溢流阀、管路等零部件。考虑到外啮合齿轮泵和内啮合齿轮泵的动态特性相似，叶片泵和柱塞泵的动态特性相似，因此，在仿真过程中本节的液压泵分别选用理想液压泵、轴向柱塞泵和外啮合齿轮泵，进而分析外啮合齿轮泵和轴向柱塞泵的动态特性。A 点在图 5-1 中表明了液压泵出口的位置，B 点在图 5-1 中表明了液压泵传动轴的位置。对图 5-1 所示的油源系统进行电动机恒定转速的动态仿真，液压泵供应能源的液压系统的仿真参数如表 5-1 所示，

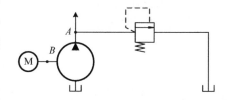

图 5-1　单液压泵油源系统

理想液压泵的仿真参数如表 5-2 所示，轴向柱塞泵的仿真参数如表 5-3 所示，外啮合齿轮泵的仿真参数如表 5-4 所示。

表 5-1　液压泵供应能源的液压系统的仿真参数

参数	名称	数值	单位
ρ	液压油密度	850	kg/m³
K	液压油体积模量	17000	bar
v	液压油运动黏度	60	m²/s
d_0	液压管路直径	20	mm
n	电动机转速	1500	r/min
p_s	溢流阀开启压力	200	bar

表 5-2　理想液压泵的仿真参数

参数	名称	数值	单位
V_i	泵的排量	20	mL/r
n_i	泵的额定转速	1500	mm

表 5-3　轴向柱塞泵的仿真参数

参数	名称	数值	单位
V_a	泵的排量	20	mL/r
n_a	泵的额定转速	1500	mm
z_a	柱塞的数量	6	个

表 5-4　外啮合齿轮泵的仿真参数

参数	名称	数值	单位
z_{e1}	主动齿轮的齿数	20	个
z_{e2}	从动齿轮的齿数	20	个
m_e	齿轮模数	3	mm
b_e	齿轮齿宽	18	mm

　　A 点处三种不同的液压泵输出压力变化的对比如图 5-2(a)所示(p_i 曲线为理想液压泵，p_a 曲线为轴向柱塞泵，p_e 为外啮合齿轮泵)。较短的时间内，液压系统的压力在各类液压泵的作用下迅速上升。压力达到溢流阀的开启压力 200bar 后，液压系统的压力保持恒定不变。由图 5-2(a)可知，各类液压泵对液压系统的输入压力以基本近似恒定的速度上升至溢流阀的开启压力，且与理想液压泵的压力基本一致。

　　图 5-2(b)和(c)分别给出了三种不同液压泵在 A 点处流量(q_i 曲线为理想液压泵，q_a 曲线为轴向柱塞泵，q_e 为外啮合齿轮泵)和 B 点处转矩(T_i 曲线为理想液压泵，T_a 曲线为轴向柱塞泵，T_e 为外啮合齿轮泵)的对比结果。从图 5-2(b)和(c)中可以看出，轴向柱塞泵和外啮合齿轮泵对液压系统的输入流量和电动机的输入转矩均表现出一定程度的脉动特征。这个现象是由各类液压泵的结构特点和运动方式造成的。轴向柱塞泵的配油盘上有两个将吸油腔和压油腔分开的隔离区，当柱塞运动到隔离区时，有一部分液压油被困在柱塞腔和隔离区形成的封

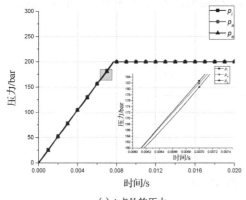

(a) A 点处的压力

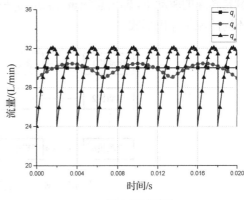

(b) A 点处的流量

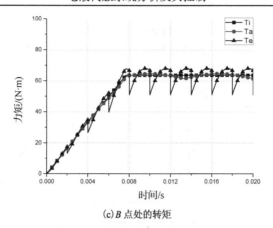

(c)B点处的转矩

图 5-2　三种液压泵的动态仿真结果

闭空间内，这个封闭空间随着斜盘转动，体积先增大后减小(或先减小后增大)，从而导致液压油产生发热和气穴现象，引起流量的脉动。外啮合齿轮泵的啮合区有一部分液压油被困在主动齿轮和从动齿轮的一对轮齿形成的封闭空间内，这个封闭空间随着齿轮的转动，体积先减小后增大，从而导致液压油产生发热和气穴现象，产生强烈的振动，即困油现象。此外，外啮合齿轮泵的脉动波形还存在一个下降的阶跃，这种现象是由齿轮的啮合造成的。当主动齿轮和从动齿轮的一对轮齿在压油腔内处于脱开状啮合时，压油腔瞬间失去了由一对轮齿啮合所形成封闭空间内的液压油，从而导致外啮合齿轮泵减小了对液压系统的输入流量阶跃。在液压泵流量脉动的影响下，电动机产生相应的转矩脉动。从图中还可知，液压泵的脉动频率与柱塞的数量(或叶片的数量)或齿轮齿数成正比。通常情况下，外啮合齿轮泵的脉动幅值远大于其他种类液压泵的脉动幅值。

5.1.5　多泵合流液压油源系统的仿真

多泵合流液压油源系统常常用在大型重载、大流量的场合，设计时首先应该满足液压油源流量的需求，在此基础上尽可能采用不同排量的液压泵实现多种不同的输出流量、满足不同场合节能控制的需要。多泵合流液压油源系统的结构示意图如图 5-3 所示，系统采用了普通交流电动机和定量柱塞泵的形式，定量柱塞的额定流量分别为：q_1，q_2，$\cdots$，q_n。液压泵在额定转速的驱动下，输出总流量为：$q_1+q_2+\cdots+q_n$，根据电机泵组的不同组合可以生成2^n-1种不同的流量输出形式。

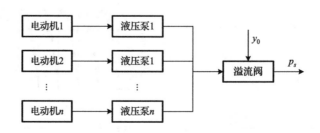

图 5-3　多泵合流液压油源系统的结构图

多泵合流液压油源系统多采用比例溢流阀调压控制，带载情况下多泵合流的切换过程通常会引起管路中压力的波动。为了便于理解多泵合流的动态过程，下面给出了多泵合流系统的数学模型。由于液压零部件的数学模型相对成熟，为了节省篇幅，忽略具体建模过程，仅建立关键部件，如液压泵、蓄能器、比例溢流阀的数学模型。液压泵可以根据流量需求直接选择，其输出流量的计算公式可以参考 5.1.1 节。蓄能器在理论分析过程中可以简化为弹簧-阻尼系统，对其液腔的油液进行受力分析，其数学模型可以参考 5.3.1 节。比例溢流阀中的比例放大器将输入的电压信号转化为电流信号。导阀受电流信号的控制，由于导阀的质量相对较小，可近似认为导阀受力与电流成正比，并正比于导阀阀芯位移；导阀阀芯位移与主阀所受外力成比例；对主阀进行受力分析，其数学模型可参考 5.2.2 节。最后，得到液压油源系统方框图，如图 5-4 所示。其中：$Q(s)$ 为 n 组液压泵的流量之和，$q_1+q_2+\cdots+q_n$；k_d 为压力传感器比例系数。

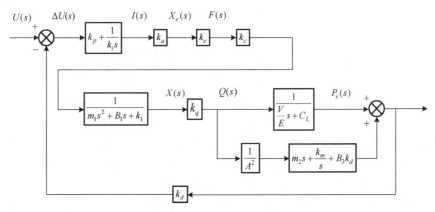

图 5-4　液压油源系统的方块图

　　液压零部件的数学模型有利于理解多泵合流液压油源系统的动态运行过程，本节在此基础上利用 AMESim 建立多泵合流液压油源系统的数学模型。AMESim 是包含液压、气动、机械等多学科领域复杂系统的建模仿真平台，可以利用 AMESim 应用库来设计多泵合流液压油源系统，AMESim 应用库中液压、气动、机械等的模型都是经过严格的测试和实验验证的。液压零部件模型也是基于业界公认的数学模型，与实际是相吻合的。利用 AMESim 应用库可以方便地建立多泵合流液压油源系统的模型，并利用此模型进行仿真计算、分析，研究多泵合流液压油源系统的动态特性。

　　本节选取多组电动机-液压泵组合，电动机-液压泵输出功率各不相同，选用了不同排量的液压泵，理论上可以实现 2^n-1 种不同的流量输出，满足不同的工作场合需求，实现理想的节能控制。以上海中重流体控制设备有限公司 CY14-B 定量轴向柱塞泵为例，分别选取五组、六组电动机-液压泵组合，主要参数如表 5-5 所示，相应的流量曲线如图 5-5 所示。

表 5-5　不同电动机-液压泵主要参数

系统类型	泵 1 流量 /(L/min)	泵 2 流量 /(L/min)	泵 3 流量 /(L/min)	泵 4 流量 /(L/min)	泵 5 流量 /(L/min)	泵 6 流量 /(L/min)	流量范围流量 /(L/min)
五泵合流	40	80	160	250	400	—	40~930
六泵合流	40	63	80	160	250	400	40~993

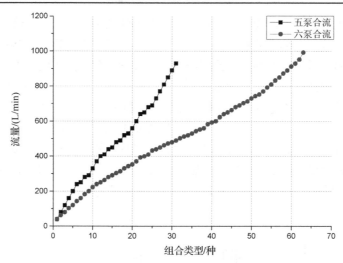

图 5-5　不同系统组合的流量变化图

五泵合流液压油源系统流量组合类型有 31 种，而六泵合流液压油源系统流量组合类型多达 63 种。从图 5-5 可以看出，五泵合流液压油源系统最大可以输出 930L/min 的流量，六泵合流液压油源系统最大可以输出 993L/min 的流量，实现了高压变流量可控的输出。五泵合流液压油源系统与六泵合流液压油源系统都实现了近似连续的输出流量曲线。六泵合流液压油源系统的合流流量离散点与五泵合流液压油源系统相比更加密实，意味着六泵合流液压油源系统在节能控制上能提供更为合理、节能的输出流量。

考虑到成本等因素，本节以五泵合流液压油源系统为例详细分析合流的动态过程。选用常规交流电动机-液压泵组合，在 AMESim 中建立如图 5-6 所示的多泵合流液压油源系统的仿真模型。液压泵在三相异步电动机的带动下，经过二位三通换向阀向液压回路提供液压油；在液压回路中安装压力传感器，通过 PID 控制器控制比例溢流阀开口的大小，进而控制该系统向负载提供压力恒定的液压油；蓄能器在回路中起到吸收脉动、减少压力冲击的作用；当液压回路出现故障，压力一直增大到一定值时，安全阀将打开，防止液压回路压力过高，损坏其他零部件。AMESim 中仿真时各部分的主要参数如表 5-6 所示。

设定仿真时间为 110s，步长为 0.01s。三相异步电动机直接启动，液压油经二位三通换向阀直接回油箱，通过控制该换向阀开启时间来实现液压泵的合流，其开启时间从左至右依次为 0s、20s、40s、60s 和 80s。当系统采用闭环控制(有 PID 控制器)时，液压回路中压力随时间变化如图 5-7(a)所示，流量随时间的变化如图 5-7(b)所示。开环控制(无 PID 控制器)时，压力和流量的变化如图 5-8(a)和(b)所示。

由图 5-7(a)和图 5-8(a)液压回路压力变化图可以看出，当液压回路出现合流时，系统回路压力突然增大，但从纵坐标可以看出，对于有 PID 控制器的液压回路，压力在 PID 控制器的作用下较快地回到设定压力，而无 PID 控制器的液压回路的压力变化相对较大；从液压回路的流量变化图可以看出，两者差别不大，无 PID 控制器的液压回路会因压力过高触发安全阀的开启。

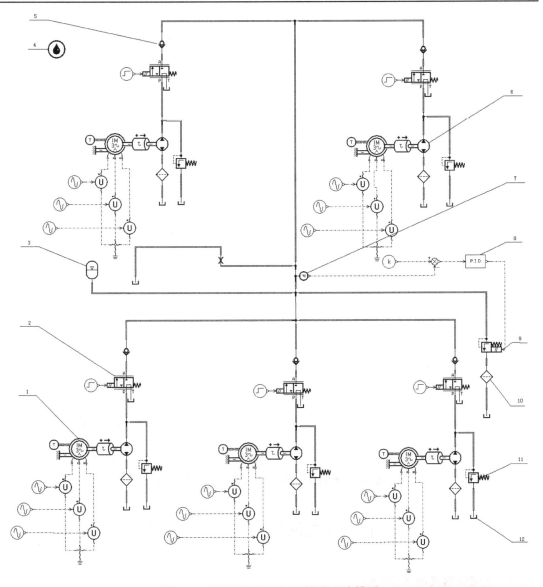

图 5-6　多泵合流液压油源系统的仿真模型

1-三相异步电动机；2-二位三通换向阀；3-蓄能器；4-液压油；5-单向阀；6-液压泵；7-压力传感器；8-PID 控制器；
9-溢流阀；10-过滤器；11-安全阀；12-油箱

表 5-6　液压回路各部分的主要参数

名称	参数	名称	参数
电动机转速	1000r/min	电动机惯性矩	$3.25\text{kg}\cdot\text{m}^2$
油液密度	850kg/m^3	运动黏度	45.88cSt
蓄能器体积	25.2L	蓄能器预压	100bar
KP（PID）	1	KI（PID）	0.3
溢流阀开启压力	200bar	溢流阀电流	215mA
安全阀压力	315bar	压力预定值	200bar

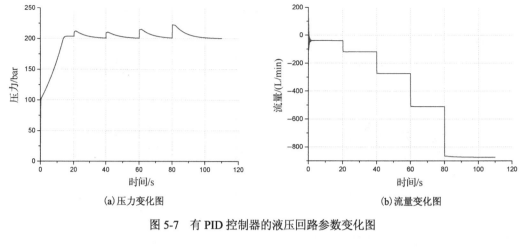

(a)压力变化图　　　　　　　　　　　　　(b)流量变化图

图 5-7　有 PID 控制器的液压回路参数变化图

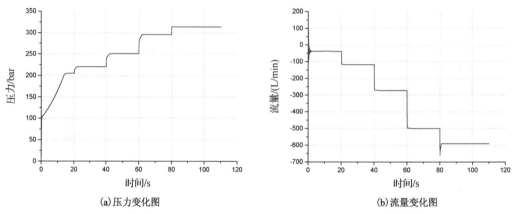

(a)压力变化图　　　　　　　　　　　　　(b)流量变化图

图 5-8　无 PID 控制器的液压回路参数变化图

5.2　控制阀类液压元件的建模与仿真

5.2.1　电液伺服阀的数学模型

　　电液伺服阀以电信号为控制信号，实现对液压系统流量或压力的控制[11]。当计算机输入某种波形的电压信号时，伺服放大器将其转换为相应的电流信号，驱动力矩马达转动，使电液伺服阀的阀芯产生相应的位移，改变阀口处通流面积的大小，从而将计算机的电信号转换为液压系统的液压信号。常用的电液伺服阀按其传递函数可分为一阶电液伺服阀和二阶电液伺服阀。当电液伺服阀的固有频率小于等于 50Hz 时，电液伺服阀通常简化为一阶系统。当电液伺服阀的固有频率大于 50Hz 时，电液伺服阀通常看作二阶系统。一阶电液伺服阀通常采用比例电磁铁作为两级电液伺服阀的第一级，而二阶电液伺服阀一般将喷嘴挡板和射流管作为两级电液伺服阀的第一级。比例电磁铁成本控制精度高、成本低廉，但响应慢。射流管最大的优点是抗油液污染性强，但由于存在大的空流量、动态特性不易预测和响应速度稍慢，射流管电液伺服阀在实际中没有喷嘴挡板电液伺服阀应用那么广泛。

1)一阶电液伺服阀

当电液伺服阀的阀芯质量很小时，其在工作行程内产生的惯性力远小于液压油的黏性阻力。由于电液伺服阀的阀芯质量可以忽略，电液伺服阀的传递函数可以简化为一个一阶惯性环节，所以称为一阶电液伺服阀。以 Moog 公司生产的 D633 系列电液伺服阀为例，建立其简化数学模型。

力矩马达的控制电流与电液伺服阀的先导位移可认为成比例，得到

$$x_v = k_c i_c \tag{5.21}$$

式中，x_v 为电液伺服阀的先导位移；k_c 为比例增益；i_c 为力矩马达的控制电流。

电液伺服阀的流量特性可认为是线性的，其流量方程为

$$q_L = \frac{\partial q_L}{\partial x_d} x_v + \frac{\partial q_L}{\partial p_L} p_L = k_{qx} x_v - k_{qp} p_L \tag{5.22}$$

$$k_{qx} = C_d w \sqrt{\frac{p_p - p_L}{\rho}} \tag{5.23}$$

$$k_{qp} = \frac{q_L}{2(p_p - p_L)} = -\frac{C_d w x_v}{2(p_p - p_L)} \sqrt{\frac{p_p - p_L}{\rho}} \tag{5.24}$$

式中，q_L 为电液伺服阀的输出流量；p_L 为电液伺服阀的负载压力；x_v 为电液伺服阀的阀芯位移；C_d 为电液伺服阀的流量系数；w 为电液伺服阀阀口处的宽度；p_p 为电液伺服阀的输入压力；ρ 为液压油的密度。

忽略电液伺服阀阀芯的死区、摩擦力、泄漏和流体的可压缩性，其流量方程为

$$q_L = A \frac{\partial x_v}{\partial t} \tag{5.25}$$

式中，A 为电液伺服阀的阀芯端面积；t 为时间。

忽略电液伺服阀阀芯的质量，其力平衡方程为

$$p_L A = f \frac{\partial x_v}{\partial t} + k x_v \tag{5.26}$$

式中，f 为电液伺服阀的阀芯阻尼系数；k 为电液伺服阀的阀芯弹性系数。

对式(5.21)进行拉普拉斯变换得

$$X_d(s) = k_c I_c(s) \tag{5.27}$$

联立式(5.24)和式(5.27)，并对其进行拉普拉斯变换得

$$k_{qx} X_d(s) - k_{qp} P_L(s) = A s X_v(s) \tag{5.28}$$

对式(5.28)进行拉普拉斯变换得

$$P_L(s) A = f s X_v(s) + k X_v(s) \tag{5.29}$$

联立式(5.27)、式(5.28)和式(5.29)，整理后获得一阶电液伺服阀的传递函数为

$$\frac{X_v(s)}{I_c(s)} = \frac{\dfrac{k_c k_{qx} A}{k_{qp} k}}{\left(\dfrac{f}{k} + \dfrac{A^2}{k_{qp} k}\right)s + 1} = \frac{K_{sv}}{\tau s + 1} \tag{5.30}$$

式中，K_{sv} 为一阶电液伺服阀的比例增益；τ 为一阶电液伺服阀的时间常数。

由式(5.24)、式(5.28)可知，一阶电液伺服阀的先导位移 x_v 越大，其传递函数的时间常数 τ 越大，其频率特性的带宽越小。

当 K_{sv}=1 时，输入标准阶跃信号，一阶电液伺服阀的单位阶跃响应曲线如图 5-9 所示，其中时间常数 τ 分别取 0.01s、0.03s、0.07s 和 0.11s。

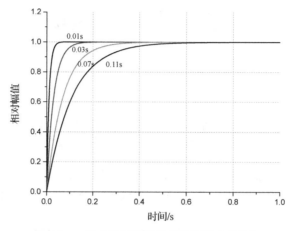

图 5-9　一阶电液伺服阀的单位阶跃响应曲线

从图 5-9 可以看出，当时间常数 τ 取 0.01s 时，阶跃输入的响应最快，达到稳态的时间最短(大约 0.005s)；当时间常数 τ 取 0.03s 时，达到稳态的时间大约为 0.15s；当时间常数 τ 取 0.07s 时，达到稳态的时间大约为 0.3s；时间常数 τ 取 0.11s 时，阶跃输入的响应最慢，达到稳态的时间最长(大约 0.5s)。从图 5-9 上还可以看出，对于一阶电液伺服阀，阶跃输入下无超调，时间常数 τ 越小越好。图 5-10 表示了一阶电液伺服阀的幅值比曲线。从图 5-10 中可

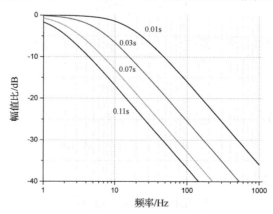

图 5-10　一阶电液伺服阀的幅值比曲线

以看出，当时间常数 τ 取 0.01s 时，伺服阀的带宽为 15.8Hz(−3dB)；当时间常数 τ 取 0.03s 时，伺服阀的带宽为 5.3Hz(−3dB)；当时间常数 τ 取 0.07s 时，伺服阀的带宽为 2.3Hz(−3dB)；当时间常数 τ 取 0.11s 时，伺服阀的带宽为 1.4Hz(−3dB)。时间常数 τ 越小，伺服阀的带宽就越宽，伺服阀的响应就越快。图 5-11 表示了一阶电液伺服阀的相位差曲线。

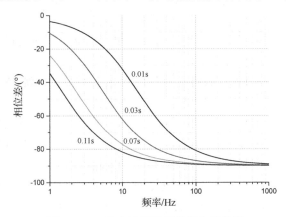

图 5-11　一阶电液伺服阀的相位差曲线

从图 5-11 可以看出，当时间常数 τ 取 0.01s 时，伺服阀对于频率 1Hz 的正弦信号相位滞后最小，大约为−3.6°；当时间常数 τ 取 0.03s 时，伺服阀对于频率 1Hz 的正弦信号相位滞后为−10.7°；当时间常数 τ 取 0.07s 时，伺服阀对于频率 1Hz 的正弦信号相位滞后为−23.9°；当时间常数 τ 取 0.11s 时，伺服阀对于频率 1Hz 的正弦信号相位滞后最大，为−34.5°。根据不失真测试的条件，要求一阶电液伺服阀相位滞后呈现线性，越小越好。

2) 二阶电液伺服阀

当电液伺服阀的阀芯质量较大时，其在工作行程内产生的惯性力与液压油的黏性阻力相互叠加。由于电液伺服阀的阀芯质量不可忽略，电液伺服阀的传递函数可以简化为一个二阶振荡环节，所以称为二阶电液伺服阀。以 Moog 公司生产的 G761 系列电液伺服阀为例，对其建立简化的数学模型。

电液伺服阀的力平衡方程为

$$p_L A = m\frac{\partial^2 x_v}{\partial t^2} + f\frac{\partial x_v}{\partial t} + kx_v \tag{5.31}$$

式中，m 为电液伺服阀的阀芯质量；f 为电液伺服阀的阀芯阻尼系数；k 为电液伺服阀的阀芯弹性系数。

对式 (5.23) 进行拉普拉斯变换得

$$X_v(s) = k_c I_c(s) \tag{5.32}$$

联立式 (5.24) 和式 (5.32)，并对其进行拉普拉斯变换得

$$k_{qx} X_v(s) - k_{qp} P_L(s) = AsX_v(s) \tag{5.33}$$

对式 (5.33) 进行拉普拉斯变换得

$$P_L(s)A = ms^2 X_v(s) + fsX_v(s) + kX_v(s) \tag{5.34}$$

联立式(5.32)、式(5.33)和式(5.34)，整理后获得二阶电液伺服阀的传递函数为

$$\frac{X_v(s)}{I_c(s)} = \frac{\dfrac{k_c k_{qx} A}{k_{qp} k}}{\dfrac{m}{k}s^2 + \left(\dfrac{f}{k} + \dfrac{A^2}{k_{qp}k}\right)s + 1} = \frac{K_{sv}}{\dfrac{1}{\omega_n^2}s^2 + 2\dfrac{\zeta}{\omega_n}s + 1} \tag{5.35}$$

式中，K_{sv} 为二阶电液伺服阀的比例增益；ω_n 为二阶电液伺服阀的固有频率；ζ 为二阶电液伺服阀的阻尼比。

由式(5.35)可知，二阶电液伺服阀的固有频率 ω_n 为常数，其频率特性的带宽与先导位移 x_v 无关。

当 $K_{sv}=1$ 且固有频率=100Hz 时，输入标准阶跃信号，二阶电液伺服阀的单位阶跃响应曲线如图 5-12 所示，其中二阶电液伺服阀的阻尼比 ζ 分别取 0.4、0.7、1.0 和 1.3。

从图 5-12 可以看出，当阻尼比 ζ 取 0.4 时，阶跃输入的响应最快，电液伺服阀达到稳态的时间也最长，出现较大的超调；当阻尼比 ζ 取 0.7 时，阶跃输入的响应比较快，电液伺服阀达到稳态的时间也较短，超调量也比较小，是一种理想的状态；当阻尼比 ζ 取 1 时，阶跃输入的响应比较慢，电液伺服阀达到稳态的时间较长，没有超调量；当阻尼比 ζ 取 1.3 时，阶跃输入的响应最慢，电液伺服阀达到稳态的时间也最长，没有超调量。从图 5-12 上还可以看出，当二阶电液伺服阀阻尼比 ζ 取 0.7 时，阶跃输入下超调小、响应快，达到了理想的输出结果。图 5-13 表示了二阶电液伺服阀的幅值比曲线。从图 5-13 可以看出，当阻尼比 ζ 取 0.4 时，系统的带宽为 137.3Hz(–3dB)；当阻尼比 ζ 取 0.7 时，系统的带宽为 100.3Hz(–3dB)；当阻尼比 ζ 取 1.0 时，系统的带宽为 64.1Hz(–3dB)；当阻尼比 ζ 取 1.3 时，系统的带宽为 44.6Hz(–3dB)。理论上，阻尼比 ζ 取 0.7 时既可以保证系统的响应速度，又可以拥有较小的超调量。图 5-14 表示了二阶电液伺服系统的相位差曲线。

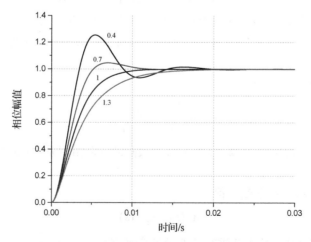

图 5-12　二阶电液伺服阀的单位阶跃响应曲线

从图 5-14 可以看出，当阻尼比 ζ 取 0.4 时，对于频率 10Hz 的正弦信号相位滞后最小，大约为 –4.5°；当阻尼比 ζ 取 0.7 时，对于频率 10Hz 的正弦信号相位滞后为 –8.1°；当阻尼比 ζ 取 1 时，对于频率 10Hz 的正弦信号相位滞后为 –11.4°；当阻尼比 ζ 取 1.3 时，对于频率 10Hz 的正弦信号相位滞后最大，为 –14.7°。二阶电液伺服阀工作于这个区间时，满足不失真测试的条件。

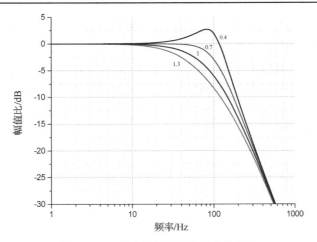

图 5-13　二阶电液伺服阀的幅值比曲线

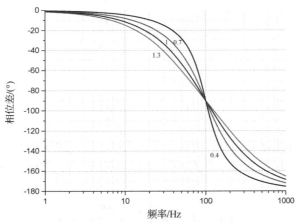

图 5-14　二阶电液伺服阀的相位差曲线

5.2.2　比例溢流阀的数学模型

溢流阀作为定压阀用来使液压能源的输出压力保持恒定，溢流阀的控制压力调整到系统的工作压力，并不断通过溢流来保持这个压力，因此作为定压阀的溢流阀处于常开的工作状态[12]。溢流阀的性能影响伺服系统输入压力的恒定，将对伺服系统的性能有重要影响。另外，溢流阀还可用作安全阀等[13]。本书采用的比例溢流阀(二级溢流阀)是先导式的，由主阀和导阀两部分组成。导阀起着感受压力变化的作用，主阀起着溢流的作用。导阀的弹簧刚度大就使得调压范围大，而且灵敏度高。主阀的弹性刚度小，只起将主阀芯压在阀座上的作用，使主阀通过大流量时控制压力值的变化不大。因此先导式比例溢流阀的启闭特性好，启闭特性曲线很陡，调压差值小、压力控制精度高，适宜于高压、大流量的应用场合。先导式比例溢流阀的数学模型可以表示如下[1]。

导阀阀芯位移为

$$
y_f = \frac{A_{f2}P_1 - K_{f2}y_{f0} - \dfrac{A_{f2}K_{1e}}{A_{m1}}\left(\dfrac{s^2}{\omega_{m1}^2} + \dfrac{2\xi_{m1}}{\omega_{m1}}s + 1\right)x_m}{K_{2e}\left(\dfrac{s^2}{\omega_{f2}^2} + \dfrac{2\xi_{f2}}{\omega_{f2}}s + 1\right)} \tag{5.36}
$$

式中，y_f 为导阀阀芯位移；y_{f0} 为导阀弹簧的预压缩量；x_m 为主阀阀芯位移；A_{f2} 为导阀阀芯的液压作用面积；K_{f2} 为导阀弹簧的刚性系数；K_{1e} 为主阀包括稳态液动力刚性系数在内的当量弹簧刚性系数；K_{2e} 为导阀包括稳态液动力刚性系数在内的当量弹簧刚性系数；A_{m1} 为主阀阀芯的液压作用面积；ω_{m1} 为主阀阀芯质量和当量弹簧的机械固有频率；ω_{f2} 为导阀阀芯质量和当量弹簧的机械固有频率；ξ_{m1} 为主阀阀芯的相对阻尼系数；ξ_{f2} 为导阀阀芯的相对阻尼系数。

导阀的固有频率很高，忽略其动态过程，则公式 (5.36) 可化简为

$$y_f = \frac{1}{K_{2e}}\left[A_{f2}P_1 - K_{f2}y_{f0} - \frac{A_{f2}K_{1e}}{A_{m1}}\left(\frac{s^2}{\omega_{m1}^2} + \frac{2\xi_{m1}}{\omega_{m1}}s + 1\right)x_m\right] \tag{5.37}$$

忽略泄漏、液体的可压缩性、导阀阀芯位移、P_1 压力对流量的影响，主阀阀芯位移表示为

$$x_m = \frac{\dfrac{K_{Q2}A_{m1}}{K_{1e}K_{c2e}}}{\dfrac{s^2}{\omega_{m1}^2} + \dfrac{2\xi'_{m1}}{\omega_{m1}}s + 1}y_f \tag{5.38}$$

$$K_{Q2} = C_{v2}\pi d\sin(2\alpha_2\sqrt{2(P_{10} - P_0)/\rho}) \tag{5.39}$$

$$\xi'_{m1} = \left(1 + \frac{A_{m1}^2}{B_{1e}K_{c2e}}\right)\frac{B_{1e}}{2\sqrt{K_{1e}m_{m1}}} \tag{5.40}$$

式中，K_{Q2} 为导阀的流量增益；K_{c2e} 为包括节流孔液导在内的导阀当量流量-压力系数；B_{1e} 为主阀包括暂态液动力阻尼系数在内的当量黏性阻尼系数；m_{m1} 为主阀阀芯等运动部分质量。

管路压力表示为

$$P_1 = \frac{(Q_s - Q_f) - K_3\left(\dfrac{s^2}{\omega_3^2} + \dfrac{2\xi_3}{\omega_3}s + 1\right)x_m}{K_{c1e}\left(1 + \dfrac{s}{\omega_s}\right)} \tag{5.41}$$

$$\omega_3 = \sqrt{(G_3K_{1e} + K_{Q1}A_{m1})/A_{m1}} \tag{5.42}$$

$$K_3 = (G_3K_{1e} + K_{Q1}A_{m1})/A_{m1} \tag{5.43}$$

$$\xi_3 = (G_3B_{1e} + A_{m1})/2\sqrt{G_3m_{m1}(G_3K_{1e} + K_{Q1}A_{m1})} \tag{5.44}$$

式中，K_{c1e} 为包括节流孔液导在内的主导当量流压系数；ω_s 为受控压力腔的转折频率。

比例电磁铁可以简化成

$$y_{f0} = \frac{1/K_{sy}}{\dfrac{s^2}{\omega_m^2} + 2\dfrac{\xi_m}{\omega_m} + 1}\left(u_i\frac{K_uK_I}{R} - \alpha_0K_{py}y_{f0}\right) \tag{5.45}$$

$$R = R_c + r_p + K_uK_{fi} \tag{5.46}$$

$$\omega_m = \sqrt{K_{sy}/m} \tag{5.47}$$

$$\xi_m = (RK_IK_e)/2\sqrt{K_{sy}m} \tag{5.48}$$

式中，R_c 为电磁铁线圈电阻；r_p 为功率放大器内阻；K_u 为电压放大系数；K_{fi} 为电流负反馈

系数；K_{sy} 为衔铁组件等效弹簧刚度；m 为衔铁组件质量；K_I 为电磁铁电流增益；K_e 为线圈反电动势系数。

　　根据式 (5.36)、式 (5.37)、式 (5.38)、式 (5.41) 和式 (5.45) 就得到了比例溢流阀传递函数框图，如图 5-15 所示，其中，u_i 为比例电磁铁输入电压。

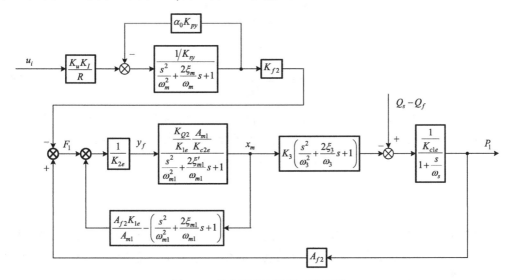

图 5-15　比例溢流阀传递函数框图

5.2.3　安全阀的数学模型

　　安全阀与高压和回流低压管路相连，用于限制高压管路中的最大工作压力，它主要由阀座、壳体、阀杆、阀瓣、弹簧压盖、弹簧力和调节旋钮等组成，弹簧的预压缩力通过调节旋钮进行调整。安全阀阀芯同时受到弹簧力和压力的作用，只要油液压力小于弹簧力，安全阀就处于闭合状态，当油液压力达到开启压力时，油液压力与弹簧力相等。当油液压力进一步增加时，安全阀开启，液压油从高压管路流向回油管。平衡方程可以表示为

$$(P_{rv1} - P_{rv2})A_{rv} = k_{rv}(x_{rv0} + x_{rv}) \tag{5.49}$$

式中，P_{rv1} 为安全阀高压管路的压力；P_{rv2} 为安全阀低压管路的压力；A_{rv} 为安全阀等效作用面积；k_{rv} 为安全阀弹簧的弹性系数；x_{rv0} 为安全阀弹簧预压缩量；x_{rv} 为安全阀阀芯的开启量。

　　在稳定状态下，阀芯在压力、弹簧力和喷射反作用力的作用下达到平衡。流经安全阀的流量与系统压力可以表示为

$$Q_{rv} = \begin{cases} 0 & x_{rv} \leqslant 0 \\ C_d A_v \sqrt{2(P_{rv1} - P_{rv2})/\rho_{rv}} & x_{rv} > 0 \end{cases} \tag{5.50}$$

式中，Q_{rv} 为流经安全阀的流量；C_d 为安全阀的卸荷系数；ρ_{rv} 为液压油的密度。

5.2.4　电液伺服阀的参数辨识与仿真

　　对于一阶电液伺服阀，其参数主要是时间常数 τ 的辨识；对于二阶电液伺服阀，其参数主要为固有频率 ω_n 和阻尼比 ζ 的辨识，电液伺服阀的参数辨识方法如下。

1) 一阶电液伺服阀

一阶电液伺服阀的时间常数可以通过幅值比响应曲线 $M(f)$ 得到，根据式 (5.30) 可以得到一阶电液伺服阀的幅值比响应函数，再进一步推导可以得到时间常数 τ 的表达式

$$M(f) = \frac{K_{sv}}{\sqrt{1+(2\pi f \tau)^2}}$$

$$\tau = \frac{\sqrt{\dfrac{K_{sv}^2}{M(f)^2}-1}}{2\pi f} \tag{5.51}$$

一阶电液伺服阀的时间常数还可以通过相位差响应曲线 $\phi(f)$ 得到，根据式 (5.32) 可以得到一阶电液伺服阀的相位差响应函数，再进一步推导可以得到时间常数 τ 的表达式

$$\phi(f) = -\arctan(2\pi f \tau)$$

$$\tau = \frac{\tan[-\phi(f)]}{2\pi f} \tag{5.52}$$

如果知道 $[M(f), f]$ 和 $[\phi(f), f]$ 的数据点，就可以根据式 (5.51) 和式 (5.52) 计算时间常数 τ。从图 5-9 (一阶电液伺服阀的单位阶跃响应曲线) 可以看出，稳态值 63.2% 所对应的时间点即时间常数 τ，因此

$$y(\tau) = 63.2\% \times y(\infty) \tag{5.53}$$

通过这个方式，很容易利用一阶电液伺服阀的单位阶跃响应曲线求得时间常数。然而，这个时间常数是依靠单个点计算得到的，并没有考虑整个响应过程，所以测量结果的可靠性比较差。一个更为可靠、考虑整个响应过程求解时间常数 τ 的方法表示如下。

$$y(t) = k_{sv}(1 - e^{-t/\tau}) \tag{5.54}$$

式 (5.54) 可以写成

$$1 - \frac{y(t)}{k_{sv}} = e^{-t/\tau} \tag{5.55}$$

还可以写成

$$\begin{cases} \ln\left[1 - \dfrac{y(t)}{k_{sv}}\right] = -\dfrac{t}{\tau} \\ y = ax + b \end{cases} \tag{5.56}$$

$$\tau = -\frac{t}{\ln\left[1 - \dfrac{y(t)}{k_{sv}}\right]} \tag{5.57}$$

比例系数 k_{sv} 可非常方便地利用稳态输入下的输出求得。由式 (5.56) 和式 (5.57) 知，与直线方程 $(y = ax + b)$ 相似，只要画出 $\ln[1 - y(t)/k_{sv}]$ 对时间 t 的关系曲线，就容易求得时间常数 τ。此方法最大的好处是，求时间常数 τ 时考虑了整个响应过程，应该更准确。图 5-16 为归一化后，一阶电液伺服阀单位阶跃响应曲线。根据式 (5.57) 结合阀芯行程为 100% 的单位阶跃响应曲线，可以得出时间常数 τ 约为 0.007s。

图 5-17 为归一化后，一阶电液伺服阀的伯德图。从这个图的幅值比曲线和相位差曲线上任意选取某一点，根据式 (5.51) 和式 (5.52) 也很容易得到时间常数 τ。从图 5-17 还可以看出，当阀芯行程为 ±25% 时，对应的带宽大约为 50Hz (−3dB)。

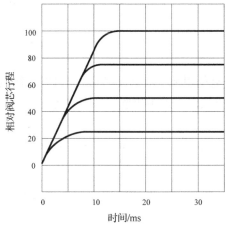

图 5-16　一阶电液伺服阀的单位阶跃响应曲线

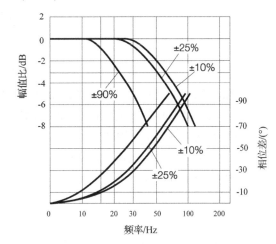

图 5-17　伯德图

2) 二阶电液伺服阀

对于二阶电液伺服阀，需要求固有频率 ω_n (f_n，$\omega_n = 2\pi f_n$) 和阻尼比 ζ。如果 f_n 已知，阻尼比 ζ 可以通过幅值比响应曲线 $M(f)$ 和相位差响应曲线 $\phi(f)$ 辨识。根据式 (5.35)，可以得到二阶电液伺服阀的幅值比响应函数。

$$M(f_n) = \frac{k_{sv}}{\sqrt{\left[1-\left(\dfrac{f_n}{f_n}\right)^2\right]^2 + 4\zeta^2\left(\dfrac{f_n}{f_n}\right)^2}} = \frac{k_{sv}}{2\zeta} \tag{5.58}$$

根据式 (5.58) 可以得到

$$\zeta = \frac{k_{sv}}{2M(f_n)} \tag{5.59}$$

同样，比例系数 k_{sv} 可非常方便地利用稳态输入下的输出求得。如果知道 $[M(f_n), f_n]$ 这个点，可以很容易地利用式 (5.59) 求出阻尼比 ζ。根据二阶电液伺服阀的相位差响应函数，可以得到

$$\frac{\mathrm{d}\phi(f)}{\mathrm{d}f} = \frac{\dfrac{2\zeta}{f_n\left(\dfrac{f}{f_n}\right)^2 - 1} - \dfrac{4(f)^2\zeta}{(f_n)^3\left[\left(\dfrac{f}{f_n}\right)^2-1\right]^2}}{1 + \dfrac{4(f)^2\zeta^2}{(f_n)^2\left[\left(\dfrac{f}{f_n}\right)^2-1\right]^2}} = -\frac{2f_n\zeta(f^2+f_n^2)}{f^4+f_n^4+f_n^2(4f^2\zeta^2-2f^2)} \tag{5.60}$$

当 $f = f_n$ 时得

$$\frac{\mathrm{d}\phi(f_n)}{\mathrm{d}f} = -\frac{2f_n\zeta(f_n^2+f_n^2)}{[f_n^4+f_n^4+f_n^2(4f_n^2\zeta^2-2f_n^2)]} = -\frac{1}{f_n\zeta} \tag{5.61}$$

$$\zeta = -\frac{1}{f_n\,\mathrm{d}\phi(f_n)/\mathrm{d}f} \tag{5.62}$$

$$\phi(f_n) = -\frac{\pi}{2} \tag{5.63}$$

如果已知相位差响应曲线，找到$[\phi(f_n),f_n]$这一点处的斜率，根据式(5.62)就可以求得阻尼比ζ。由于测量相位差响应曲线比较困难，工程上更倾向于采用幅值比响应曲线求二阶电液伺服阀的固有频率f_n和阻尼比ζ。

对于欠阻尼二阶电液伺服阀（$0<\zeta<1$），f_p为幅值比响应曲线的峰值频率，f_p接近f_n，它们之间的关系可以表示为

$$f_n = \frac{f_p}{\sqrt{1-2\zeta^2}} \tag{5.64}$$

如果阻尼比ζ比较小，可以认为$f_p \approx f_n$，得

$$M(f) = \frac{1}{\sqrt{\left[1-\left(\dfrac{f}{f_n}\right)^2\right]^2 + 4\zeta^2\left(\dfrac{f}{f_n}\right)^2}} \tag{5.65}$$

$$M(f_p) \approx M(f_n) = \frac{1}{2\zeta} \tag{5.66}$$

令$f_1 = (1-\zeta)f_p$、$f_2 = (1+\zeta)f_n$，得

$$M(f_1) \approx \frac{1}{2\sqrt{2}\zeta} = \frac{1}{\sqrt{2}}M(f_p) \approx M(f_2) \tag{5.67}$$

在$[0, 0.707M(f_p)]$处画一条平行线，这条平行线将与幅值比响应曲线相交于两点，分别得到两个频率值f_1和f_2，如图5-18所示。

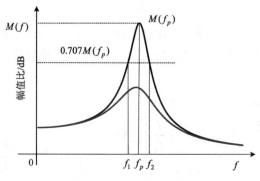

图 5-18　平行线示意图

利用这两个频率值并结合式(5.67)就可以得到

$$\zeta = \frac{f_2-f_1}{2f_p} \tag{5.68}$$

此外，还可以利用超调量 M_p 来求阻尼比 ζ，超调量 M_p 和阻尼比 ζ 的关系可以表示为

$$\zeta = \sqrt{\cfrac{1}{1+\left(\cfrac{\pi}{\ln M_p}\right)^2}} \tag{5.69}$$

利用式(5.69)，只要知道超调量就可以求出阻尼比 ζ。根据式(5.69)，还可以得到 ζ-M_p 关系曲线，如图 5-19 所示，根据这条关系曲线，如果已知一个量可以很方便地求出另外一个量。

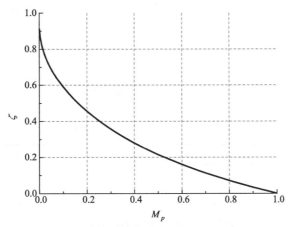

图 5-19　超调量和阻尼比的关系曲线

图 5-20 为归一化后，二阶电液伺服阀的单位阶跃响应曲线。对于这个电液伺服阀没有超调，还可以看成一阶电液伺服阀，根据相对阀芯行程的单位阶跃响应曲线，可以得出简化为一阶电液伺服阀时的时间常数 τ(63.2%) 约为 0.002s，响应非常快。

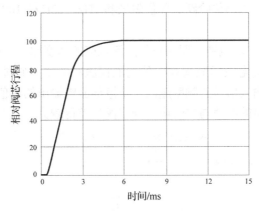

图 5-20　二阶电液伺服阀的单位阶跃响应曲线

图 5-21 为归一化后，二阶电液伺服阀的伯德图。结合图中的幅值比响应曲线和相位差响应曲线，根据式(5.61)和(5.64)也很容易得到固有频率 f_n 和阻尼比 ζ。从图 5-21 中还可以看出，当相对阀芯行程为±100 时，对应的带宽大约为 160Hz(−3dB)。

下面以 D633 系列的一阶电液伺服阀和 G761 系列的二阶电液伺服阀为例，在时域上对其进行单位阶跃、单位斜坡和 1Hz、10Hz、100Hz 正弦交变输入的动态仿真，其仿真参数的设置如表 5-7 和表 5-8 所示。

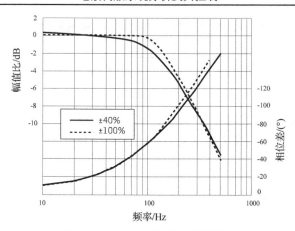

图 5-21　二阶电液伺服阀的伯德图

表 5-7　一阶电液伺服阀的仿真参数

参数	名称	数值	单位
K_1	电液伺服阀的比例增益	1	—
T	电液伺服阀的时间常数	0.006	s

表 5-8　二阶电液伺服阀的仿真参数

参数	名称	数值	单位
K_2	电液伺服阀的比例增益	1	—
f_n	电液伺服阀的固有频率	200	Hz
ζ	电液伺服阀的阻尼比	0.9	—

电液伺服阀在时域上的单位阶跃、单位斜坡和 1Hz、10Hz、100Hz 正弦交变输入的仿真结果如图 5-22 所示。

由图 5-22(a)可知，二阶电液伺服阀单位阶跃响应的速度比一阶电液伺服阀大约快一倍。由图 5-22(b)可知，一阶电液伺服阀和二阶电液伺服阀的单位斜坡响应特征基本相同。由图 5-22(c)～(e)可知，输入信号的频率越高，电液伺服阀输出的幅值越小，输出的相位越滞后，一阶电液伺服阀输出的幅值与二阶电液伺服阀相差得越大。

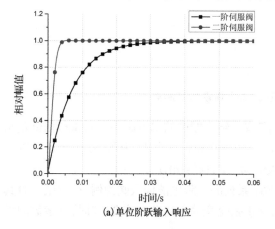

(a) 单位阶跃输入响应

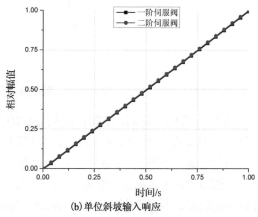

(b) 单位斜坡输入响应

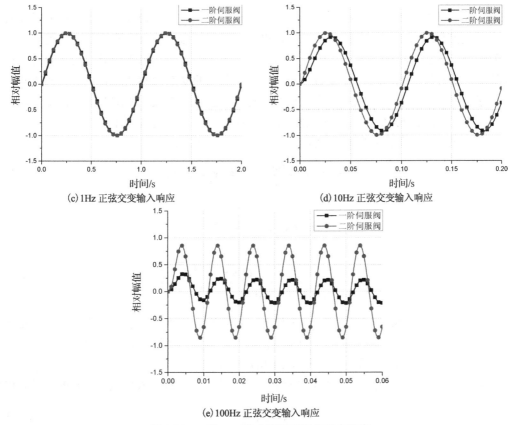

(c) 1Hz 正弦交变输入响应　　　　　　　(d) 10Hz 正弦交变输入响应

(e) 100Hz 正弦交变输入响应

图 5-22　一阶、二阶电液伺服阀的动态仿真

电液伺服阀频率特性的仿真结果如图 5-23 所示。

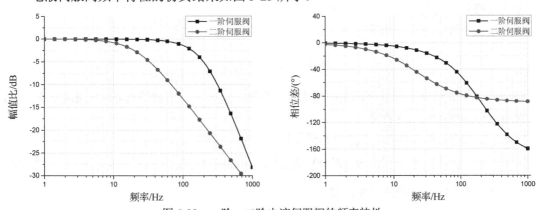

图 5-23　一阶、二阶电液伺服阀的频率特性

由图 5-23 可知，在 200Hz 以下的频域内，一阶电液伺服阀输出的幅值比始终低于二阶电液伺服阀，在 70Hz 以下的频域内，一阶电液伺服阀输出的相位始终滞后于二阶电液伺服阀。所以，二阶电液伺服阀的带宽比一阶电液伺服阀更宽，动态性能更好。

5.2.5　大流量多级电液伺服阀的仿真

二级电液伺服阀不具备对大型液压系统进行伺服控制的能力。因此，在大型液压系统中多采用大流量多级电液伺服阀满足对伺服控制的要求。大流量多级电液伺服阀是由三级或三级以上的电液伺服阀串联构成的，其前一级电液伺服阀作为后一级电液伺服阀的先导，从而实现对输出流量的多级放大。在大流量多级电液伺服阀中，阀芯每高一级，阀芯的尺寸和质量都比前一级显著增大，从而使级数不同的电液伺服阀的动态特性之间表现出显著的差异。

为了针对这种动态特性的差异实现控制器对大流量多级电液伺服阀的优化作用，本节以 Moog 公司生产的 D665 系列大流量三级电液伺服阀为例，对其建立简化数学模型。

各级电液伺服阀的流量特性是线性的，其流量方程可以表示为

$$q_L = \frac{\partial q_L}{\partial x_d} x_d + \frac{\partial q_L}{\partial p_L} p_L = k_{qx} x_d - k_{qp} p_L \tag{5.70}$$

$$k_{qx} = C_d w \sqrt{\frac{p_p - p_L}{\rho}} \tag{5.71}$$

$$k_{qp} = \frac{q_L}{2(p_p - p_L)} = -\frac{C_d w x_v}{2(p_p - p_L)} \sqrt{\frac{p_p - p_L}{\rho}} \tag{5.72}$$

式中，q_L 为电液伺服阀的输出流量；p_L 为电液伺服阀的负载压力；x_d 为电液伺服阀的先导位移；C_d 为电液伺服阀的流量系数；w 为电液伺服阀阀口处的宽度；x_v 为电液伺服阀的阀芯位移；p_p 为电液伺服阀的输入压力；ρ 为液压油的密度。

忽略阀芯的死区、摩擦力、泄漏和流体的可压缩性。第二级电液伺服阀阀芯的流量方程为

$$q_2 = A_2 \frac{\partial x_2}{\partial t} \tag{5.73}$$

式中，q_2 为第二级电液伺服阀的输出流量；A_2 为第二级电液伺服阀的阀芯端面积；x_2 为第二级电液伺服阀的阀芯位移；t 为时间。

忽略第二级电液伺服阀阀芯的质量，其力平衡方程为

$$p_2 A_2 = f_2 \frac{\partial x_2}{\partial t} + k_2 x_2 \tag{5.74}$$

式中，p_2 为第二级电液伺服阀的负载压力；f_2 为第二级电液伺服阀的阀芯阻尼系数；k_2 为第二级电液伺服阀的阀芯弹性系数。

联立式(5.70)和式(5.73)，并对其进行拉普拉斯变换得

$$k_{qx2} X_1(s) - k_{qp2} P_2(s) = A_2 s X_2(s) \tag{5.75}$$

对式(5.74)进行拉普拉斯变换得

$$P_2(s) A_2 = f_2 s X_2(s) + k_2 X_2(s) \tag{5.76}$$

联立式(5.75)和式(5.76)，整理后得

$$\frac{X_2(s)}{X_1(s)} = \frac{\dfrac{k_{qx2} A_2}{k_{qp2} k_2}}{\left(\dfrac{f_2}{k_2} + \dfrac{A_2^2}{k_{qp2} k_2} \right) s + 1} \tag{5.77}$$

第三级电液伺服阀阀芯的流量方程为

$$q_3 = A_3 \frac{\partial x_3}{\partial t} \tag{5.78}$$

式中，q_3 为第三级电液伺服阀的输出流量；A_3 为第三级电液伺服阀的阀芯端面积；x_3 为第三级电液伺服阀的阀芯位移。

力平衡方程为

$$p_3 A_3 = m_3 \frac{\partial^2 x_3}{\partial t^2} + f_3 \frac{\partial x_3}{\partial t} + k_3 x_3 \tag{5.79}$$

式中，p_3 为第三级电液伺服阀的负载压力；m_3 为第三级电液伺服阀的阀芯惯性质量；f_3 为第三级电液伺服阀的阀芯阻尼系数；k_3 为第三级电液伺服阀的阀芯弹性系数。

联立式(5.70)和式(5.78)，并对其进行拉普拉斯变换得

$$k_{qx3} X_2(s) - k_{qp3} P_3(s) = A_3 s X_3(s) \tag{5.80}$$

对式(5.79)进行拉普拉斯变换得

$$P_3(s) A_3 = m_3 s^2 X_3(s) + f_3 s X_3(s) + k_3 X_3(s) \tag{5.81}$$

联立式(5.80)和式(5.81)，整理后得

$$\frac{X_3(s)}{X_2(s)} = \frac{\dfrac{k_{qx3} A_3}{k_{qp3} k_3}}{\dfrac{m_3}{k_3} s^2 + \left(\dfrac{f_3}{k_3} + \dfrac{A_3^2}{k_{qp3} k_3}\right) s + 1} \tag{5.82}$$

联立式(5.70)、式(5.77)和式(5.82)，整理后获得大流量三级电液伺服阀的传递函数为

$$\frac{X_3(s)}{X_1(s)} = \frac{\dfrac{k_c k_{qx2} k_{qx3} A_2 A_3}{k_{qp2} k_{qp3} k_2 k_3}}{\left[\left(\dfrac{f_2}{k_2} + \dfrac{A_2^2}{k_{qp2} k_2}\right) s + 1\right]\left[\dfrac{m_3}{k_3} s^2 + \left(\dfrac{f_3}{k_3} + \dfrac{A_3^2}{k_{qp3} k_3}\right) s + 1\right]} = \frac{K}{(T_2 s + 1)\left(\dfrac{1}{\omega_3^2} s^2 + 2\dfrac{\zeta}{\omega_3} s + 1\right)} \tag{5.83}$$

$$K = \frac{k_{qx2} k_{qx3} A_2 A_3}{k_{qp2} k_{qp3} k_2 k_3} \tag{5.84}$$

$$T_2 = \frac{k_{qp2} f_2 + A_2^2}{k_{qp2} k_2} \tag{5.85}$$

$$\omega_3 = 2\pi n_3 = \sqrt{\frac{k_3}{m_3}} \tag{5.86}$$

$$\zeta = \frac{k_{qp3} f_3 + A_3^2}{2 k_{qp3} k_3} \sqrt{\frac{k_3}{m_3}} \tag{5.87}$$

式中，K 为大流量三级电液伺服阀的比例增益；T_2 为大流量三级电液伺服阀惯性环节的

时间常数；ω_3 为大流量三级电液伺服阀的固有频率；ζ 为大流量三级电液伺服阀的阻尼系数。

由式(5.70)和式(5.83)可知，大流量三级电液伺服阀的阀芯位移 x_3 越大，其传递函数的时间常数 T_2 越大，其频率特性的带宽越小。由于大流量三级电液伺服阀第三级的阀芯质量比二级电液伺服阀的阀芯质量大很多，其频率特性的带宽比二级电液伺服阀小很多。

以 D665 系列的大流量三级电液伺服阀为例，在时域上对其进行单位阶跃、单位斜坡和 1Hz、10Hz、100Hz 正弦交变输入的动态仿真，其仿真参数的设置如表 5-9 所示。

表 5-9　大流量三级电液伺服阀的仿真参数

参数	名称	数值	单位
K	电液伺服阀的比增益	1	—
T	电液伺服阀的时间常数	0.016	s
f_n	电液伺服阀的固有频率	20	Hz
ζ	电液伺服阀的阻尼比	0.9	—

与一阶二级电液伺服阀和二阶二级电液伺服阀相比较，大流量三级电液伺服阀在时域上的单位阶跃、单位斜坡和 1Hz、10Hz、100Hz 正弦交变输入的仿真结果如图 5-24 所示。

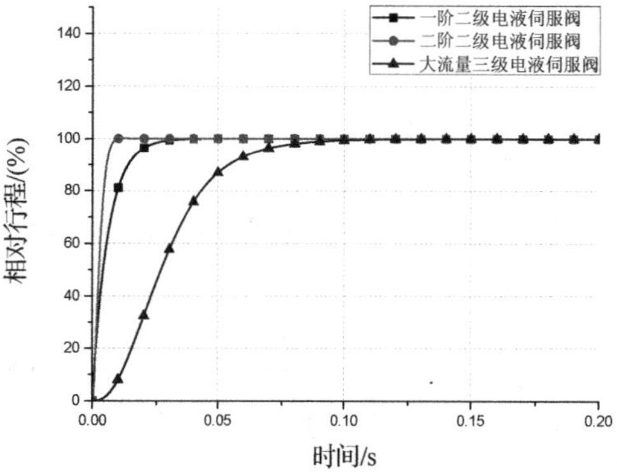

(a) 单位阶跃输入响应

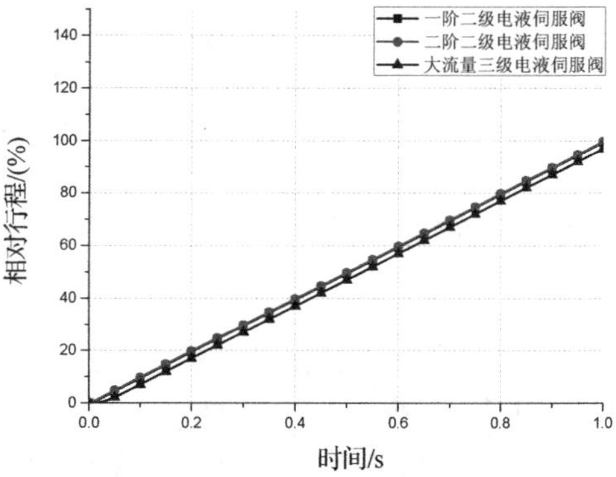

(b) 单位斜坡输入响应

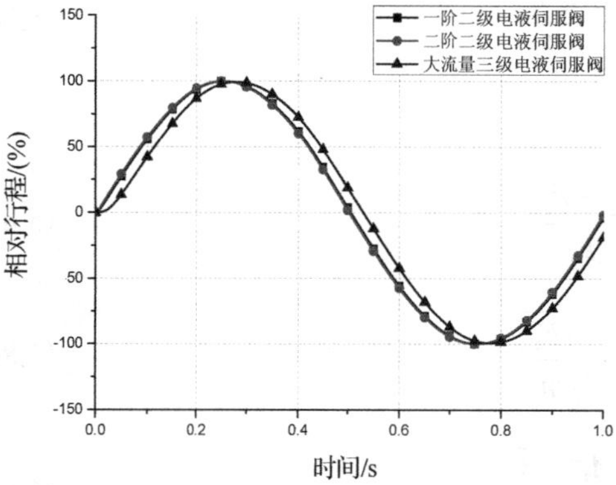

(c) 1Hz 正弦交变输入响应

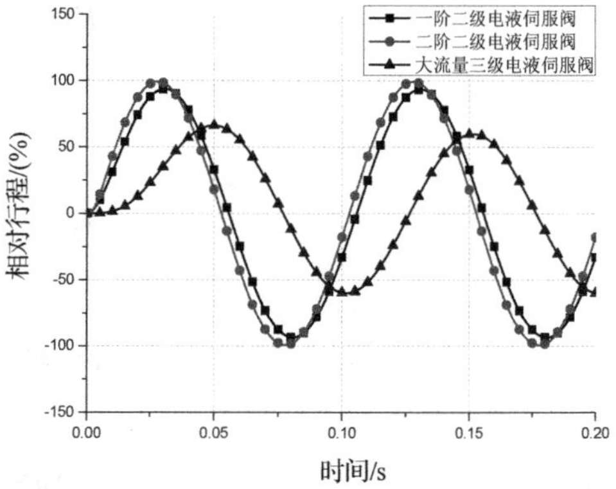

(d) 10Hz 正弦交变输入响应

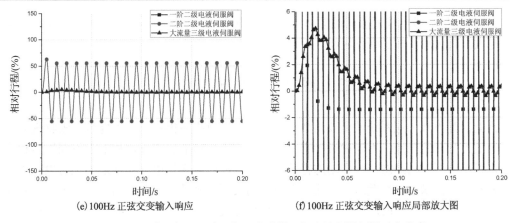

(e) 100Hz 正弦交变输入响应　　　　　　　(f) 100Hz 正弦交变输入响应局部放大图

图 5-24　一阶二级、二阶二级、大流量三级电液伺服阀的动态仿真

由图 5-24(a)可知，大流量三级电液伺服阀单位阶跃响应的速度比二级电液伺服阀大约慢一倍。由图 5-24(b)可知，大流量三级电液伺服阀的单位斜坡响应比二级电液伺服阀慢很多。由图 5-24(c)～(f)可知，当输入信号的频率为 1Hz 时，大流量三级电液伺服阀输出的相位已经表现出明显的滞后。当输入信号的频率为 10Hz 时，大流量三级电液伺服阀输出的幅值衰减了大约 30%，相位滞后了大约 90°。当输入信号的频率为 100Hz 时，大流量三级电液伺服阀输出的幅值基本衰减至 0，相位滞后大于 90°。

一阶二级、二阶二级、大流量三级电液伺服阀频率特性的仿真结果如图 5-25 所示。

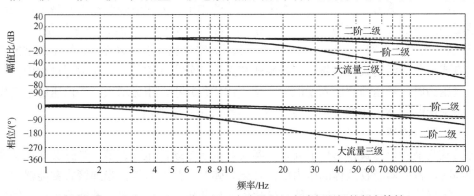

图 5-25　一阶二级、二阶二级、大流量三级电液伺服阀的频率特性

由图 5-25 可知，在 200Hz 以下的频域内，大流量三级电液伺服阀输出的幅值比始终低于二级电液伺服阀，相位始终滞后于二级电液伺服阀。当频率高于 20Hz 时，大流量三级电液伺服阀输出的幅值比和相位都与二级电液伺服阀相差巨大。所以大流量三级电液伺服阀的带宽很窄，动态性能很差，需要引入校正环节对其进行改善。

将上述大流量三级电液伺服阀的动态特性推广到级数更多的大流量多级电液伺服阀，可得出如下结论。

(1)第三级或第三级以上的阀芯质量不可忽略，其传递函数皆为二阶振荡环节。

(2)当大流量多级电液伺服阀第二级的阀芯质量很小时，其传递函数为一阶惯性环节，最高级的阀芯位移 x_n 越大，带宽越小。当大流量多级电液伺服阀第二级的阀芯质量较大时，其传递函数为二阶振荡环节，频率特性的带宽与阀芯位移 x_v 无关。

(3)大流量多级电液伺服阀的频率特性主要由其最高级的阀芯质量决定,最高级的阀芯质量越大,其频率特性的带宽越小。

5.3　蓄能器的建模与仿真

蓄能器是电液伺服系统的重要组成部分之一,具有提供能源、回收能量、吸收压力冲击和减轻压力脉动的功能。不同种类的蓄能器在其物理性质的影响下,相对于不同压力和流量的变化表现出不同的静态特性和动态特性,在不同的液压系统中,其性能的优劣也有很大差异。随着液压技术的不断发展,重载、大流量的大型工程液压设备层出不穷,大容量蓄能器的需求也日益增多。然而,大体积容量蓄能器惯性大、反应不灵敏,并且制造难度相对较大而制约着其发展。工程上通常采用蓄能器组代替单一大容量蓄能器,然而如何正确地选择蓄能器组、最大化地发挥蓄能器的作用成了一个需要解决的问题。

5.3.1　常用蓄能器的数学模型

蓄能器按加载方式主要分为重力式、弹簧式和气压式三种。重力式蓄能器以势能的形式储存能量,以活塞和负载的质量为载体,它的充油方式是向下腔压入液压油,提升负载向上运动。由于活塞位移引起的压力变化可忽略不计,这种类型的蓄能器可用在恒定压力下输送液压油。在弹簧式蓄能器中,能量存储在压缩弹簧中。这种类型的蓄能器在不同的压力下输送液压油,由于弹簧力的减小,这种类型蓄能器的输出压力随着弹簧松弛而减小,输送压力与蓄能器油室中的油量成比例。最广泛使用的蓄能器是气压式蓄能器,其中油是在气体(通常是氮气)的压力下储存的。在使用抗燃油的情况下,空气也可以用来充气。气压式蓄能器按油气分离方式可分为活塞式、气囊式、隔膜式和无油气分离式蓄能器。在运行过程中,当油压超过充气压力时,液压油被压入蓄能器,使气体体积减小,压力增大。当油压等于气压时,达到稳态平衡[14]。本书主要介绍弹簧式蓄能器和气压式蓄能器。

1)弹簧式蓄能器

弹簧式蓄能器以弹簧作为储能元件,实现对液压系统的压力调节。当弹簧式蓄能器上的压力升高时,蓄能器吸收液体的压力能,转化为弹簧的弹性势能;当弹簧式蓄能器上的压力降低时,蓄能器释放弹簧的弹性势能,转化为液体的压力能。弹簧式蓄能器可分为线性弹簧式蓄能器和非线性弹簧式蓄能器。当弹簧式蓄能器的活塞和弹簧的质量很小时,其在工作行程内产生的惯性力远小于弹簧的弹力。由于弹簧式蓄能器的弹簧在工作范围内遵循胡克定律,弹簧式蓄能器的体积-压力特性曲线是一条直线,所以称为线性弹簧式蓄能器。

不考虑活塞和弹簧质量的情况下,弹簧的受力状态可以表示为

$$P_{ac}A_{ac} = k_{ac}x_{ac} \tag{5.88}$$

式中,P_{ac} 为蓄能器端口压力;A_{ac} 为蓄能器活塞面积;k_{ac} 为蓄能器弹簧弹性系数;x_{ac} 为蓄能器活塞位移。将式(5.88)两端同时除以 A_{ac} 得

$$P_{ac} = \frac{k_{ac}x_{ac}}{A_{ac}} \tag{5.89}$$

由式(5.89)可知,线性弹簧式蓄能器的压力与蓄能器弹簧弹性系数和蓄能器活塞位移成

正比, 与蓄能器活塞面积成反比。当弹簧式蓄能器的活塞和弹簧的质量较大时, 其在工作行程内产生的惯性力与弹簧的弹力相互叠加, 共同作用于液体。由于弹簧式蓄能器的活塞和弹簧在工作范围内同时遵循牛顿第二定律和胡克定律, 当加速度不为零时, 弹簧式蓄能器的体积-压力特性不是一条直线, 所以称为非线性弹簧式蓄能器。

考虑活塞和弹簧质量的情况下, 弹簧的受力状态可以表示为

$$P_{ac} A_{ac} = k_{ac} x_{ac} + m_{ac} a_{ac} = k_{ac} x_{ac} + m_{ac} \frac{d^2 x_{ac}}{dt^2} \tag{5.90}$$

式中, m_{ac} 为蓄能器活塞和弹簧的有效质量; a_{ac} 为蓄能器活塞和弹簧的加速度。

将式(5.90)两端同时除以 A_{ac} 得

$$P_{ac} = \frac{1}{A_{ac}} \left(k_{ac} x_{ac} + m_{ac} \frac{d^2 x_{ac}}{dt^2} \right) \tag{5.91}$$

由式(5.91)可知, 非线性弹簧式蓄能器的压力与弹簧弹力、活塞和弹簧的惯性力的合力成正比, 与蓄能器活塞面积成反比。

2) 气压式蓄能器

气压式蓄能器用来消除压力脉动, 是构造恒压网络不可缺少的元件, 直接影响与压力有关的控制变量, 因此, 必须考虑蓄能器对整个系统的影响。

建模时, 连接管路本体视为气压式蓄能器的一部分。于是, 气压式蓄能器的基本方程为

$$P_1 - P_a = \frac{1}{A_a^2} \left(m_a \frac{dQ_a}{dt} + B_a Q_q \right) \tag{5.92}$$

式中, P_a 为蓄能器内气体压力; A_a 为折算到蓄能器油液腔的截面积; m_a 为折算到蓄能器蓄能腔的液体当量质量(包括管路、进油阀和油液腔三部分的当量质量); B_a 为折算到蓄能器的当量黏性阻尼系数; Q_q 为流入蓄能器的流量。

气压式蓄能器的流量连续方程为

$$Q_a = -\frac{dV_a}{dt} \tag{5.93}$$

式中, V_a 为蓄能器气腔容积(以气腔膨胀为正)。

由热力学玻意耳定律得

$$P_{a0} V_{a0}^n = P_a V_a^n \tag{5.94}$$

式中, P_{a0} 为调定压力下蓄能器的稳定工作点处气体的压力; V_{a0} 为调定压力下蓄能器的稳定工作点处的气腔容积; n 为气体的多变过程指数, 绝热过程取 1.4, 等温过程取 1。

将式(5.94)在工作点 P_{a0}、V_{a0} 附近泰勒展开, 并略去高阶项, 得

$$\frac{dP_a}{dt} = -\frac{nP_{a0}}{V_{a0}} \frac{dV_a}{dt} \tag{5.95}$$

将式(5.95)和式(5.93)代入式(5.92)中, 并进行拉普拉斯变换, 得

$$P_1 = \frac{nP_{a0}}{V_{a0} S} \left(\frac{S^2}{\omega_a^2} + \frac{2\xi_a}{\omega_a} S + 1 \right) Q_a \tag{5.96}$$

$$\omega_a = \sqrt{K_b / m_a} \tag{5.97}$$

$$K_b = nP_{a0}A_a^2 / V_{a0} \tag{5.98}$$

$$\xi_a = B_a / \left(2\sqrt{K_b m_a}\right) \tag{5.99}$$

式中，ω_a 为蓄能器固有频率；K_b 为蓄能器气体弹簧刚度；ξ_a 为蓄能器阻尼系数。

5.3.2　系统中常用蓄能器的仿真

图 5-26 是弹簧式蓄能器调节的液压系统，图 5-27 是气压式蓄能器调节的液压系统。

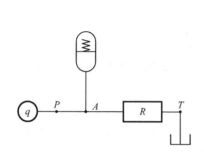

图 5-26　弹簧式蓄能器调节的液压系统

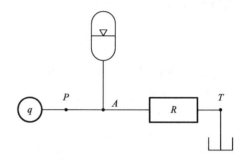

图 5-27　气压式蓄能器调节的液压系统

以线性弹簧式蓄能器、非线性弹簧式蓄能器、气压式蓄能器和无蓄能器调节的液压系统为例，对图 5-26 和图 5-27 所示的液压系统进行零状态、零输入响应和正弦交变输入的动态仿真，其仿真参数的设置如表 5-10～表 5-13 所示。

表 5-10　蓄能器调节的液压系统的基本仿真参数

参数	名称	数值	单位
ρ	液压油密度	850	kg/m^3
K	液压油体积模量	17000	bar
ν	液压油运动黏度	60	m^2/s
d_0	液压管路直径	20	mm
R	节流孔的层流液阻	1	bar/（L/min）

表 5-11　线性弹簧式蓄能器的仿真参数

参数	名称	数值	单位
d_{ls}	蓄能器活塞直径	100	mm
x_{ls}	蓄能器活塞行程	1000	mm
k_{ls}	蓄能器弹簧弹性系数	200	N/mm
F_{ls}	蓄能器弹簧预紧力	1000	N

表 5-12　非线性弹簧式蓄能器的仿真参数

参数	名称	数值	单位
d_{ns}	蓄能器活塞直径	100	mm

参数	名称	数值	单位
x_{ns}	蓄能器活塞行程	1000	mm
k_{ns}	蓄能器弹簧弹性系数	200	N/mm
F_{ns}	蓄能器弹簧预紧力	1000	N
m	蓄能器活塞和弹簧的有效质量	50	kg

表 5-13　气压式蓄能器的仿真参数

参数	名称	数值	单位
p_a	蓄能器预充气体压力	80	bar
V_a	蓄能器容积	7.85	L
n	多变指数	1.4	—

图 5-26 和图 5-27 中液压源输入流量的函数为 $q = \begin{cases} 0, t < 0 \\ 100, t \geqslant 0 \end{cases}$ 时，其各类蓄能器的零状态响应仿真结果如图 5-28 所示，其中 p_n 和 q_n 为无蓄能器条件下液压系统对应节点处的压力和流量。

在 0s 之前，液压源的输入流量为 0，液压系统中 A 点的压力为 0，A 点的流量为 0，各类蓄能器中液体的体积为 0。由图 5-28(a)、(b)、(e)、(f) 可知，当流量源 q 阶跃输出 100L/min 的流量时，各类蓄能器 A 点压力和流量的瞬态响应在 0s 处均表现为欠阻尼振荡的特征，而无蓄能器液压系统 A 点压力和流量的瞬态响应在 0s 处则表现为过阻尼的特征。由于蓄能器具有存储压力能的功能，当液压系统中的压力达到蓄能器的工作压力范围内时，蓄能器吸收液体的压力能转化为弹簧或气囊的弹性势能，从而减慢了液压系统中压力的上升速度，所以其瞬态响应的速度慢于无蓄能器液压系统。在 0s 和 30s 之间，液压系统的压力在各类蓄能器的作用下缓慢地向液压系统的压力上限的稳态值逼近，而无蓄能器液压系统的压力则以阶跃的形式瞬间达到稳态值。由于气压式蓄能器的最低工作压力为预充气体的压力，所以当 A 点压力低于 80bar 时，气压式蓄能器液压系统的压力和流量与无蓄能器液压系统的压力和流量完全一致。由图 5-28(d) 可知，在工作压力范围内，各类蓄能器体积-压力特性曲线的斜率基本上可以视为常值，但其在最低工作压力的邻域内表现出一定幅值的振荡特征。这种现象是

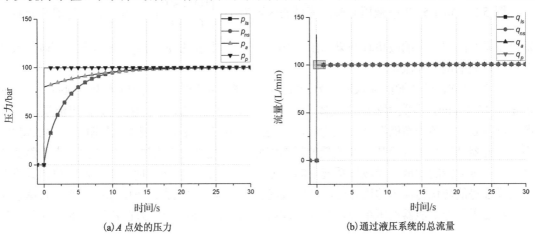

(a) A 点处的压力　　　　　　　　　　　　　(b) 通过液压系统的总流量

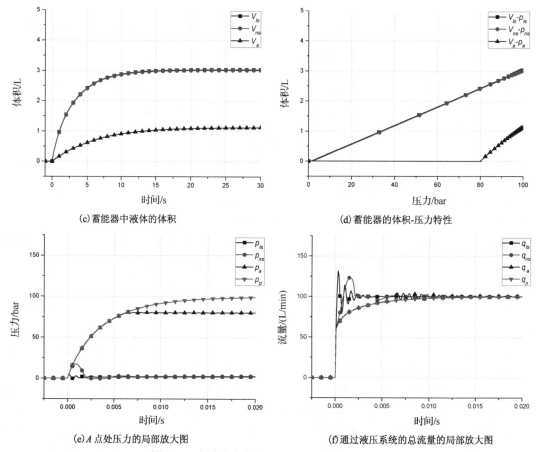

(c)蓄能器中液体的体积　　　　　　　　　　(d)蓄能器的体积-压力特性

(e)A点处压力的局部放大图　　　　　(f)通过液压系统的总流量的局部放大图

图 5-28　各类蓄能器的零状态响应仿真结果(1)

由蓄能器中储能元件的惯性造成的。当流量源 q 阶跃输出 100L/min 的流量时，液体充满液压系统，蓄能器吸收液体。由于蓄能器中的储能元件具有一定的质量，液体的一部分压力能先转化为储能元件的动能，然后储能元件的动能和弹性势能相互转化，产生较为剧烈的振动。由图 5-28(e)、(f)可知，蓄能器储能元件的质量越小，蓄能器的压力和流量的振动幅值越小，振动频率越高。

　　图 5-26 和图 5-27 中液压源输入流量的函数为 $q=\begin{cases}100, t<0\\0, t\geqslant0\end{cases}$ 时，其各类蓄能器和无蓄能器液压系统的零输入响应仿真结果如图 5-29 所示，其中 p_n 和 q_n 为无蓄能器条件下液压系统对应节点处的压力和流量。

　　在 0s 之前，液压源的输入流量为 100L/min，液压系统中 A 点的压力为 100bar，A 点的流量为 100L/min，各类蓄能器中液体的体积为 3L。由图 5-29(a)、(b)可知，当流量源 q 阶跃输出为 0 时，各类蓄能器 A 点压力和流量的瞬态响应在 0s 处均表现为欠阻尼振荡的特征，而无蓄能器液压系统 A 点压力和流量的瞬态响应在 0s 处则表现为过阻尼的特征。由于蓄能器具有存储压力能的功能，当液压系统中的压力低于蓄能器中的压力时，蓄能器释放弹簧或气囊的弹性势能转化为液体的压力能，从而减慢了液压系统中压力的下降速度，所以其瞬态响应的速度慢于无蓄能器液压系统。在 0s 和 4s 之间，液压系统的压力在各类蓄能器的作用下

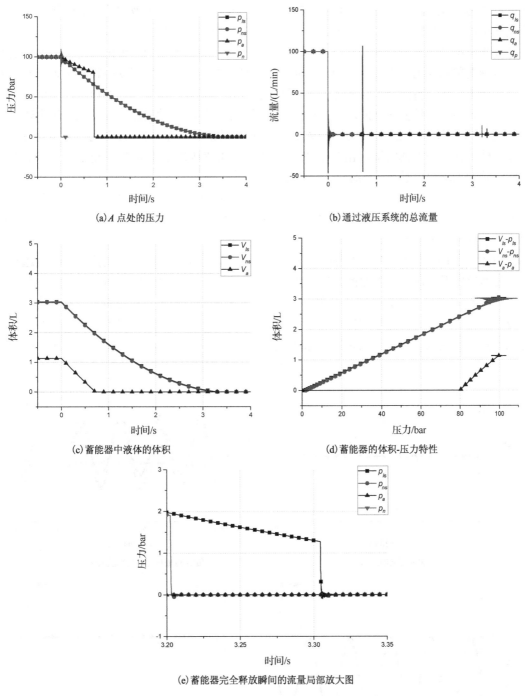

(a) A 点处的压力

(b) 通过液压系统的总流量

(c) 蓄能器中液体的体积

(d) 蓄能器的体积-压力特性

(e) 蓄能器完全释放瞬间的流量局部放大图

图 5-29　各类蓄能器的零输入响应仿真结果(2)

以缓慢速度衰减，直到液压管路中的压力低于蓄能器的工作压力时，蓄能器将压力能完全释放，液压的压力才以近似阶跃的形式下降至 0。而无蓄能器液压系统中的压力则在流量源 q 阶跃输出的瞬间就以阶跃的形式降低至 0。由于气压式蓄能器的最低工作压力为预充气体的压力，所以当 A 点压力低于 80bar 时，气压式蓄能器液压系统的压力和流量与无蓄能器液压系统的压力和流量完全一致。由图 5-29(c)可知，气压式蓄能器中液体体积的变化比弹簧式蓄能器小，结构更加紧凑。由图 5-29(d)可知，在工作压力范围内，各类蓄能器体积-压力特性曲线的斜率基本上可以视为常值，但其在最高工作压力的邻域内表现出一定幅值的振荡特征。这种现象同样也是由蓄能器中储能元件的惯性造成的。当流量源 q 阶跃输出为 0 时，液体充满液压系统，蓄能器吸收液体。由于蓄能器中的储能元件具有一定的质量，液体的一部分压力能先转化为储能元件的动能，然后储能元件的动能和弹性势能相互转化，产生较为剧烈的振动。同理，图 5-29(b)中 0s 处和 3.2～3.35s 内的流量和图 5-29(e)中压力的振动也是蓄能器中储能元件惯性的特征。由图 5-29(e)可知，蓄能器储能元件的质量越小，蓄能器的压力和流量的振动幅值越小，振动频率越高。

　　图 5-26 和图 5-27 中液压源输入流量的函数为 $q = 10\sin(20\pi t) + 100$ 时，其各类蓄能器和无蓄能器液压系统的动态仿真结果如图 5-30 所示，其中 p_n 和 q_n 为无蓄能器条件下液压系统对应节点处的压力和流量。

　　由图 5-30(a)可知，在各类蓄能器的调节作用下，液压系统的压力正弦波的幅值远小于无蓄能器液压系统压力正弦波的幅值，其压力基本上可以视为恒定值 100bar。由图 5-30(b)、(d)可知，当蓄能器储能元件的质量很小时，气压式蓄能器减轻压力脉动的能力比弹簧式蓄能器更好，而且气压式蓄能器的体积比弹簧式蓄能器小很多。弹簧式蓄能器的储能元件的质量越大，其惯性越大，蓄能器减轻压力脉动的能力越好。由图 5-30(c)可知，通过各类蓄能器

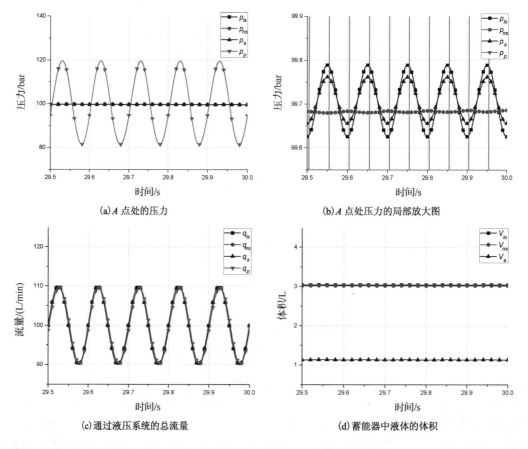

(a) A 点处的压力

(b) A 点处压力的局部放大图

(c) 通过液压系统的总流量

(d) 蓄能器中液体的体积

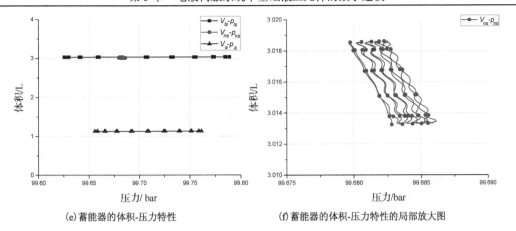

（e）蓄能器的体积-压力特性　　　　（f）蓄能器的体积-压力特性的局部放大图

图 5-30　各类蓄能器的动态仿真结果

液压系统的流量幅值与无蓄能器液压系统基本相等，但在蓄能器的调节作用下，其相位略超前于无蓄能器液压系统。由图 5-30（e）可知，体积-压力特性曲线的斜率基本上可以视为常值。由图 5-30（f）可知，非线性弹簧式蓄能器在正弦流量输入的作用下会产生幅值很小、频率很高的振动。这种现象是由蓄能器中储能元件的惯性和液体黏性之间的耦合造成的。因此，在耦合振动对液压系统影响较大的情况下，应避免使用弹簧质量较大的弹簧式蓄能器。

5.3.3　多蓄能器液压系统的仿真

多蓄能器液压系统主要由液压泵、蓄能器、伺服阀、液压缸和负载组成。为防止液压回路压力过高损害系统中的敏感元器件，系统采用电磁溢流阀来对压力进行控制。液压泵对蓄能器组进行充电，并向系统提供液压油源，液压油经过伺服阀到达液压缸，进而对负载产生作用，安装在液压回路中的位移传感器经过 PID 控制器实现对伺服阀流量的控制。多蓄能器液压回路原理图如图 5-31 所示。

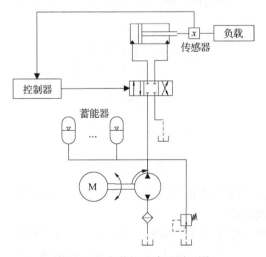

图 5-31　多蓄能器液压原理图

为了更好地理解多蓄能器液压系统的动态特性，下面建立液压系统数学模型。由于液压元件研究较早，相应的数学模型也比较完善，鉴于篇幅有限，本节忽略详细的建模过程，仅简要阐述液压泵、蓄能器的数学模型。选用气压式蓄能器，在理论分析过程中，可将蓄能器简化成弹簧阻尼系统，根据牛顿第二定律和流体力学基本方程，对液腔的油液进行受力分析，其平衡方程为

$$(p_2 - p_a)A = \frac{m\dfrac{d^2V_a}{dt^2} + B\dfrac{dV_a}{dt} + c\dfrac{dV_a}{dt} + k_1V_a}{A} \tag{5.100}$$

式中，p_a 为气腔压力；V_a 为气腔压力为 p_a 时气腔的体积；p_2 为油腔靠近进油口端的压力；A 为油腔的横截面积；B 为油腔中油液的阻尼系数；c 为气体阻尼系数；k_1 为气体弹簧的刚度系数；m 为油腔内油液质量。

根据玻意耳定律可知

$$p_0V_0^k = p_aV_a^k \tag{5.101}$$

对式 (5.101) 在点 (p_0, V_0) 处求导展开，略去高次项，整理得

$$\frac{dp_a}{dt} = -\frac{kp_0}{V_0}\frac{dV_a}{dt} \tag{5.102}$$

因为蓄能器流入油液的体积与气腔气体减少的体积相同，则有

$$q_2 = -\frac{dV_a}{dt} \tag{5.103}$$

于是有

$$\frac{dp_a}{dt} = \frac{kp_0}{V_0}q_2 \tag{5.104}$$

将以上各式代入力平衡方程，等式两边经拉普拉斯变换，整理得

$$G(s) = \frac{V_a(s)}{P_2(s)} = k_{a1}\frac{\omega_n^2}{s^2 + 2\xi\omega_n s + \omega_n^2} \tag{5.105}$$

$$k_{a1} = A^2 \Big/ \left(k_1 + \frac{kp_0A^2}{V_0}\right) \tag{5.106}$$

$$\omega_n = \sqrt{k_x/m} \tag{5.107}$$

$$k_x = \sqrt{k_1 + kp_0A^2/V_0} \tag{5.108}$$

$$\xi = (B+c)\big/2\sqrt{mk_x} \tag{5.109}$$

式中，k_{a1} 为增益系数；ω_n 为蓄能器的固有频率；k_x 为蓄能器模型的等效弹簧刚度系数；ξ 为蓄能器气腔和液腔的等效阻尼。

根据以上各数学模型及相关公式可得多蓄能器液压系统方框图，如图 5-32 所示。

液压元件数学模型的建立可以方便从深层次理解多蓄能器系统的动态特性，而软件仿真则更加直观地检验本节所建立模型的好坏，因此二者缺一不可。在 5.3.2 节介绍的基础上，本节采用 AMESim 软件建立多蓄能器液压系统仿真模型。大体积蓄能器加工制造比较困难，对

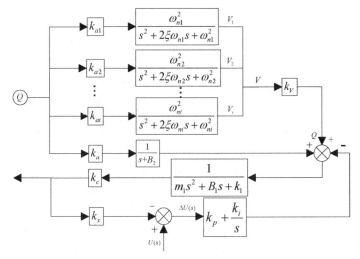

图 5-32　多蓄能器液压系统方框图

材料的性能要求也比较高，并且由于惯性的影响，蓄能器的时间常数与液容正相关，而液容又随着蓄能器体积的增大而增大[1]。本节选取 1 个 40L 的大体积蓄能器、4 个 10L 蓄能器构成的蓄能器组(一)和 5 个 8L 蓄能器构成的蓄能器组(二)液压系统进行仿真分析。因为液压元件大多被标准化、系列化，只需要在 AMESim 元件库中进行选取。相应的蓄能器组(一)液压系统仿真模型如图 5-33 所示。

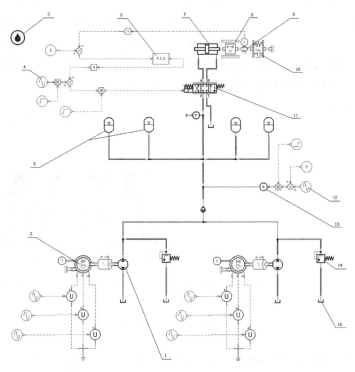

图 5-33　蓄能器组(一)液压系统仿真模型

1-液压泵；2-三相异步电动机；3-蓄能器组；4-位移控制信号；5-液压油；6- PID 控制器；7-液压缸；8-等效质量；9-位移传感器；10-负载等效弹簧阻尼系统；11-伺服阀；12-干扰信号；13-流量脉动源；14-安全阀；15-油箱

　　液压泵 1 在三相异步电动机 2 的带动下向液压系统回路提供液压油；液压油经单向阀、伺服阀 11 进入负载液压缸 7，在位移传感器 9 和 PID 控制器的控制下，实现对负载的加载；当负载所需流量小于液压泵提供的能量时，蓄能器组 3 充压，当负载所需流量大于液压泵提供的能量时，蓄能器组和液压泵共同为负载提供能量，来保证负载正常工作；干扰系统在控制信号作用下按设定时间开始工作，通过干扰信号 12 控制流量脉动源 13 对系统流量脉动进行引入；安全阀 14 在系统压力增加时工作，防止因压力过大而引起的爆管等安全事故。AMESim 仿真时各主要参数如表 5-14 所示。

表 5-14　液压回路各部分主要参数

名称	参数	名称	参数
电动机转速	1000r/min	液压泵排量	150cm^3/r
油液密度	850kg/m^3	运动黏度	45.88cSt
蓄能器体积	10L	出口直径	5mm
蓄能器预压	100bar	流速因子	0.7
KP（PID）	30	KI（PID）	0.0001
预设位移	5mm	安全阀压力	200bar

　　设定仿真时间为 50s，步长为 0.001s。0s 时，伺服阀处于中位，电动机带动液压泵空载启动，液压油经单向阀向蓄能器组及液压回路供油；3s 后伺服阀打开，在 PID 控制器的控制下，液压缸活塞迅速稳定到预设位移（5mm）处；10s 时通过控制伺服阀对负载进行不同频率（0.5Hz、1Hz、2Hz、3Hz、4Hz、5Hz）的位移加载，液压缸活塞带动负载在预设位移附近做不同频率的正弦运动。负载位移随时间变化曲线如图 5-34 所示。由于频率较高将影响曲线的观察效果，故图 5-34 只给出了 0～20s 内 0.5Hz 和 3Hz 的位移曲线。图 5-34 的位移曲线表明，该蓄能器组液压系统能很好地实现不同频率的位移加载。

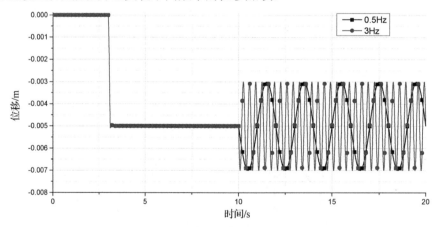

图 5-34　负载位移随时间变化曲线

　　在其他条件不变的情况下，运用 AMESim 的频域分析功能，研究单蓄能器和不同蓄能器组液压系统中压力的频率响应。图 5-35 为单蓄能器、4 个 10L 蓄能器构成的蓄能器组一和 5 个 8L 蓄能器构成的蓄能器组二液压系统的频率响应曲线。

　　图 5-35（a）中，蓄能器组（一）的幅值比略大于蓄能器组（二），但两者明显大于单蓄能

器的幅值比；图 5-35(b)中，单蓄能器和蓄能器组(一)的相位差变化类似，并且小于蓄能器组(二)的相位差。图 5-35 表明：在蓄能器总体积相同的情况下，蓄能器个数在一定程度上影响着系统的动态特性，但并不是蓄能器的数目越多越好，因此应根据实际情况合理选择蓄能器的个数。

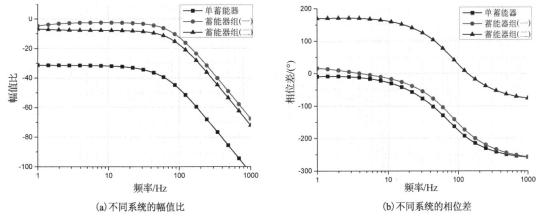

(a)不同系统的幅值比　　　　　　　　　　(b)不同系统的相位差

图 5-35　频率响应曲线

由图 5-35 可知，蓄能器组(一)液压系统性能明显优于蓄能器组(二)液压系统，因此下面将对比研究单蓄能器和蓄能器组(一)的动态特性。

在位移输入信号频率为 1Hz、幅值为 2mm 的条件下，单蓄能器和蓄能器组(一)的压力变化曲线如图 5-36 所示。

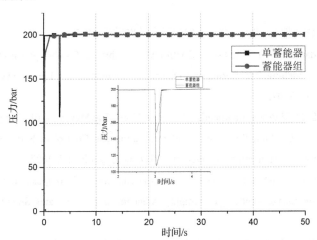

图 5-36　单蓄能器与蓄能器(一)的压力变化曲线

仿真进行到 3s 时，伺服阀开启，负载液压缸需要瞬间大流量的供应，此时液压泵排量无法满足负载对能源的需求，因此压力都降低。从图 5-36 中的曲线对比可以看出，单蓄能器的压力从 200bar 下降到 109bar；蓄能器组(一)的压力从 200bar 下降到 149bar，相比之下，蓄能器组(一)能提供较大的瞬间流量，从而使系统压力波动较小。

在以上分析的基础上，进一步研究单蓄能器和蓄能器组(一)对流量脉动的动态响应情况。在其他条件不变的情况下,实验进行15s时,对两系统施加频率为1Hz、流量幅值为30L/min的正弦干扰信号,系统压力变化如图5-37所示。为了更好地观察干扰信号对系统压力的影响,图5-37仅给出15～25s时的系统压力曲线。从图5-37可以看出,在干扰信号作用下,单蓄能器最高压力达到220bar,最低压力为198bar;而蓄能器组(一)最高压力为205bar,最低压力为198bar。因此,蓄能器组(一)对外界干扰具有更好地吸收削弱作用。

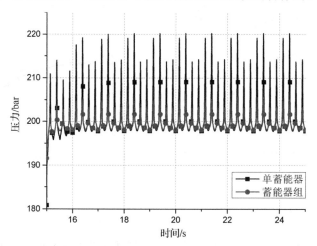

图 5-37　单蓄能器与蓄能器组(一)的动态响应曲线

参 考 文 献

[1]　王占林. 液压伺服控制[M]. 北京: 北京航空航天大学出版社, 1987.

[2]　WATTON, J. Fundamentals of Fluid Power Control[M]. Cambridge: Cambridge University Press, 2009.

[3]　WATTON, John. Modelling, Monitoring and Diagnostic Techniques for Fluid Power Systems[M]. London: Springer London Ltd., 2007.

[4]　M GALAL RABIE. Fluid Power Engineering[M]. New York: The McGraw-Hill Companies, Inc., 2009.

[5]　HASSAN YOUSEFI. On Modelling, System Identifi cation and Control of Servo-Systems with a Flexible Load[M]. Lappeenranta: Lappeenranta University of Technology, Finland, 2007.

[6]　ZHANG M, JIANG Z, FENG K. Research on variational mode decomposition in rolling bearings fault diagnosis of the multistage centrifugal pump[J]. Mechanical Systems and Signal Processing, 2017, 93: 460-493.

[7]　INAGUMA Y, HIBIA. Vane pump theory for mechanical efficiency[J]. Proceedings of the Institution of Mechanical Engineers, Part C: Journal of Mechanical Engineering Science, 2005, 219(11): 1269-1278.

[8]　YE S,ZHANG JH, XU B, ZHU SQ,XIANG JW, TANG HS. Theoretical investigation of the contributions of the excitation forces to the vibration of an axial piston pump[J].Mechanical Systems and Signal Processing, 2019, 129: 201-217.

[9]　YAO JY, JIAO ZX, MA DW, YANL. High-Accuracy Tracking Control of Hydraulic Rotary Actuators With Modeling Uncertainties[J]. IEEE-ASME Transactions on Mechatronics, 2014, 19(2): 633-641.

[10]　YAO JY, DENG WX, JIAO ZX. Adaptive Control of Hydraulic Actuators With LuGre Model-Based Friction

Compensation[J]. IEEE Transactions on Industrial Electronics, 2015, 62 (10): 6469-6477.

[11]　NA J, LI YP, HUANGYB, GAOGB, CHEN Q.Output Feedback Control of Uncertain Hydraulic Servo Systems[J]. IEEE Transactions on Industrial Electronics, 2020, 67 (1): 490-500.

[12]　LIN TL, CHENQ, REN HL, MIAO C, CHEN QH, FU SJ.Influence of the energy regeneration unit on pressure characteristics for a proportional relief valve[J]. Proceedings of the Institution of Mechanical Engineers, Part I: Journal of Systems and Control Engineering, 2017, 231 (3): 189-198.

[13]　LAI Y S. Performance of asafety relief valve under back pressure conditions[J].Journal of Loss Prevention in the Process Industries, 1992, 5 (1): 55-59.

[14]　MAMCIC S, BOGDEVICIUS M. Simulation of dynamic processes in hydraulic accumulators[J]. Transport, 2010, 25 (2): 215-221.

第6章 典型电液伺服系统的数学建模

6.1 典型电液伺服系统的结构

典型电液伺服系统的基本回路如图 6-1 所示，输出由一个反馈传感器检测，将其转换成电信号。将该反馈信号与命令信号进行比较，由此产生的误差信号被控制器和驱动放大器放大，然后用作伺服阀的输入控制信号[1-2]。伺服阀根据来自驱动器的驱动电流比例控制流向液压缸或液压马达的流体，驱动负载移动[3-6]。当命令信号的变化产生误差时，该误差会导致负载朝着将误差归零的方向移动[7-8]。如果驱动放大器的增益很高，输出将迅速而准确地随指令信号变化。若外部干扰(力或扭矩)可导致负载移动而不改变命令信号，为了抵消干扰影响，需要朝相反方向移动负载。为了提供这种相反的输出，就需要有限的误差信号。驱动放大器的增益较高，则所需误差信号的幅度较小。理想情况下，驱动放大器增益设置得足够高，以至于伺服的精度仅取决于传感器本身的精度。电液伺服系统常见的类型有位置伺服(直线移动或转动)、速度或加速度伺服和力或扭矩伺服。

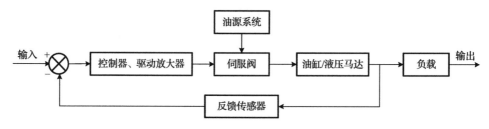

图 6-1 典型电液伺服系统的基本回路

伺服阀是电液伺服系统的核心，它的级数也可大致分为单级、两级或三级。单级伺服阀由一个转矩电机或一个直线力电机组成，直接连接用于定位阀芯。由于转矩或力电机的功率能力有限，这反过来又限制了单级伺服阀的液压功率能力。在某些应用中，单级伺服阀也可能会导致稳定性问题，如作用在滑阀上的流动力接近电磁力时，会出现这种情况。两级伺服阀是最常见的一种伺服阀，一般喷嘴/射流先导作为第一级，滑动滑阀作为第二级。扭矩马达中的电流使第二级滑阀按比例移动。先导级中的挡板连接到电枢的中心并向下延伸，喷嘴之间挡板运动引起的压差施加在主滑阀的端部。当力矩马达的电流在电枢上产生顺时针或逆时针转矩时，这个扭矩使两个喷嘴之间的挡板发生移动。喷嘴流量差使滑阀向右或向左移动，滑阀继续移动，直到反馈扭矩抵消电磁扭矩。此时，挡板返回中心，阀芯停止并保持位移，直到输入新的电流。三级伺服阀是在二阶伺服阀基础上再加一级滑动滑阀，实现更大流量的输出，工作原理类似。

6.2　伺服阀控伺服缸系统

6.2.1　伺服阀控单输出伺服缸系统

图 6-2 为伺服阀控单输出伺服缸系统的原理图，系统由伺服阀、伺服缸、位移传感器、力传感器和放大器等组成。伺服缸只有一个输出杆，意味着伺服缸活塞两侧面积不相等。在假定系统压力维持恒定、油箱压力为零的前提下，可以建立如下数学模型。

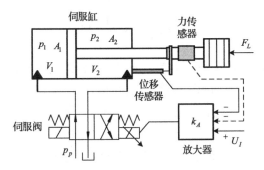

图 6-2　伺服阀控单输出伺服缸系统的原理图

当阀芯运动方向为正时，伺服缸向右运动，可得流量方程为

$$q_1 = C_d w x_v \sqrt{\frac{2(p_p - p_1)}{\rho}} \tag{6.1}$$

$$q_2 = C_d w x_v \sqrt{\frac{2p_2}{\rho}} \tag{6.2}$$

式中，q_1 为流入伺服缸左腔的流量；q_2 为流出伺服缸右腔的流量；p_p 为系统供油压力；p_1 为电液伺服缸左腔油液的压力；p_2 为电液伺服缸右腔油液的压力；C_d 为电液伺服阀的流量系数；w 为电液伺服阀阀口处的宽度；ρ 为液压油的密度；$-x_v$ 为电液伺服阀的阀芯位移。

根据式 (6.1) 和式 (6.2)，可以得到伺服阀的流量增益为

$$k_{qx1} = C_d w \sqrt{\frac{2(p_p - p_{10})}{\rho}} \tag{6.3}$$

$$k_{qx2} = C_d w \sqrt{\frac{2p_{20}}{\rho}} \tag{6.4}$$

式中，k_{qx1} 为电液伺服阀左边的流量增益；k_{qx2} 为电液伺服阀右边的流量增益。

$$k_{qp1} = \frac{C_d w x_{v0}}{\sqrt{2\rho(p_p - p_{10})}} \tag{6.5}$$

$$k_{qp2} = \frac{C_d w x_{v0}}{\sqrt{2\rho p_{20}}} \tag{6.6}$$

式中，k_{qp1} 为电液伺服阀左边的流压系数；k_{qp2} 为电液伺服阀右边的流压系数。这样流量方程可以表示为

$$\Delta Q_1 = k_{qx1}\Delta X_v - k_{qp1}\Delta P_1 \tag{6.7}$$

$$\Delta Q_2 = k_{qx2}\Delta X_v + k_{qp2}\Delta P_2 \tag{6.8}$$

如果不考虑系统泄漏，则流量的变化还可以用伺服缸等效体积和活塞面积来表示。

$$\Delta Q_1 = A_1\Delta X_t s + \frac{V_1}{\beta_e}\Delta P_1 s \tag{6.9}$$

$$\Delta Q_2 = A_2\Delta X_t s - \frac{V_2}{\beta_e}\Delta P_2 s \tag{6.10}$$

式中，A_1 为伺服缸左腔活塞的面积；A_2 为伺服缸右腔活塞的面积；V_1 为伺服缸左腔的体积；V_2 为伺服缸右腔的体积；X_t 为伺服缸输出杆的位移。这样得到

$$k_{qx1}\Delta X_v - k_{qp1}\Delta P_1 = A_1\Delta X_t s + \frac{V_1}{\beta_e}\Delta P_1 s \tag{6.11}$$

$$k_{qx2}\Delta X_v + k_{qp2}\Delta P_2 = A_2\Delta X_t s - \frac{V_2}{\beta_e}\Delta P_2 s \tag{6.12}$$

伺服缸受力平衡方程可以表示为

$$A_1\Delta P_1 - A_2\Delta P_2 = m_t\Delta X_t s^2 + B_t\Delta X_t s + \Delta F_L \tag{6.13}$$

根据前面所提，一个位移闭环系统的电液伺服阀可以用一阶或二阶系统来表示，可得到

$$\frac{\Delta X_v}{k_A G_{sv}(s)} = U_I - k_d\Delta X_t \tag{6.14}$$

式中，U_I 为伺服阀的输入电压；k_A 为放大器增益；k_d 为位移传感器增益；G_{sv} 为伺服阀等价传递函数。

在位移闭环的前提下，最终得到伺服阀控单输出伺服缸的控制方框图如图 6-3 所示。

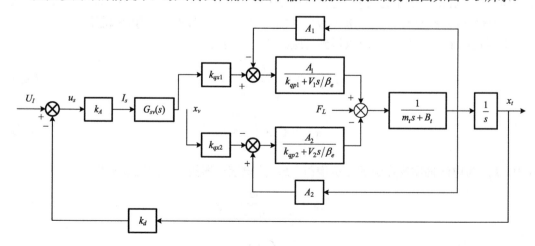

图 6-3　伺服阀控单输出伺服缸的控制方框图

6.2.2　伺服阀控双输出伺服缸系统

图 6-4 为伺服阀控双输出伺服缸系统的原理图，系统由伺服阀、伺服缸、位移传感器、力传感器和放大器等组成。伺服缸有两个输出杆，意味着伺服缸活塞两侧面积相等。在假定系统压力维持恒定、油箱压力为零的前提下，同样可以建立如下数学模型。

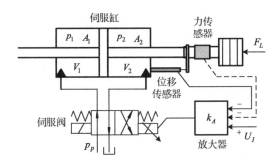

图 6-4　伺服阀控双输出伺服缸系统的原理图

对于对称伺服缸，伺服阀的流量方程可以表示为

$$q_L = C_d w x_v \sqrt{\frac{(p_p - p_1 + p_2)}{\rho}} \tag{6.15}$$

式中，q_L 为伺服阀的流量。

根据式(6.15)，可以得到伺服阀的流量增益为

$$k_{qx} = C_d w \sqrt{\frac{(p_p - p_{10} + p_{20})}{\rho}} \tag{6.16}$$

式中，k_{qx} 为电液伺服阀的流量增益。

$$k_{qp} = \frac{C_d w x_{v0}}{2\sqrt{\rho(p_p - p_{10} + p_{20})}} \tag{6.17}$$

式中，k_{qp} 为电液伺服阀的流压系数。这样流量方程可以表示为

$$\Delta Q_L = k_{qx} \Delta X_v - k_{qp}(\Delta P_1 - \Delta P_2) \tag{6.18}$$

如果不考虑系统泄漏，则流量的变化还可以用伺服缸等效体积和活塞面积来表示。

$$\Delta Q_1 - C_p(\Delta P_1 - \Delta P_2) = A_1 \Delta X_t s + \frac{V_1}{\beta_e} \Delta P_1 s \tag{6.19}$$

$$\Delta Q_2 - C_p(\Delta P_1 - \Delta P_2) = A_2 \Delta X_t s - \frac{V_2}{\beta_e} \Delta P_2 s \tag{6.20}$$

将式(6.19)和式(6.20)相加得

$$(\Delta Q_1 + \Delta Q_2) - 2C_p(\Delta P_1 - \Delta P_2) = (A_1 + A_2)\Delta X_t s + \frac{V_1}{\beta_e}(\Delta P_1 - \Delta P_2)s \tag{6.21}$$

$$2\Delta Q_L = \Delta Q_1 + \Delta Q_2 \tag{6.22}$$

$$\Delta P_L = \Delta P_1 - \Delta P_2 \tag{6.23}$$

$$2A_L = A_1 + A_2 \tag{6.24}$$

$$V_L = 2V_1 = 2V_2 \tag{6.25}$$

利用式(6.22)～式(6.25)，进一步化简式(6.21)得

$$\Delta Q_L - C_p \Delta P_L = A_L \Delta X_t s + \frac{V_L}{4\beta_e} \Delta P_L s \tag{6.26}$$

由式(6.18)和式(6.26)得

$$k_{qx} \Delta X_v - k_{qp}(\Delta P_1 - \Delta P_2) - C_p \Delta P_L = A_L \Delta X_t s + \frac{V_L}{4\beta_e} \Delta P_L s \tag{6.27}$$

$$k_{qx} \Delta X_v = A_L \Delta X_t s + \left(k_{qp} + C_p + \frac{V_L}{4\beta_e} s \right) \Delta P_L \tag{6.28}$$

伺服缸受力平衡方程可以表示为

$$A_L \Delta P_L = m_t \Delta X_t s^2 + B_t \Delta X_t s + \Delta F_L \tag{6.29}$$

同样，一个位移闭环系统的电液伺服阀可以用一阶或二阶系统来表示，即式(6.14)。

在位移闭环的前提下，最终得到伺服阀控双输出伺服缸的控制方框图如图 6-5 所示。

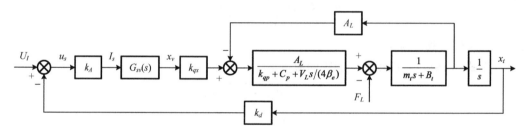

图 6-5　伺服阀控双输出伺服缸的控制方框图

6.3　伺服阀控液压马达系统

图 6-6 为伺服阀控液压马达系统的原理图，系统由伺服阀、液压马达、转角传感器、扭矩传感器和放大器等组成。液压马达作为执行元件，可以双向旋转。在假定系统压力维持恒定，油箱压力为零的前提下，同样可以建立如下系统数学模型。

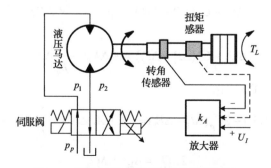

图 6-6　伺服阀控液压马达系统的原理图

如果不考虑系统泄漏，流量的变化可以用液压马达等效体积和活塞面积来表示。

$$\Delta Q_1 - C_p(\Delta P_1 - \Delta P_2) = D_m \Delta \theta_m s + \frac{V_1}{\beta_e} \Delta P_1 s \tag{6.30}$$

$$\Delta Q_2 - C_p(\Delta P_1 - \Delta P_2) = D_m \Delta \theta_m s - \frac{V_2}{\beta_e} \Delta P_2 s \tag{6.31}$$

式中，D_m 为液压马达的排量；V_1 为液压马达入口等效体积；V_2 为液压马达出口等效体积；$\Delta \theta_m$ 为伺服缸输出杆的位移。

将式(6.30)和式(6.31)相加得

$$(\Delta Q_1 + \Delta Q_2) - 2C_p(\Delta P_1 - \Delta P_2) = 2D_m \Delta \theta_m s + \frac{V_1}{\beta_e}(\Delta P_1 - \Delta P_2)s \tag{6.32}$$

利用式(6.22)、式(6.23)、式(6.25)，进一步化简式(6.32)得

$$\Delta Q_L - C_p \Delta P_L = D_m \Delta \theta_m s + \frac{V_L}{4\beta_e} \Delta P_L s \tag{6.33}$$

由式(6.18)和式(6.33)得

$$k_{qx} \Delta X_v - k_{qp}(\Delta P_1 - \Delta P_2) - C_p \Delta P_L = D_m \Delta \theta_m s + \frac{V_L}{4\beta_e} \Delta P_L s \tag{6.34}$$

$$k_{qx} \Delta X_v = D_m \Delta \theta_m s + \left(k_{qp} + C_p + \frac{V_L}{4\beta_e}s \right) \Delta P_L \tag{6.35}$$

液压马达受力平衡方程可以表示为

$$D_m \Delta P_L = J_m \Delta \theta_m s^2 + B_m \Delta \theta_m s + \Delta T_L \tag{6.36}$$

同样，一个位移闭环系统的电液伺服阀可以用一阶或二阶系统来表示，即式(6.14)。

在转角闭环的前提下，最终得到伺服阀控液压马达的控制方框图如图 6-7 所示。

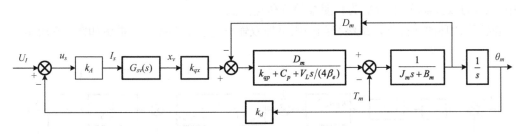

图 6-7　伺服阀控液压马达的控制方框图

6.4　伺服泵控双输出伺服缸系统

图 6-8 为伺服泵控双输出伺服缸系统的原理图，系统由伺服泵、伺服缸、位移传感器、力传感器和放大器等组成。伺服缸有两个输出杆，意味着伺服缸活塞两侧面积相等。在假定系统补油压力维持恒定的前提下，同样可以建立如下系统数学模型。

对于伺服泵，其流量方程可以表示为

$$\Delta Q_{pL} = \frac{k_{dp} n_p D_p \Delta\theta_p}{2\pi} \tag{6.37}$$

式中，Q_{pL} 为伺服泵的流量；k_{dp} 为伺服泵的增益；D_p 为伺服泵的排量；n_p 为伺服泵的转速；θ_p 为伺服泵斜盘的转角。

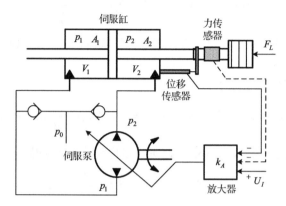

图 6-8　伺服泵控双输出伺服缸系统的原理图

考虑系统泄漏，则总的流量平衡方程为

$$\frac{k_{dp} n_p D_p \Delta\theta_p}{2\pi} - C_{pp}\Delta P_L - C_p\Delta P_L = A_L \Delta X_t s + \frac{V_L}{4\beta_e}\Delta P_L s \tag{6.38}$$

根据牛顿第二定律，伺服缸受力平衡方程可以表示为

$$A_L \Delta P_L = m_t \Delta X_t s^2 + B_t \Delta X_t s + \Delta F_L \tag{6.39}$$

同样，伺服泵输入电压和输出位移的关系可以用一阶或二阶系统来表示，可得到

$$\frac{\Delta\theta_p}{k_{pA} G_{sp}(s)} = U_I - k_d \Delta X_t \tag{6.40}$$

式中，k_{pA} 为放大器增益；G_{sp} 为伺服泵等价传递函数。

在位移闭环的前提下，最终得到伺服泵控双输出伺服缸的控制方框图如图 6-9 所示。

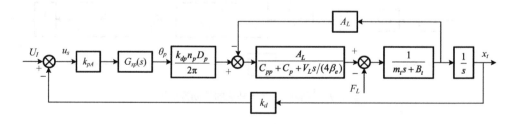

图 6-9　伺服泵控双输出伺服缸的控制方框图

6.5　伺服泵控液压马达系统

图 6-10 为伺服泵控液压马达系统的原理图，系统由伺服泵、液压马达、转角传感器、扭

矩传感器和放大器等组成。液压马达作为执行元件，可以双向旋转。伺服泵控液压马达系统属于典型的闭式静液压传动，其效率更高，主回路中设有泄漏补偿的回路。伺服泵排量控制器的响应相对较慢，限制了其在高性能系统中的应用。假定系统补油压力维持恒定，同样可以建立如下数学模型。

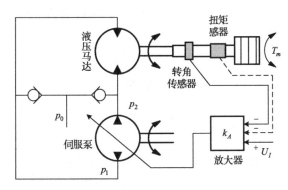

图 6-10　伺服泵控液压马达系统的原理图

考虑系统泄漏，则总的流量平衡方程为

$$\frac{k_{dp}n_p D_p \Delta\theta_p}{2\pi} - C_{pp}\Delta P_L - C_{pm}\Delta P_L = D_m \Delta\theta_m s + \frac{V_L}{4\beta_e}\Delta P_L s \tag{6.41}$$

式中，ΔP_L 为 p_1-p_2；p_1 为液压马达入口的高压力；p_2 为液压马达出口的低压力；C_{pp} 为伺服泵的流量系数；C_{pm} 为液压马达的流量系数；D_m 为液压马达的排量。

根据牛顿第二定律，得到液压马达受力平衡方程为

$$D_m \Delta P_L = J_m \Delta\theta_m s^2 + B_m \Delta\theta_m s + \Delta T_m \tag{6.42}$$

式中，J_m 为液压马达的等效转动惯量；B_m 为液压马达的粘性系数；$\Delta\theta_m$ 为液压马达的输出转角；ΔT_m 为液压马达的负载扭矩。

同样，伺服泵输入电压和输出转角的关系可以用一阶或二阶系统来表示，即

$$\frac{\Delta\theta_p}{k_{pA}G_{sp}(s)} = U_I - k_{m\theta}\Delta\theta_m \tag{6.43}$$

式中，$k_{m\theta}$ 为转角传感器增益。

在转角闭环的前提下，最终得到伺服泵控液压马达的控制方框图如图 6-11 所示。

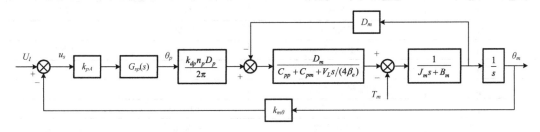

图 6-11　伺服泵控液压马达的控制方框图

6.6　伺服阀控双输出伺服缸系统的仿真分析

本节以伺服阀控双输出伺服缸为例，简要介绍一下电液伺服系统的仿真。系统原理图如图 6-4 所示，系统控制方框图如图 6-5 所示。将外负载 F_L 前移，并定义谐振频率和阻尼比分别用 ω_n 和 ξ_n 表示，可得

$$\omega_n = \sqrt{\frac{4\beta_e A_L^2}{m_t V_L}} \tag{6.44}$$

$$\xi_n = \frac{k_{qp}+C_p}{A_L}\sqrt{\frac{\beta_e m_t}{V_L}} + \frac{B_t}{4A_L}\sqrt{\frac{V_L}{\beta_e m_t}} \tag{6.45}$$

这样系统控制方框可化简为如图 6-12 所示的形式，伺服阀采用一阶系统。

$$G_{sv}(s) = \frac{k_{sv}}{\tau_{sv}s+1} \tag{6.46}$$

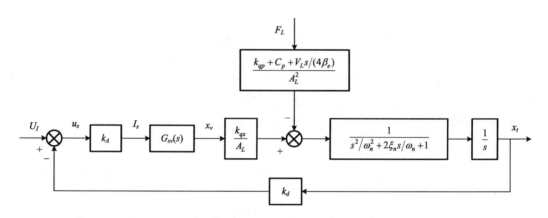

图 6-12　阀控双输出伺服缸的控制方框图

伺服阀控双输出伺服缸的仿真参数如表 6-1 所示，利用这些数据可以建立实际的数学模型。

表 6-1　伺服阀控双输出伺服缸的仿真参数

参数	名称	数值	单位
τ_{sv}	伺服阀的时间常数	0.006	s
k_{sv}	伺服阀的增益	1	无量纲
k_A	伺服阀放大器增益	0.003	A/V
k_{qx}	伺服阀的流量增益	1	m²/s
A_L	液压缸的活塞面积	0.00175	m²
$k_{qx}+C_p$	总流压系数	0.9×10^{-11}	m⁵/(N·s)
V_L	液压缸受压总体积	0.0012	m³
β_e	液压油弹性模量	10^9	Pa

续表

参数	名称	数值	单位
k_d	位移传感器增益	40	V/m
m_t	传动部分等效质量	250	kg

伺服阀控双输出伺服缸系统的开环伯德图如图 6-13 所示,伺服阀控双输出伺服缸系统的闭环伯德图如图 6-14 所示。对比幅值比图可以发现,闭环系统的带宽要远远高于开环系统。与此同时,开环和闭环相位图也有很大的不同。

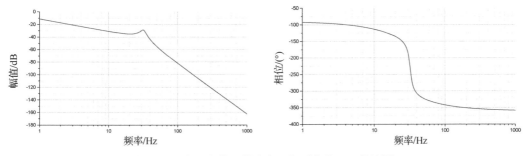

图 6-13 伺服阀控双输出伺服缸系统的开环伯德图

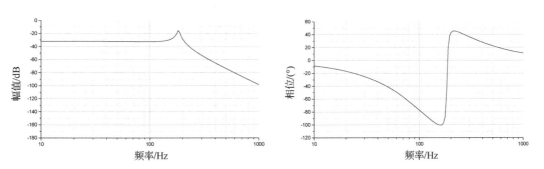

图 6-14 伺服阀控双输出伺服缸系统的闭环伯德图

参 考 文 献

[1] WU S, JIAO Z X, YAN L, DONG W H. A High Flow Rate and Fast Response Electrohydraulic Servo Valve Based on a New Spiral Groove Hydraulic Pilot Stage[J]. Journal of Dynamic Systems Measurement and Control-Transactions of the Asme, 2015, 137(6): 061010.

[2] FAN Y Q, SHAO J P, SUN G T. Optimized PID Controller Based on Beetle Antennae Search Algorithm for Electro-Hydraulic Position Servo Control System[J]. Sensors, 2019, 19(12): 2727.

[3] JIANG L, ZHU Z C, LIU H H, ZHU J Y. Analysis of Dynamic Characteristics of Water Hydraulic Rotating Angle Self-Servo Robot Joint Actuator[J]. Journal of Intelligent & Robotic Systems, 2018, 92(2): 279-291.

[4] BAI Y H, QUAN L. Improving electro-hydraulic system performance by double-valve actuation[J]. Transactions of the Canadian Society for Mechanical Engineering, 2016, 40(3): 289-301.

[5] YAO J Y, DENG W X. Active Disturbance Rejection Adaptive Control of Hydraulic Servo Systems[J]. IEEE

Transactions on Industrial Electronics, 2017, 64(10): 8023-8032.

[6]　YAO J Y, JIAO Z X, MA D W. Extended-State-Observer-Based Output Feedback Nonlinear Robust Control of Hydraulic Systems With Backstepping[J]. IEEE Transactions on Industrial Electronics, 2014, 61(11): 6285-6293.

[7]　PARR A. Hydraulics and Pneumatics: A Technician's and Engineer's Guide Third edition[M]. Oxford: Butterworth-Heinemann Elsevier Ltd. , 2011.

[8]　王占林. 液压伺服控制[M]. 北京: 北京航空学院出版社, 1987.

第7章　电液伺服系统的典型非线性环节

在理想情况下，电液伺服系统可以用线性的微分方程来表示，满足线性系统的比例特性、叠加特性、微分特性、积分特性、时不变特性和频率保持性[1-2]。利用扫频法和脉冲输入法可以辨识系统的参数，通过求解微分方程可以预测系统的稳定性和动态响应。实际电液伺服系统或多或少地都具有某些非线性特征，如饱和非线性、摩擦非线性、间隙非线性、负载非线性等。可以采用线性化手段简化非线性环节或利用小的输入信号来完成系统的分析，然而在高精度的控制场合，不能忽视非线性问题。从本章开始，着重探讨电液伺服系统中非线性的补偿控制。

非线性环节会导致如下现象：①输入一个阶跃信号，输出会产生一定幅值和频率的激振；②输入一个正弦信号，输出在幅值上会产生不连续的跳变；③输入一个正弦信号，输出可能会以正弦信号频率整数倍的频率振荡；④输入一个正弦信号，输出可能会以正弦信号频率 $1/n$ 倍的频率振荡；⑤输入一个正弦信号，输出可能会以未知的频率振荡。

7.1　饱和非线性

在电液伺服系统中，饱和非线性是最常见的非线性环节。例如，当电液伺服阀的输入电流(或电压)超过额定值时，将表现出饱和的状态。饱和非线性最大的缺点为：如果饱和点设定值过小，会使得系统的快速性和稳态跟踪精度有所下降。饱和非线性也有一些优点，例如，饱和非线性使得系统开环增益下降，有利于系统动态响应的平稳性；一般带有饱和非线性的系统具有收敛特性，系统更容易稳定，最糟糕的情况是自激振动，但不会造成失控的状态。

7.1.1　饱和非线性的数学表达式

以喷嘴挡板电液伺服阀为例说明饱和非线性的特征，伺服阀饱和非线性的示意图如图 7-1 所示。在额定电流范围内，输入电流和阀芯位移可以看成一个比例的关系。当输入电流从 0 开始逐渐增加时，阀芯位移表现为线性增大，当输入电流超过额定电流 I_{max} 时，阀芯位移不再发生变化，反之亦然。伺服阀的饱和非线性可以用下列数学关系式表示。

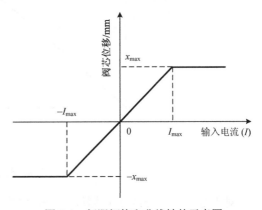

图 7-1　伺服阀饱和非线性的示意图

$$x_v = \begin{cases} k_c i_c, & |i_c| < I_{max} \\ \dfrac{i_c}{|i_c|}|x_{v\max}|, & |i_c| \geqslant I_{max} \end{cases} \tag{7.1}$$

式中，x_v 为伺服阀阀芯位移；$x_{v\max}$ 为伺服阀阀芯的最大位移；k_c 为比例增益；i_c 为力矩马达的控制电流。

7.1.2　饱和非线性的特性分析

当输入信号为 $i_c = I_{ic}\sin(\omega t)$ 时，伺服阀阀芯位移输出 x_v 可以表示为

$$x_v = \begin{cases} k_c I_{ic}\sin(\omega t), & |I_{ic}\sin(\omega t)| < I_{\max} \\ \dfrac{\sin(\omega t)}{|\sin(\omega t)|}|x_{v\max}|, & |I_{ic}\sin(\omega t)| \geq I_{\max} \end{cases} \tag{7.2}$$

$$I_{ic} \geq I_{\max} \tag{7.3}$$

式中，I_{ic} 为输入电流信号的幅值。

伺服阀阀芯位移输出的函数描述还可以表示为

$$X(I_{ic}) = \frac{2k_c}{\pi}\left[\arcsin\frac{I_{\max}}{I_{ic}} + \frac{I_{\max}}{I_{ic}}\sqrt{1 - \left(\frac{I_{\max}}{I_{ic}}\right)^2} \right] \tag{7.4}$$

式 (7.4) 中，$\dfrac{X(I_{ic})}{k_c}$ 与 $\dfrac{I_{\max}}{I_{ic}}$ 之间的关系如图 7-2 所示。

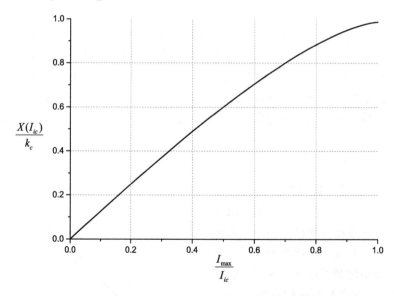

图 7-2　伺服阀饱和非线性的关系图

对于输入为 ±40mA 的伺服阀，当输入幅值为 50mA 的正弦波信号时，受饱和非线性的影响，会产生削顶现象，如图 7-3 所示，其中虚线为幅值 50mA 的正弦波，实线为削顶后起实际作用的波形。

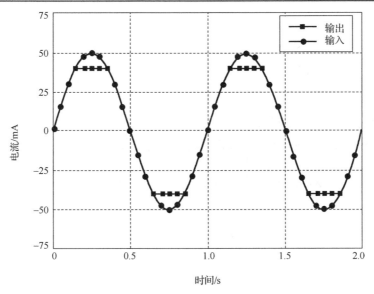

图 7-3　伺服阀饱和非线性的输出

7.2　死区非线性

在电液伺服系统中，死区非线性也是常见的非线性环节。同样以电液伺服阀为例，只有当电液伺服阀的输入电流(或电压)超过某一定值时，阀芯位移才有输出。死区非线性最大的缺点为：死区的存在会降低系统的控制精度，恶化系统的控制性能，如果控制参数设置不当会出现自激振荡，降低了系统的安全性和可靠性，严重时系统无法正常工作。

7.2.1　死区非线性的数学表达式

同样，还是以喷嘴挡板电液伺服阀为例说明死区非线性的特征，伺服阀死区非线性的示意图如图 7-4 所示。在输入电流超过一定值时，输入电流和阀芯位移可以看成一个比例的关系。当输入电流从 0 开始逐渐增加时，阀芯位移输出为 0，当输入电流超过某一电流 I_D 时，阀芯位移才有输出，反之亦然。伺服阀的死区非线性可以用下列数学关系式表示。

$$x_v = \begin{cases} 0, & |i_c| < I_D \\ \dfrac{i_c k_c}{|i_c|}(|i_c| - I_D), & |i_c| \geq I_D \end{cases} \quad (7.5)$$

式中，I_D 为死区临界电流。

7.2.2　死区非线性的特性分析

当输入信号为 $i_c = I_{idb}\sin(\omega t)$ 时，伺服阀阀芯位移输出 x_v 可以表示为

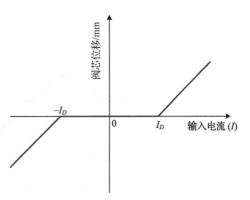

图 7-4　伺服阀死区非线性的示意图

$$x_v = \begin{cases} 0, & \left| I_{idb} \sin(\omega t) \right| < I_D \\ \dfrac{\sin(\omega t)}{\left| \sin(\omega t) \right|} (k_c I_{idb} \left| \sin(\omega t) \right| - I_D), & \left| I_{idb} \sin(\omega t) \right| \geq I_D \end{cases} \tag{7.6}$$

$$I_{idb} \leq I_{max} \tag{7.7}$$

式中，I_{idb} 为输入电流信号的幅值。

同样，伺服阀阀芯位移输出的函数描述还可以用式(7.8)表示：

$$X(I_{ibd}) = \frac{2k_c}{\pi}\left[\frac{\pi}{2} - \arcsin\frac{I_D}{I_{ibd}} - \frac{I_D}{I_{ibd}}\sqrt{1 - \left(\frac{I_D}{I_{ibd}}\right)^2} \right] \tag{7.8}$$

$\dfrac{X(I_{ibd})}{k_c}$ 与 $\dfrac{I_D}{I_{ibd}}$ 之间的关系如图 7-5 所示。

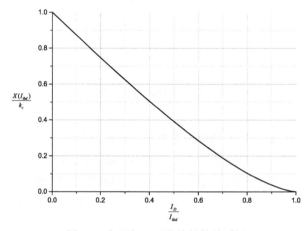

图 7-5　伺服阀死区非线性的关系图

对于输入为 ±40mA 的伺服阀(死区临界电流 I_D=0.2mA)，当输入幅值为 0.5mA 的正弦波信号时，受死区非线性的影响，输入电流值的模小于 0.2mA 时输出为零，结果如图 7-6 所示，其中虚线为幅值 0.5mA 的正弦波，实线为经过死区后起实际作用的波形。

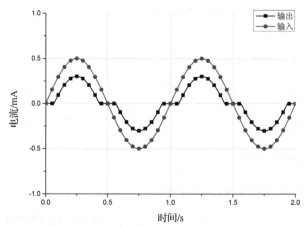

图 7-6　伺服阀死区非线性的输出

7.3　增益非线性

在电液伺服系统中，增益非线性也是常见的非线性环节。同样以电液伺服阀为例，受加工制造精度影响，电液伺服阀的输入电流(或电压)与阀芯位移呈现分段线性的关系。增益非线性最大的缺点为：增益非线性的存在会降低系统的动态控制精度，在高精度控制的场合需要重视增益非线性的问题。

7.3.1　增益非线性的数学表达式

以喷嘴挡板电液伺服阀为例说明增益非线性的特征,伺服阀增益非线性的示意图如图 7-7 所示。在一定的区间 $(-I_{c1}<i_c<I_{c1})$ 内，输入电流和阀芯位移可以看成一种比例的关系。当输入电流超过一定值时 $(i_c>I_{c1}$ 或 $i_c<-I_{c1})$，输入电流和阀芯位移呈现第二种比例的关系。当输入电流超过一定值时 $(i_c>I_{c2}$ 或 $i_c<-I_{c2})$，输入电流和阀芯位移呈现第三种比例的关系。伺服阀的增益非线性可以用下列数学关系式表示。

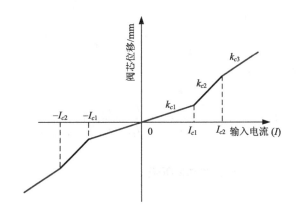

图 7-7　伺服阀增益非线性的示意图

$$x_v = \begin{cases} \dfrac{i_c}{|i_c|}k_{c1}|i_c|, & |i_c|<I_{c1} \\[2mm] \dfrac{i_c}{|i_c|}[k_{c2}(|i_c|-I_{c1})+k_{c1}I_{c1}], & I_{c1}<|i_c|<I_{c2} \\[2mm] \dfrac{i_c}{|i_c|}(k_{c3}(|i_c|-I_{c2})+k_{c1}I_{c1}++k_{c2}I_{c2}), & I_{c2}<|i_c| \end{cases} \tag{7.9}$$

式中，k_{c1} 为第一种比例增益；k_{c2} 为第二种比例增益；k_{c3} 为第三种比例增益；I_{c1} 为第一种比例增益的临界电流；I_{c2} 为第二种比例增益的临界电流；I_{c3} 为第三种比例增益的临界电流。

7.3.2　增益非线性的特性分析

当输入信号为 $i_c = I_{ig}\sin(\omega t)$ 时，伺服阀阀芯位移输出 x_v 可以表示为

$$
x_v = \begin{cases}
\dfrac{I_{ig}\sin(\omega t)}{\left| I_{ig}\sin(\omega t)\right|} k_{c1}\left| I_{ig}\sin(\omega t)\right|, & \left| I_{ig}\sin(\omega t)\right| < I_{c1} \\[4mm]
\dfrac{I_{ig}\sin(\omega t)}{\left| I_{ig}\sin(\omega t)\right|}\left[k_{c2}\left(\left| I_{ig}\sin(\omega t)\right| - I_{c1}\right) + k_{c1}I_{c1}\right], & I_{c1} < \left| I_{ig}\sin(\omega t)\right| < I_{c2} \\[4mm]
\dfrac{I_{ig}\sin(\omega t)}{\left| I_{ig}\sin(\omega t)\right|}\left[k_{c3}\left(\left| I_{ig}\sin(\omega t)\right| - I_{c2}\right) + k_{c1}I_{c1} ++k_{c2}I_{c2}\right], & I_{c2} < \left| I_{ig}\sin(\omega t)\right|
\end{cases} \quad (7.10)
$$

$$
I_{ig} \leqslant I_{\max} \tag{7.11}
$$

式中，I_{ig} 为输入电流信号的幅值；$I_{\max}$ 为输入最大额定电流信号的幅值。

同样，伺服阀阀芯位移输出的函数还可以表示为

$$
X(I_{ig}) = k_{c3} + \frac{2(k_{c1}-k_{c2})}{\pi}\left[\arcsin\frac{I_{c1}}{I_{ig}} + \frac{I_{c1}}{I_{ig}}\sqrt{1-\left(\frac{I_{c1}}{I_{ig}}\right)^2}\right]
$$
$$
+ \frac{2(k_{c2}-k_{c3})}{\pi}\left[\arcsin\frac{I_{c2}}{I_{ig}} + \frac{I_{c2}}{I_{ig}}\sqrt{1-\left(\frac{I_{c2}}{I_{ig}}\right)^2}\right] \tag{7.12}
$$

令 $k_{c2}=k_{c3}=2k_{c1}$ 可将式(7.12)简化为

$$
X(I_{ig}) = 2k_{c1} - \frac{2k_{c1}}{\pi}\left[\arcsin\frac{I_{c1}}{I_{ig}} + \frac{I_{c1}}{I_{ig}}\sqrt{1-\left(\frac{I_{c1}}{I_{ig}}\right)^2}\right] \tag{7.13}
$$

这样得到 $\dfrac{X(I_{ig})}{2k_{c1}}$ 与 $\dfrac{I_{c1}}{I_{ig}}$ 之间的关系如图 7-8 所示。

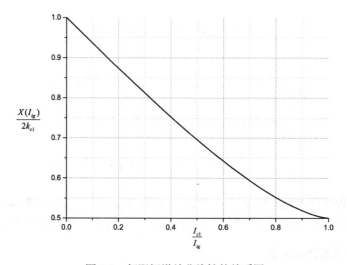

图 7-8　伺服阀增益非线性的关系图

对于输入为±40mA 的电液伺服阀(I_{c1}=10mA，I_{c2}=20mA，k_{c2}=1.1k_{c1}，k_{c3}=1.2k_{c2})，当输

入幅值为 30mA 的正弦波信号时，输入电流值的模小于 10mA 时比例增益为 k_{c1}，输入电流值的模大于 10mA 小于 20mA 时比例增益为 k_{c2}，输入电流值的模大于 20mA 小于 40mA 时比例增益为 k_{c3}，输出结果如图 7-9 所示。虚线为幅值 30mA 的正弦波，实线为经过增益非线性后起实际作用的波形。

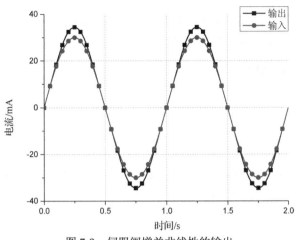

图 7-9　伺服阀增益非线性的输出

7.4　间隙非线性

在电液伺服系统中，间隙非线性主要存在于作动器机械连接件(如杠杆机构的弯曲变形、定位销的松动、齿轮传动等)中，反向运动时必须输入一段距离，才能有运动的输出。尤其在力和位移控制时，不恰当的紧固也会或多或少地存在间隙问题，当间隙比较大时需要考虑间隙的影响。间隙非线性最大的缺点为：间隙非线性的存在会降低系统的定位精度，增加系统的静差。使得系统动态特性变差，振荡加剧。

7.4.1　间隙非线性的数学表达式

以电液伺服液压缸输出杆机械连接不牢固时的间隙为例，说明间隙非线性的特征。输出杆输入位移间隙非线性的示意图如图 7-10 所示。在正向位移切换到反向位移或反向位移切换到正向位移时，会产生 H_{bl} 的回程误差。间隙非线性可以用下列数学关系式表示。

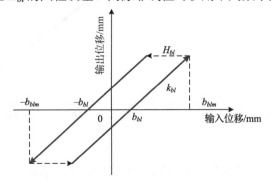

图 7-10　伺服缸输出杆间隙非线性的示意图

$$x_{po} = \begin{cases} k_{bl}(x_{pi} - b_{bl}), & -b_{blm} + H_{bl} < x_{pi} < b_{blm} \\ k_{bl}(b_{blm} - b_{bl}), & b_{blm} > x_{pi} > b_{blm} - H_{bl} \\ k_{bl}(x_{pi} + b_{bl}), & b_{blm} - H_{bl} > x_{pi} > -b_{blm} \\ k_{bl}(b_{bl} - b_{blm}), & -b_{blm} < x_{pi} < -b_{blm} + H_{bl} \end{cases} \quad (7.14)$$

式中，x_{po} 为伺服缸输出杆的实际输出位移；x_{pi} 为伺服缸输出杆的实际输入位移；b_{bl} 为回程误差的 1/2；k_{bl} 为比例增益；b_{blm} 为正向最大输出位移。

7.4.2　间隙非线性的特性分析

当输入位移信号为 $x_{pi} = X_p \sin(\omega t)$（$X_p > b_{bl}$）时，伺服缸输出杆实际输出位移 x_{po} 可以表示为

$$x_{po} = \begin{cases} k_{bl}(X_p \sin(\omega t) - b_{bl}), & -b_{blm} + H_{bl} < X_p \sin(\omega t) < b_{blm} \\ k_{bl}(b_{blm} - b_{bl}), & b_{blm} > X_p \sin(\omega t) > b_{blm} - H_{bl} \\ k_{bl}(X_p \sin(\omega t) + b_{bl}), & b_{blm} - H_{bl} > X_p \sin(\omega t) > -b_{blm} \\ k_{bl}(b_{bl} - b_{blm}), & -b_{blm} < X_p \sin(\omega t) < -b_{blm} + H_{bl} \end{cases} \quad (7.15)$$

式中，X_p 为输入位移的幅值。

同样，伺服缸输出杆位移的函数还可以表示为

$$X(X_p) = \frac{k_{bl}}{\pi} \left[\frac{\pi}{2} + \arcsin\left(1 - \frac{2b_{bl}}{X_p}\right) + 2\left(1 - \frac{2b_{bl}}{X_p}\right)\sqrt{\frac{b_{bl}}{X_p}\left(1 - \frac{b_{bl}}{X_p}\right)} \right] - \mathrm{j} \frac{4 k_{bl} b_{bl}}{\pi X_p}\left(1 - \frac{b_{bl}}{X_p}\right) \quad (7.16)$$

这样得到 $\left| X(X_p) \right|$ 与 $\dfrac{b_{bl}}{X_p}$ 之间的关系如图 7-11 所示。

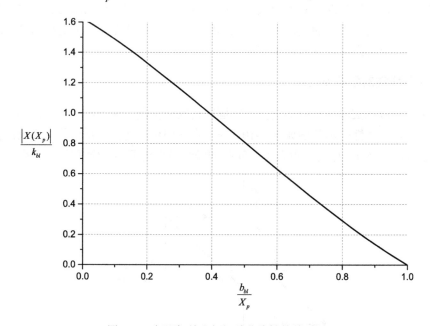

图 7-11　伺服缸输出杆间隙非线性的关系图

对于输入为±5mm 的位移信号（b_{bl}=1mm，k_{bl}=1），输出结果如图 7-12 所示。虚线为幅值 5mm 的正弦波，实线为经过间隙非线性后起实际作用的波形。

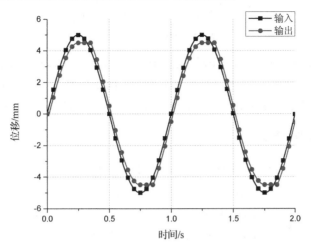

图 7-12　伺服缸输出杆间隙非线性的输出

7.5　磁滞非线性

在电液伺服系统中，磁滞非线性主要存在于电液伺服阀、伺服液压缸、伺服马达、传感器等元件中，通常情况下磁滞非线性比较小，对系统影响不大，但当磁滞非线性比较大时，需要考虑磁滞非线性的影响。磁滞非线性最大的缺点为：磁滞非线性的存在会降低系统的控制精度，引起振荡，使得系统动态特性变差。

7.5.1　磁滞非线性的数学表达式

以位移传感器测量电液伺服液压缸输出杆的位移为例，说明磁滞非线性的特征，建模时通常将磁滞非线性简化为如图 7-13 所示的示意图。在正向位移切换到反向位移或反向位移切换到正向位移时，会产生回程误差。磁滞非线性可以用下列数学关系式表示。

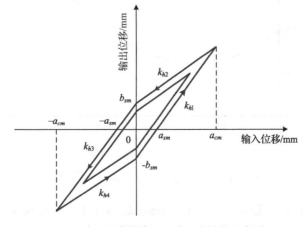

图 7-13　位移传感器磁滞非线性的示意图

$$x_{so} = \begin{cases} k_{h1}x_{si} - b_{sm}, & 0 < x_{si} < a_{cm} \\ k_{h2}x_{si} + b_{sm}, & a_{cm} > x_{si} > 0 \\ k_{h3}x_{si} + b_{sm}, & 0 > x_{si} > -a_{cm} \\ k_{h4}x_{si} - b_{sm}, & -a_{cm} < x_{si} < 0 \end{cases} \qquad (7.17)$$

式中，x_{so} 为位移传感器的实际输出位移；x_{si} 为位移传感器的实际输入位移；a_{cm} 为最大行程；b_{sm} 为回程在零点时的偏差；k_{h1} 为过零平衡位置的正向比例增益；k_{h2} 为过零平衡位置的反向比例增益；k_{h3} 为未过零平衡位置的反向比例增益；k_{h4} 为未过零平衡位置的正向比例增益。

7.5.2　磁滞非线性的特性分析

当输入位移信号为 $x_{si} = X_p \sin(\omega t)$（$X_p = a_{cm}$）时，传感器的实际输出位移 x_{so} 可以表示为

$$x_{so} = \begin{cases} k_{h1}X_p\sin(\omega t) - b_{sm}, & 0 < X_p\sin(\omega t) < a_{cm} \\ k_{h2}X_p\sin(\omega t) + b_{sm}, & a_{cm} > X_p\sin(\omega t) > 0 \\ k_{h3}X_p\sin(\omega t) + b_{sm}, & 0 > X_p\sin(\omega t) > -a_{cm} \\ k_{h4}X_p\sin(\omega t) - b_{sm}, & -a_{cm} < X_p\sin(\omega t) < 0 \end{cases} \qquad (7.18)$$

同样，在 $a_{sm} = b_{sm}$ 且 $k_{h1} = k_{h3} = 1$、$k_{h2} = k_{h4} = 1 - 2a_{sm}/X_p$ 的前提下，传感器位移的函数描述还可以表示为

$$\left| X(X_p) \right| = \sqrt{\left(\frac{\pi}{2}\right)^2 \left(\frac{a_{sm}}{X_p}\right)^2 + \left(1 - \frac{a_{sm}}{X_p}\right)^2} \qquad (7.19)$$

这样得到 $\left| X(X_p) \right|$ 与 $\dfrac{a_{sm}}{X_p}$ 之间的关系如图 7-14 所示。

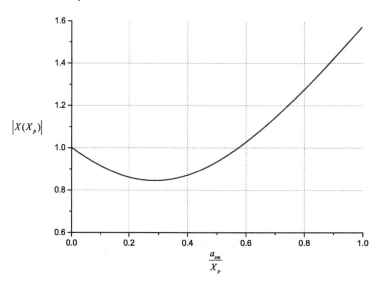

图 7-14　位移传感器磁滞非线性的关系图

对于输入为 ±10mm 的位移信号（$a_{sm} = b_{sm} = 1\text{mm}$，$k_{h1} = k_{h3} = 1$，$k_{h2} = k_{h4} = 0.8$），输出结果如图 7-15 所示。输入为幅值 10mm 的正弦波，输出为经过磁滞非线性后起实际作用的波形。

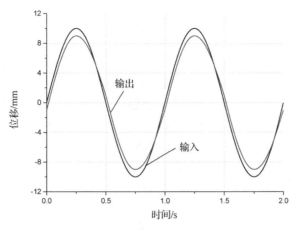

图 7-15　位移传感器磁滞非线性的输出

7.6　摩擦非线性

7.6.1　摩擦非线性的基础特征

电液伺服系统中摩擦非线性是影响系统性能的重要因素，摩擦力的存在严重影响了系统运行的平稳性和跟踪精度。电液伺服缸中活塞与液压缸内壁及输出连杆和轴瓦、密封之间的摩擦是典型的非线性环节，本节以电液伺服缸为例分析摩擦非线性的特征。一方面，由摩擦干扰力的影响造成系统的稳态误差。另一方面，由摩擦产生的自激振荡会造成伺服系统的死区非线性，使执行机构运动不平稳，表现为一种低速"爬行"现象。尤其是在超低速、高跟踪精度等应用场合，摩擦力的影响将非常明显。摩擦力的大小与液压缸的运动速度等有关。摩擦力 $F(v)$ 与速度 (v) 之间的关系可以由图 7-16 表示。根据润滑条件的不同，可以将摩擦力分为静摩擦区、边界润滑区、部分液体润滑区和液体润滑区四部分。

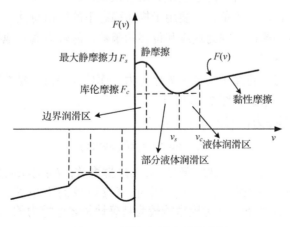

图 7-16　摩擦力-速度的关系图

从图 7-16 中可以看出，电液伺服缸从静止到运动过程中，首先要克服最大静摩擦力 F_s，当输出力 $F > F_s$ 时，液压缸开始运动，随着速度的增加，摩擦力从边界润滑区进入部分液体润滑区,此时会表现为一种 Stribeck 效应[3]。图 7-16 表示了速度从 0 到 v_s 的摩擦力变化过程。造成这种摩擦力变化的原因一般认为:在边界润滑区,由于相对运动速度较小,在接触表面不易形成油膜,干摩擦比较严重,当进入部分液体润滑区后,接触

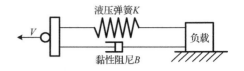

图 7-17 液压系统简化模型

面间进入部分油液,形成局部油膜,使摩擦转化为混合摩擦,摩擦力下降,随着速度的继续增加,接触面之间形成一层油膜,从而进入液体润滑区,这时达到摩擦力的最低值。当速度 $v > v_s$ 时,液压油的黏性起到主导作用,黏性摩擦逐渐增大。

从能量转换的角度分析电液伺服缸中"爬行"现象产生的原因。一般可以认为电液伺服缸由液压弹簧和黏性阻尼构成,如图 7-17 所示。当从速度 0 开始拉动绳子时,在最初一段时间内,由于物体受到静摩擦力的影响,将保持静止,液压弹簧被拉长,转换为弹性势能。当液压弹簧拉力大于最大静摩擦力时,物体随之运动,摩擦力减小,物体做变速运动,液压弹簧的势能转换为动能使速度逐渐增加。当物体的运动速度等于拉绳速度时,液压弹簧的剩余势能仍然使物体加速,呈现出一种速度激变的现象。当液压势能全部转换为动能后,由于物体的惯性,会保持一段运动状态并使液压弹簧受到压缩,此时物体由于同时受到摩擦力和液压弹簧反力的作用,速度会急速下降直到为零,同时液压弹簧势能又不断增加,重新回到初始压缩状态,如此往复地加速和减速,使物体表现出一种"爬行"现象。

减小电液伺服缸低速"爬行"的主要措施有[4]:①采用良好的润滑条件,或通过提高液压缸的加工制造精度,以减小静摩擦力的影响;②采用摩擦补偿的方式减小低速"爬行"的影响,例如,可以基于摩擦模型设计摩擦观测器,对低速运行时的摩擦力进行实时补偿;③在伺服系统控制信号中加入高频振颤信号,使液压缸始终处于运动状态,这种方式也可以减小"爬行"的影响,由于该振颤信号幅值很小,它不会对系统造成误差,因此工程中经常采用。

7.6.2 静态摩擦力模型

通常将摩擦力模型分为两种:静态模型和动态模型。静态模型一般用来反映摩擦力和相对速度之间的关系,函数形式简单,主要用于描述稳态下的摩擦特性,常用于摩擦力变化不大的场合。动态模型则将摩擦力视为速度和位移的函数,能较为真实地描述摩擦力特性,但其模型参数的辨识比较困难。

根据经典摩擦理论可以将摩擦力分为静摩擦力、库伦摩擦力、黏性摩擦和 Stribeck 摩擦力。几种摩擦力及其组合形式如图 7-18 所示。

图 7-18(a)为库伦摩擦力,其公式可表示为

$$F = F_c \cdot \text{sgn}(v) = \mu F_N \text{sgn}(v) \tag{7.20}$$

式中,F_c 为库伦摩擦力;$\text{sgn}(v)$ 为速度符号;μ 为摩擦系数;F_N 为法向力。

黏性摩擦是为描述流体黏性流动过程中的摩擦现象而提出的,黏性摩擦可表示为 $F = Bv \cdot \text{sgn}(v)$。在液体润滑下,这种模型能较为精确地描述摩擦力的大小。

图 7-18(b)所示的库伦+黏性摩擦可表示为

$$F = F_c \cdot \text{sgn}(v) + Bv \cdot \text{sgn}(v) \tag{7.21}$$

式中,B 为黏性摩擦系数。

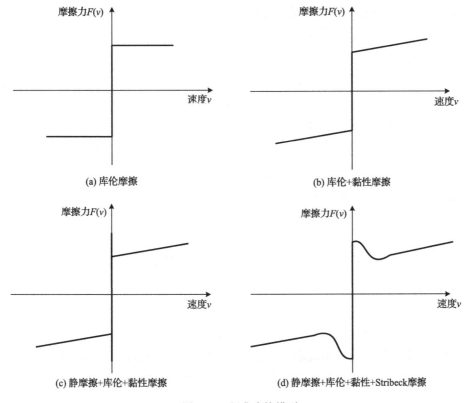

图 7-18 经典摩擦模型

20 世纪初，Stribeck 在对滚动轴承与滑动轴承的摩擦实验中发现，在低速范围内，摩擦力会随着速度的增大而减小，由此命名为 Stribeck 效应，如图 7-18(d)所示。典型的 Stribeck 模型可以描述为[5]

$$
F = \begin{cases}
F_e, & v = 0 且 |F_e| < F_s \\
F_s \, \mathrm{sgn}(F_e), & v = 0 且 |F_e| \geqslant F_s \\
F_c + (F_s - F_c)e^{-\left|\frac{v}{v_s}\right|^{\delta_v}} + Bv, & v \neq 0
\end{cases}
\tag{7.22}
$$

式中，F_e 为外力；F_s 为最大静摩擦力；v_s 为 Stribeck 速度；δ_v 为经验系数，由摩擦面的材料决定。

通常采用测量恒速或等加速下的摩擦-速度曲线的方法来辨识模型参数。

7.6.3 动态摩擦力模型

典型的动态摩擦力模型主要有五种：Dalh 模型、鬃毛模型、重置积分模型、Bliman-Sorine 模型和 LuGre 模型[6]。

1）Dalh 模型

Dalh 在利用伺服系统进行球轴承的摩擦实验时发现，球轴承的一些摩擦现象类似于固体摩擦，在外界力达到最大静摩擦力之前，金属接触表面之间会产生一种弹性形变，摩擦力的大小可近似为弹性变形的函数，直到其开始滑动。Dalh 得到的摩擦力-位移曲线如图 7-19 所示。

Dalh 模型可以描述为

$$\frac{\mathrm{d}F}{\mathrm{d}x} = \sigma\left(1 - \frac{F}{F_c}\mathrm{sgn}\,v\right)^{\alpha} \tag{7.23}$$

式中，σ 为刚度系数；α 为表征应力-应变曲线的系数，通常取 $\alpha = 1$。

由式(7.23)可以看出摩擦力只与弹性形变有关，由此可以得到 Dalh 模型的通用函数为

$$\frac{\mathrm{d}F}{\mathrm{d}t} = \frac{\mathrm{d}F}{\mathrm{d}x}\frac{\mathrm{d}x}{\mathrm{d}t} = \frac{\mathrm{d}F}{\mathrm{d}x}v = \sigma\left(1 - \frac{F}{F_c}\mathrm{sgn}\,v\right)^{\alpha}v \tag{7.24}$$

由 $F = \sigma z$，可以得到

$$\frac{\mathrm{d}z}{\mathrm{d}t} = \frac{\mathrm{d}z}{\mathrm{d}F}\frac{\mathrm{d}F}{\mathrm{d}t} = \frac{1}{\sigma}\left(\sigma v - \sigma\frac{F}{F_c}|v|\right) = v - \frac{\sigma|v|}{F_c}z \tag{7.25}$$

式中，z 为平均预滑动位移。

2) 鬃毛模型和重置积分模型

Haessig 和 Friedland 在研究两表面的微观接触行为时[6]，提出了鬃毛模型和重置积分模型。由于两个物体的接触表面不规则，接触点的数量和接触位置是随机的。将每个接触点认为是一个弹性鬃毛，摩擦力为鬃毛的合力，如图 7-20 所示。可以表示为

$$F_{合} = \sum_{i=1}^{N}\sigma_0(x_i - b_i) \tag{7.26}$$

式中，σ_0 为鬃毛刚度；N 为鬃毛数量；x_i 为鬃毛相对位置；b_i 为鬃毛初始接触点位置。

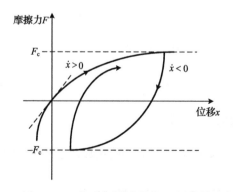

图 7-19　Dalh 得到的摩擦力-位移曲线

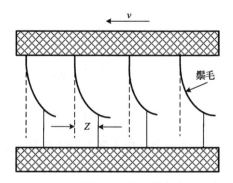

图 7-20　鬃毛模型

鬃毛模型虽能精确地计算摩擦力的大小，但由于鬃毛接触点的数量和接触位置的随机性，计算过程将非常复杂，很难直接进行应用。

为了实现鬃毛模型的可行性，Haessig 等提出了一种重置积分模型，在模型中引入一个中间状态变量 z 来描述接触点的应变，其中定义

$$\frac{\mathrm{d}z}{\mathrm{d}t} = \begin{cases} 0, & v > 0且z \geq z_0或v < 0且z \leq z_0 \\ v, & 其他 \end{cases} \tag{7.27}$$

摩擦力为

$$F = (1 + a(z))\sigma_0(v)z + \sigma_1\frac{\mathrm{d}z}{\mathrm{d}t} \tag{7.28}$$

$$a(z) = \begin{cases} a, & |z| < z_0 \\ 0, & \text{其他} \end{cases} \tag{7.29}$$

式中，$a(z)$ 为静摩擦力；σ_1 为黏性系数。

这种重置积分模型相对于鬃毛模型已大为简化，但由于 z 的非连续性和 $|z| < z_0$ 的检测问题，这种模型的应用受到一定限制。

3）Bliman-Sorine 模型

Bliman-Sorine 基于 Rabinowicz 的实验结果[6]，提出一种动态摩擦模型，认为摩擦力的大小取决于速度 v 的符号和空间变量 s，即

$$s = \int_0^t |v(\tau)|\,\mathrm{d}\tau \tag{7.30}$$

在此模型中，摩擦力是路径的函数，可表达为下述的线性系统。

$$\begin{aligned} \frac{\mathrm{d}x_s}{\mathrm{d}s} &= Ax_s + Bv_s \\ F &= Cx_s \end{aligned} \tag{7.31}$$

Bliman-Sorine 模型的摩擦力峰值在动态模型中等价代替了静摩擦力。但是，该模型对速度处于稳态时的摩擦力无法描述，而且该模型不能描述摩擦记忆现象，因此其应用也受到限制。

4）LuGre 模型

LuGre 模型是摩擦领域的最新研究成果，LuGre 模型是目前广泛采用的模型，主要是因为 LuGre 模型最能真实地反映摩擦力特性，它不仅考虑了库伦摩擦和黏性摩擦，而且兼顾静态摩擦和 Stribeck 效应，既能很好地反映动态摩擦特性，又能包含静态特性，而且它易于控制实现，适用于摩擦力的在线动态补偿。

LuGre 模型是在 Dalh 模型的基础上建立起来的，在 LuGre 模型中假设接触面在微观上是不规则的表面，同时假设微观接触面间通过一些弹性鬃毛相接触。摩擦力是由鬃毛的挠曲变形产生的，摩擦力的大小取决于这些鬃毛的平均变形。摩擦力的大小可表示为

$$\frac{\mathrm{d}z}{\mathrm{d}t} = v - \sigma_0\frac{|v|}{g(v)}z \tag{7.32}$$

$$F = \sigma_0 z + \sigma_1\frac{\mathrm{d}z}{\mathrm{d}t} + \sigma_2 v \tag{7.33}$$

$$g(v) = F_c + (F_s - F_c)\mathrm{e}^{-(v/v_s)^2} \tag{7.34}$$

式中，F 为摩擦力；σ_1 为鬃毛的阻尼系数；σ_2 为黏性摩擦系数；z 是引入的中间状态变量，为鬃毛的平均挠度；v 为相对运动速度；$g(v)$ 用来描述 Stribeck 摩擦效应。

从式(7.32)可以看出，鬃毛的变形量与运动速度对时间的积分成正比，同时可以得到当 v 处于恒定状态时，z 的稳态值为

$$z_{ss} = \frac{v}{\sigma_0 |v|} g(v) = \frac{g(v)}{\sigma_0} \operatorname{sgn} v \tag{7.35}$$

由此可以得到在恒定速度状态下鬃毛产生的摩擦力与速度的关系为

$$F_{ss} = \sigma_0 z_{ss} + \sigma_2 v = g(v)\operatorname{sgn} v + \sigma_2 v$$
$$= F_c \operatorname{sgn} v + (F_s - F_c)e^{-(v/v_s)^2}\operatorname{sgn} v + \sigma_2 v \tag{7.36}$$

由此可以看出，LuGre 模型在速度恒定下与带 Stribeck 效应的静态摩擦模型能很好地吻合。因此，LuGre 模型中的 F_c、F_s、v_s 和 σ_2 等静态参数，可以通过测量匀速下的摩擦力-速度曲线方便得到，但是中间状态变量 z 的不可测，使得动态参数 σ_0 和 σ_1 的精确辨识比较困难。本节采用了一种简单有效的方法对 σ_0 和 σ_1 进行了辨识，具体方法是通过实验得到的摩擦力-加速度曲线和 MATLAB 仿真得到的摩擦力-加速度曲线的比较，来近似确定模型中需要求解的参数。

本节以电液伺服缸为研究对象，对 LuGre 模型进行分析，得到带有摩擦力的动力平衡方程为

$$F_p = A_t p_f = m_t \frac{d^2 x_t}{dt^2} + B_t \frac{dx_t}{dt} + K_t x_t + F + F_f \tag{7.37}$$

式中，F 为输出力；F_f 为动态摩擦力。

假设 LuGre 模型的各个参数都已确定，根据结构不变性原理，本节提出一种基于 LuGre 模型的前馈补偿控制方案。如图 7-21 所示，由于 LuGre 模型无法直接采用传递函数进行描述，为分析方便，在系统中引入 $G_f(s)$ 函数，则有

$$F_f(s) = G_f(s)s x_t(s) \tag{7.38}$$

式中，$G_f(s)$ 为 LuGre 摩擦模型；$x_t(s)$ 为液压缸输出位移；$F_f(s)$ 为实际摩擦力。

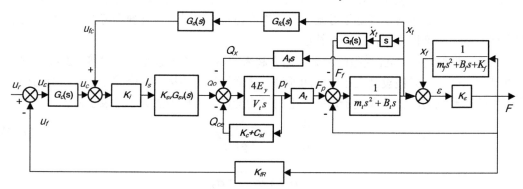

图 7-21　基于 LuGre 模型的前馈补偿方框图

7.6.4　LuGre 模型参数辨识

由于 LuGre 模型的非线性，模型中的参数是很难直接计算的，而且模型内部中间状态变量 z 的不可测性，使得模型参数的辨别更为困难，本节采用了一种方便可行的参数辨识方案来得到 LuGre 模型[7-8]。

1）LuGre 模型静态参数的辨识

通常情况下，可以采用恒速运动下测得的摩擦力-速度曲线，来测量 F_s、F_c、v_s 和 σ_2 四个静态参数。

恒速运动下，Stribeck 曲线可以表示为

$$F_f(v) = F_c \operatorname{sgn} v + (F_s - F_c)\mathrm{e}^{-(v/v_s)^{\delta_v}} \operatorname{sgn} v + \sigma_2 v \tag{7.39}$$

式中，为计算方便，取 $\delta_v = 1$。

考虑摩擦和液压缸重力，空载下电液伺服缸匀速运动时的力平衡方程为

$$F_f(v) = (P_1 - P_2)A_t + G \tag{7.40}$$

式中，P_1 为液压缸上腔压力，通过压力传感器测得；P_2 为液压缸下腔压力，通过压力传感器测得；A_t 为液压缸有效作用面积；G 为折算到液压缸输出杆的总重力。

为了使液压缸做匀速运动，在液压缸缸杆输出端并入了一个位移传感器，使其成为位置闭环系统。当位移以斜坡形式输出时，此时的液压缸即做匀速运动，通过改变位移信号的斜率，即可得到不同速度的运动状态。然后通过压力传感器测出当前液压缸上下腔的压力值 P_1、P_2。其中 G 可以通过液压缸输出杆尺寸计算得到，由此可得到摩擦力-速度的曲线[$F_f(v)$-v 图]，根据得到的曲线可以估测出 F_s、F_c、v_s 三个静态参数，然后计算出 σ_2 的值。

2）LuGre 模型动态参数的辨识

由于 LuGre 模型的中间状态变量 z 的不可测性，采用线性方法直接计算动态参数 σ_0 和 σ_1 是很困难的，本节采用了通过实验测得的动态摩擦力-速度曲线与通过 MATLAB 仿真得到的动态摩擦力-速度曲线的比较来确定模型中需要求解的参数。

在实验中采用在等加速度的条件下，先加速运动后减速运动的方案。液压缸做加速运动的实现方法是：给位移闭环系统输入抛物线信号 $y = at^2/2$，则 $v = \dot{y} = at$ 为速度值，a 为加速度值。

考虑到摩擦力、液压缸重力和惯性力，空载下电液伺服系统做匀加速运动时的动力平衡方程为

$$F_f(v) = (P_1 - P_2)A_t + G - m_t a = \Delta P A_t + G - m_t a \tag{7.41}$$

式中，G、m_t、a 和 A_t 为已知量。

通过压力传感器可测出液压缸上下腔的压力差 ΔP，由此可得到动态摩擦力-速度曲线。在 MATLAB/Simulink 中建立系统的 LuGre 动态摩擦模型，通过将预先估计的多组 σ_0 和 σ_1 的值代入摩擦力模型，寻找最接近实验值的参数组合作为模型的参数。

7.6.5　常用的摩擦补偿控制策略

在电液伺服缸中，研究摩擦机理的主要目的是对摩擦力进行抑制和补偿。摩擦补偿的方法主要分为两类：一类是非模型的补偿，即独立于模型的补偿；另一类是基于模型的补偿。

1）非模型的补偿

非模型的补偿控制策略的基本思想是针对电液伺服缸本身的抗干扰能力进行分析，把摩擦作为一种随机的干扰信号，通过提高伺服系统的鲁棒性来消除摩擦力对系统的影响。常用的补偿方法有：变增益 PID 补偿、高频抖动补偿和滑模变结构控制补偿等。

变增益 PID 补偿的原理是将 PID 控制器的各个参数 K_p、K_i、K_d 认为是误差 e 的函数，使

系统能动态跟踪误差变化。这种变增益 PID 补偿控制方法在摩擦力影响较小的情况下能起到很好的补偿效果，但对于摩擦力影响严重的场合，这种方法的补偿效果不佳，甚至会导致系统产生振荡，降低系统的稳定性。

高频抖动补偿是在系统的控制信号中引入高频信号，使伺服系统时刻处于"抖动"状态，以此来改变系统的动态特性的一种策略，其目的在于以一种高频"干扰"来抵消静摩擦力带来的干扰，这种补偿方法对于消除系统中的低速"爬行"现象有很好的效果，但是对系统的动态响应要求较高，系统必须保证有较高的响应频率，这种方法才有效。同时，执行机构运动速度较高时，也不宜采用这种方式补偿。

滑模变结构控制补偿是基于变结构控制的一种控制策略。它是一种不连续性控制方法。文献[3]中，研究者对这种控制策略进行了实验研究，结果表明：所设计的滑模变结构控制器能很好地实现摩擦力矩的补偿和超低速情况下的精确轨迹跟踪，研究者还使其与 PID 控制器进行了比较，表明其具有更好的动静态特性，对外界干扰和负载变化也具有较强的鲁棒性。

2）基于模型的补偿

基于模型的补偿是指通过研究摩擦本身，对摩擦力进行精确建模，然后设计摩擦补偿器来抑制摩擦力对系统的影响。采用这种补偿方法最重要的是对模型的选择和模型参数的准确辨识。

参 考 文 献

[1] 焦宗夏, 姚建勇. 电液伺服系统非线性控制[M]. 北京: 科学出版社, 2016.

[2] 王占林. 近代电气液压伺服控制[M]. 北京: 北京航空航天大学出版社, 2005.

[3] 姚建勇, 焦宗夏. 改进型 LuGre 模型的负载模拟器摩擦补偿[J]. 北京航空航天大学学报, 2010, 36(7): 812-820.

[4] 苗中华, 王旭永. 基于滑模变结构控制的液压伺服系统超低速轨迹跟踪[J]. 上海交通大学学报, 2008, 42(7): 1182-1186.

[5] 崔晓, 董彦良, 赵克定. 中空式电液伺服马达中摩擦力矩的动态补偿[J]. 华南理工大学学报, 2009, 37(11): 112-117.

[6] OLSSON H, ÅSTRÖM K J, CANUDAS DE WIT C. Friction Models and Friction Compensation[J]. Control. 1998. 4(3): 1-37

[7] LEE H T, TAN K K, HUANG S. Adaptive Friction Compensation with a Dynamical Friction Model[J]. IEEE/ASME Transactions on Mechatronics. 2011, 16(1): 133-140.

[8] SANG Y, SUN W Q, WANG X D. Study on nonlinear friction compensation control in the electro-hydraulic servo loading system of triaxial apparatus[J]. International Journal of Engineering Systems Modelling and Simulation, 2018, 10(3): 142-150.

第8章　电液伺服系统摩擦非线性的补偿控制

电液伺服系统可以提供良好动态响应和稳态精度，实现力和位移的动态加载。摩擦力是两接触表面之间的切向作用力，它源于很多不同的机制。其作用的大小和有效性取决于接触表面、布局、几何结构、物理特性、表面材料、润滑条件和相对速度。摩擦包括滑动摩擦和滚动摩擦，本章仅对滑动摩擦进行探讨[1-2]。电液伺服缸中活塞与液压缸内壁及输出连杆和轴瓦、密封之间的摩擦是典型的非线性环节，摩擦非线性是影响系统性能的重要因素，摩擦力的存在严重影响系统运行的平稳性和跟踪精度[1-3]。近年来，现代控制理论提供的许多优秀控制方法被应用在电液伺服系统中，以满足非线性控制器对瞬态响应性能、稳态精度和稳定性等的要求。文献[4-7]提出了各种自适应控制方案，分别在基于多模型的伺服系统、伺服机构的摩擦补偿、不确定齿轮传动系统的死区非线性和含有 LuGre 模型的机械伺服系统等的研究中解决了参数和模型的不确定问题。文献[8]和[9]分别介绍了H∞控制器在电液伺服系统的位移控制和飞机舵面伺服回路的鲁棒故障诊断中的应用，证明了其对参数变化引起的不确定性具有鲁棒性。模糊控制器的发展极大程度地降低了控制系统对被控对象数学模型的依赖性，在文献[10-12]中分别将模糊控制器应用于 CSTB、伺服控制器的设计以及伺服系统控制器的最优调节。文献[13-15]分别在数控装卸机械手的视觉伺服控制系统、电动摩托车的 PMSM 伺服驱动系统和电液伺服系统中发挥了神经网络控制对非线性动态模型具有的预测能力。上述提及的控制研究多采用了单一的控制方法，为了充分发挥各种控制方法的优势，可因地制宜地复合多种控制器以获得更好的综合性能。

本章针对某电液伺服加载系统对输入信号的跟踪性和鲁棒性开展研究，结合试验特点提出一种基于迭代学习控制的滑模控制器。迭代学习控制不依赖于动态系统的准确数学模型并对重复性控制具有良好的跟踪性能。然而，不确定扰动在不同迭代周期也会被控制系统学习，从而降低控制系统的跟踪性能甚至失稳，而具有良好鲁棒性的滑模控制恰好能与迭代学习控制互补，以避免这一问题[16-19]。基于此，本章结合迭代学习控制和滑模控制方法改善了电液伺服作动器在非线性摩擦和不确定扰动等条件下的控制性能。

8.1　伺服加载系统的结构及其数学模型

某电液伺服系统可以实现位移和力的静态加载与动态加载，其原理图如图 8-1 所示，其主要包括液压油源、伺服阀、伺服液压缸、伺服放大器、高精度位移传感器、高精度压力传感器、高速 A/D、D/A 卡和控制计算机等。其中控制计算机主要用于生成加载波形，运行各种控制算法，实时显示数据，生成数据报表并完成存储功能。

系统采用了伺服阀控伺服缸的形式，其数学模型的建立相对容易，考虑摩擦因素后系统模型可以表示如下。

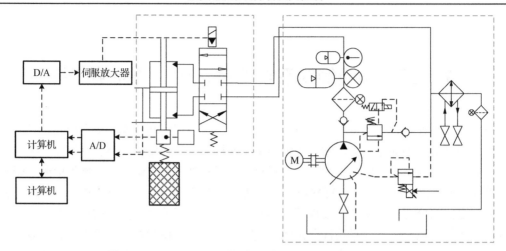

图 8-1　某电液伺服加载系统的原理图

$$\begin{cases} \dot{x}_1 = x_2 \\ \dot{x}_2 = \dfrac{1}{m}(-kx_1 - F_f(x_2) + Ax_3) \\ \dot{x}_3 = -\alpha x_2 - \beta x_3 + \left(\gamma\sqrt{P_s - \mathrm{sgn}(x_4)x_3}\right)x_4 \\ \dot{x}_4 = -\dfrac{1}{\tau}x_4 + \dfrac{K}{\tau}u \\ y = x_1 + d_1 \end{cases} \tag{8.1}$$

式中，x_1 为伺服缸的活塞位移；x_2 为伺服缸的活塞速度；x_3 为伺服缸中的加载压力；x_4 为电液伺服阀的阀芯位移；u 为电液伺服阀的输入信号；y 为伺服缸的输出力；m 为液压缸活塞的质量；A 为活塞的横截面积；P_s 为电液伺服阀的供油压力；τ 为电液伺服阀的时间常数；K 为电液伺服阀的输入增益；$\alpha = 4A\beta_e/V_t$；$\beta = 4C_{tm}\beta_e/V_t$；$\gamma = 4C_d\beta_e w/(V_t\sqrt{\rho})$；$F_f$ 表示系统的摩擦模型，是 x_2 的函数；d_1 表示作用于系统输出端的不确定部分或扰动。

8.2　非线性摩擦的机理与模型辨识

8.2.1　摩擦现象及其影响

在电液伺服控制系统中，非线性摩擦是影响系统性能的主要因素。经过长期的研究，人们发现摩擦是一种不可避免的复杂物理现象。在伺服液压缸中，轴与端盖、活塞与缸壁等之间的接触面都存在着摩擦，可选择低摩擦的密封件来减少摩擦，但不能从根本上消除摩擦。此外，非线性摩擦模型以活塞的速度作为测量润滑状态下摩擦的途径，其主要特征分为静摩擦、动摩擦和 Stribeck 效应[20]。对于一个位移加载系统，当输入为标准的正弦波信号时，不考虑非线性因素的影响可以得到理想的输出，如图 8-2 所示。活塞杆的理想位移变化如图 8-2 中实线所示，图中相应的虚线表示其速度曲线。

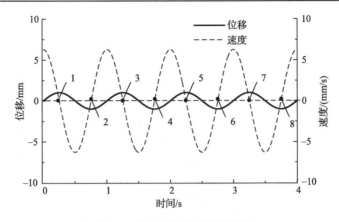

图 8-2　输出位移和速度的结果

图 8-2 中输出位移的振幅为 1mm，频率为 1Hz(6.28rad/s)。根据位移与速度的关系可知，速度的频率应保持不变，其振幅应为位移振幅的 6.28 倍。从图 8-2 中可以看出，速度过零点在一个周期内出现两次(图中的点 1、点 2、点 3、点 4、点 5、点 6、点 7 和点 8)。在试验过程中，速度过零点附近的摩擦力对波形的影响非常明显，会使波形失真，降低控制的精度。长期以来，由摩擦引起的许多问题一直存在，为了获得更准确的实验数据，必须找到一个合理的解决方案。由于机械零部件已经固定，摩擦补偿控制方法是一种非常可行的办法。

为了便于仿真和控制，静态摩擦模型采用基于 Stribeck 曲线的摩擦模型，动态摩擦模型采用基于 LuGre 模型的摩擦模型，LuGre 模型在实际应用中已经被证明是有效的。因篇幅所限，静态摩擦力模型请参阅 7.6.2 节，动态摩擦力模型请参阅 7.6.3 节。

8.2.2　摩擦模型的辨识

摩擦模型是一个把活塞速度看作一个独立变量的非线性函数。当活塞做匀速运动时，摩擦力等于液压缸两腔的压力差乘以活塞的横截面积。从图 8-1 中可以看出，伺服液压缸的上下腔装有高精度压力传感器，用来检测上下腔油压的变化。摩擦力描述为

$$F_f(y') = (P_1 - P_2)A - mg \qquad (8.2)$$

式中，P_1 为高压腔中的压力；P_2 为低压腔中的压力；A 为活塞的横截面积；m 为运动部件的质量。

本节借助实验的方式获得摩擦模型参数，活塞运动由三角波波形控制来取得统一的实验标准。液压活塞杆在前半周期伸出，在后半周期缩回。电压信号转换成活塞的位移，匀速特性由活塞位移的线性度来判断，活塞速度通过活塞位移的微分计算获得。不同运行速度下相应的摩擦值可通过改变三角波运动的幅值和频率获得。实验中一系列速度点的测量结果如下：$v = \pm 0.05$ cm/s，$v = \pm 0.08$ cm/s，$v = \pm 0.1$ cm/s，$v = \pm 0.15$ cm/s，$v = \pm 0.2$ cm/s，$v = \pm 0.5$ cm/s，$v = \pm 1$ cm/s，$v = \pm 2$ cm/s，$v = \pm 3$ cm/s，$v = \pm 4$ cm/s，$v = \pm 5$ cm/s，$v = \pm 6$ cm/s，$v = \pm 7$ cm/s，$v = \pm 8$ cm/s，$v = \pm 10$ cm/s，实际位移的测量结果如图 8-3 所示。从图中可以看出，实际测量结果的位移曲线具有良好的线性，所以其速度可以被视为常值。当速度为 5cm/s 时，伺服液压缸上下腔压力变化的测量结果如图 8-4 所示。

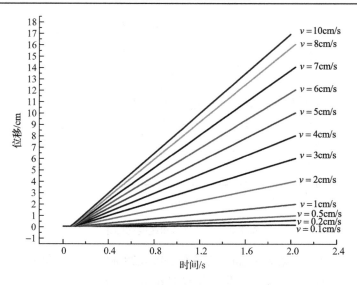

图 8-3　不同速度下位移的测量结果

　　根据式(8.2)和图 8-4，就很容易地利用 P_1 和 P_2 之间的压差来计算静态摩擦力。其在稳态域的平均值可看作 P_1 和 P_2 的实际值。最终，实际摩擦力和活塞速度之间的关系如图 8-5(a)所示。根据实际摩擦力–速度曲线，可获得拟合的标准摩擦力–速度曲线如图 8-5(b)所示。由图 8-5 可知，摩擦模型参数值的计算结果为 $F_s = 320\text{N}$，$F_c = 30\text{N}$，$\sigma = 500\text{N}/(\text{m/s})$，$c_s = 2.2\times10^{-2}\text{m/s}$，测量结果的误差随着速度的变快而增大。因此，本节利用低速值判定各个参数的值(速度不超过±7cm/s)。

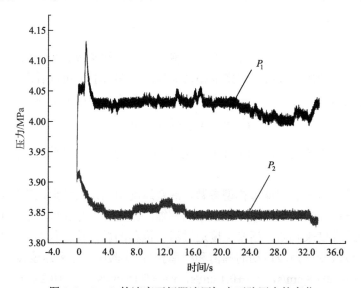

图 8-4　5cm/s 的速度下伺服液压缸上下腔压力的变化

　　动态摩擦模型的辨识方法基于静态摩擦模型，通过静态摩擦模型可以直接得到一些参数。为了确定未知的参数，我们进行了一系列的实验。活塞处于加、减速的运动过程，而且加速度值保持不变，如图 8-6(a)和(b)所示。活塞的一些加速度值已作为测试点，如 $a = \pm0.25\text{cm/s}^2$、$a = \pm0.5\text{cm/s}^2$、$a = \pm1\text{cm/s}^2$、$a = \pm2\text{cm/s}^2$、$a = \pm5\text{cm/s}^2$ 等。

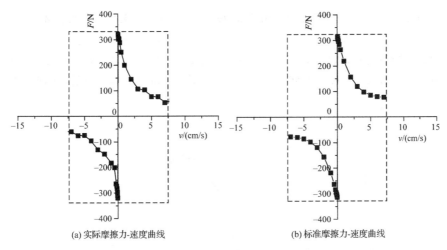

(a) 实际摩擦力-速度曲线　　　　　　　　　　(b) 标准摩擦力-速度曲线

图 8-5　不同速度下摩擦力的测量结果

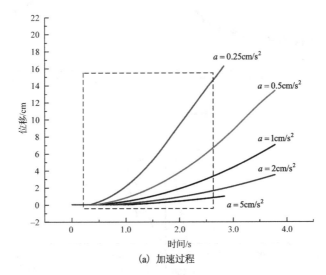

(a)　加速过程

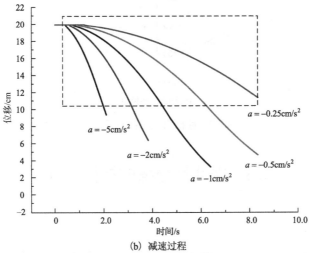

(b) 减速过程

图 8-6　实际的加、减速运动曲线

　　由于方程复杂，采用 MATLAB/Simulink 软件来帮助确定未知的参数。本节最后根据实验结果确定了未知参数，测得的摩擦力-速度曲线如图 8-7(a)所示。研究发现，在动态摩擦模型中，参数 σ_1 对摩擦力最大值有一定的影响，参数 σ_0 对摩擦变化率的影响较大。在 $\sigma_1 = 600$ 和 $\sigma_0 = 100000$ 时，动态摩擦模型与实验结果一致。最后，得到如图 8-7(b)所示的动态摩擦模型。

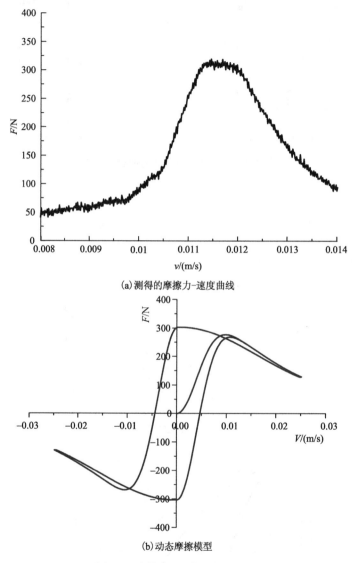

(a)测得的摩擦力-速度曲线

(b)动态摩擦模型

图 8-7　摩擦力-速度的实验结果

8.3　非线性摩擦的补偿控制

8.3.1　迭代学习控制

　　迭代学习控制(ILC)基于一个这样的概念：一个多次执行同一任务的系统可以通过向相

同任务之前的执行结果学习来改善控制效果。在迭代学习控制中，之前试验的输入信号和误差被存储到存储器中，用来修正当前的输入信号。通过这种方式，ILC 系统可看成一个利用之前迭代反馈的前馈控制器，它具有能够克服结构动态信息不全的优势，通过重复来获得近似完美的跟踪。在迭代学习控制中，电液伺服系统可由以下方程描述。

$$y_j(k) = P(q)u_j(k) + d_j(k) \tag{8.3}$$

式中，$y_j(k)$、$u_j(k)$ 和 $d_j(k)$ 分别表示在控制任务的第 j 次迭代下设备的输出、输入和扰动影响。令 y_d 表示理想的输出轨迹，并假设它在 ILC 系统的每次迭代中是相同的，每次迭代的误差为 $e_j(k) = y_d(k) - y_j(k)$。假定 $P(q)$ 是稳定的最小相位算子，其初态在每次迭代中都被重置。迭代学习控制器最常见的形式由如下控制更新律给出。

$$u_{j+1} = f_j(u_j, u_{j-1}, \cdots, u_0, e_j, e_{j-1}, \cdots, e_0) \tag{8.4}$$

式中，f_j 表示迭代学习函数或学习算法。一个典型的 ILC 更新律可由作用于输入信号和误差的两个算子 L_u 和 L_e 描述。

$$u_{j+1}(k) = L_u(q)u_j(k) + L_e(q)e_j(k) \tag{8.5}$$

方程 (8.5) 是一个一阶更新律，它仅对最近一次迭代的输入信号和误差进行学习。

一个高阶更新律是采用多于一次迭代之前的输入信号和误差数据进行学习的，如

$$u_{j+1}(k) = L_{u,1}(q)u_j(k) + \cdots + L_{u,j+1}(q)u_0(k) + L_{e,1}(q)e_j(k) + \cdots + L_{e,j+1}(q)e_0(k) \tag{8.6}$$

与所有控制系统一样，稳定性也是 ILC 系统的一项重要指标。ILC 系统稳定性的定义和分析与经典控制稳定性的定义不同，它是由这种系统的迭代域特性决定的。这是因为 ILC 系统在时域上的长度是有限的而在迭代域上的长度是无限的。在一个 ILC 系统中主要考虑四个关键的问题：稳定性、学习瞬态、性能和鲁棒性，具体判定条件可参阅文献[20]。

ILC 系统状态空间方程的一般形式可以描述为

$$\begin{cases} x_j(k+1) = Ax_j(k) + Bu_j(k) \\ y_j(k) = Cx_j(k) + d(k) \end{cases} \tag{8.7}$$

式中，A、B 和 C 表示描述系统动态的参数矩阵，扰动被假定作用在系统的输出端。作用于设备上的扰动包括重复和不重复部分，由于假定设备是稳定的，所以在输出端由扰动不重复部分引起的变化有界。式 (8.3) 适用于任何具有有限迭代长度的系统。通过扩大周期的长度使 $T \to \infty$，该系统可以在频域内进行描述。

$$Y_j(z) = P(z)U_j(z) + P_0(z)x(0) + D(z) \tag{8.8}$$

式中，$Y_j(z)$ 为 $y_j(k)$ 在频域内的表述，传递函数为

$$P(z) = C(zI - A)^{-1}B = p_1 z^{-1} + p_2 z^{-2} + p_3 z^{-3} + \cdots \tag{8.9}$$

其中，$p_i = CA^{i-1}B, (i = 1, 2, 3, \cdots)$ 称为 Markov 参数。假设状态变量的初始条件均设定为 0，则电液伺服系统的脉冲响应可由这些 Markov 参数给出。系统的相关度为第一个非零的 Markov 参数的项数（$p_i = 0$，$i = 0, 1, \cdots, m-1$）。$d(k) = 0$，$CB \neq 0$，则系统的相关度 m 等于 1。当 $CB = 0$ 时，采样时间的微小变化就能使 $CB \neq 0$。因此，两个耦合端总能通过调整采样时间 T 使系统的相关度始终为 1。因为 ILC 应用于重复有限周期的系统，所以一次迭代的输入输出关系

可以由以下矩阵方程给出。

$$y_j = Pu_j + d \tag{8.10}$$

其中

$$y_j = \begin{bmatrix} y_j(1) \\ y_j(2) \\ \vdots \\ y_j(N) \end{bmatrix}; \quad u_j = \begin{bmatrix} u_j(0) \\ u_j(1) \\ \vdots \\ u_j(N-1) \end{bmatrix}; \quad d = \begin{bmatrix} d(0) \\ d(1) \\ \vdots \\ d(N-1) \end{bmatrix} \tag{8.11}$$

$$P = \begin{bmatrix} CB & 0 & \cdots & 0 \\ CAB & CB & \cdots & 0 \\ \vdots & \vdots & & \vdots \\ CA^{N-1}B & CA^{N-2}B & \cdots & CB \end{bmatrix} = \begin{bmatrix} p_1 & 0 & \cdots & 0 \\ p_2 & p_1 & \cdots & 0 \\ \vdots & \vdots & & \vdots \\ p_N & p_{N-1} & \cdots & p_1 \end{bmatrix} \tag{8.12}$$

本节中 ILC 采用单参数 P 型学习函数为

$$u_{j+1}(k) = u_j(k) + \varGamma e_j(k) \tag{8.13}$$

即 $L_u = I$，$L_e = \varGamma \cdot I$。根据文献[1]中的定理及其推论，其稳态矩阵为

$$\begin{aligned} H_S &= I - \varGamma \cdot P \\ &= \begin{bmatrix} 1-\varGamma p_1 & 0 & 0 & 0 \\ -\varGamma p_2 & 1-\varGamma p_1 & 0 & 0 \\ \vdots & \vdots & \vdots & 0 \\ -\varGamma p_N & \cdots & -\varGamma p_2 & 1-\varGamma p_1 \end{bmatrix} \end{aligned} \tag{8.14}$$

式中，p_1、p_2、…、p_N 表示 Markov 参数。根据文献[1]可知，当且仅当 $|1-\varGamma p_1|<1$ 时，P 型 ILC 系统稳定。

取 $p_1 = CB$，其可通过一个脉冲响应实验获得。如果 p_1 是不确定的，但其符号和上界已知，即 $0<|p_1|<M$，则选择增益 $\varGamma$ 为

$$\varGamma = \mathrm{sgn}(p_1)\frac{1}{M} \tag{8.15}$$

此时系统稳定，并且系统的误差收敛为零。

8.3.2　滑模控制

滑模控制(SMC)是一种具有不连续性的控制，它可以在动态过程中根据系统当前的状态有目的地不断变化，使系统按照预定"滑动模态"的状态轨迹运动，具有响应速度快、对参数变化及扰动不灵敏、无需系统在线辨识、物理实现简单等优点。

本节涉及的单输入单输出动态系统可描述为

$$x^{(n)} = f(\boldsymbol{x}) + b(\boldsymbol{x})u \tag{8.16}$$

式中，标量 x 表示输出，$x^{(n)}$ 表示 x 的第 n 阶导数；标量 u 表示输入；$\boldsymbol{x} = [x,\dot{x},\cdots,x^{(n-1)}]^{\mathrm{T}}$ 表示状态矢量。$f(\boldsymbol{x})$ 和 $b(\boldsymbol{x})$ 并不完全已知，但已知它们的边界和 $b(\boldsymbol{x})$ 的符号。控制对象通过状态

$\boldsymbol{x}$ 跟踪理想轨迹 $\boldsymbol{x}_d = [x_d, \dot{x}_d, \cdots, x^{(n-1)}]^{\mathrm{T}}$。令 $\tilde{x} = x - x_d$ 为变量 x 的跟踪误差，则 $\tilde{\boldsymbol{x}} = \boldsymbol{x} - \boldsymbol{x}_d =$ $[\tilde{x}, \dot{\tilde{x}}, \cdots, \tilde{x}^{(n-1)}]^{\mathrm{T}}$ 表示跟踪误差矢量。在状态空间 R^n 中定义一个时变滑模面为标量方程 $s(\boldsymbol{x};t)$[22]。

$$s(\boldsymbol{x};t) = \left(\frac{\mathrm{d}}{\mathrm{d}t} + \lambda\right)^{n-1} \tilde{x} = 0 \tag{8.17}$$

式中，λ 为严格的正常数，其值取决于特定的应用。当 $n = 2$ 时，有

$$s = \dot{\tilde{x}} + \lambda\tilde{x} \tag{8.18}$$

当 $n = 3$ 时，有

$$s = \ddot{\tilde{x}} + 2\lambda\dot{\tilde{x}} + \lambda^2\tilde{x} \tag{8.19}$$

给定初态

$$\boldsymbol{x}_d(0) = \boldsymbol{x}(0) \tag{8.20}$$

$\boldsymbol{x} \equiv \boldsymbol{x}_d$ 等价于其对于任意 $t > 0$ 都保持在滑模面 $s(t)$ 上。因此，跟踪 n 维矢量 $\boldsymbol{x}_d$ 的问题可以转化为 s 上的一阶稳定性问题。此外 s 的边界表示 $\tilde{\boldsymbol{x}}$ 的边界，因此标量 s 表示对跟踪性能的真实测量。

假设 $\tilde{\boldsymbol{x}}(0) = \boldsymbol{0}$，则

$$\forall t \geqslant 0, \quad |s(t)| \leqslant \Phi \Rightarrow \forall t \geqslant 0, \quad |\tilde{x}^{(i)}(t)| \leqslant (2\lambda)^i \varepsilon, \quad i = 0,1,\cdots,n-1 \tag{8.21}$$

式中，$\varepsilon = \Phi / \lambda^{n-1}$。

因此可以通过选择输入信号 u，使

$$\frac{1}{2}\frac{\mathrm{d}}{\mathrm{d}t}s^2 \leqslant -\eta|s| \tag{8.22}$$

式中，η 是一个大于零的常数。

8.3.3　基于迭代学习的滑模摩擦补偿控制器设计

将摩擦模型引入电液伺服系统数学模型的状态空间方程并建立滑模结构，为了得到 y 和 u 的联系，对 y 求微分得

$$y^{(1)} = \dot{x}_1 + \dot{d}_1 = x_2 + \dot{d}_1 \tag{8.23}$$

对 $y^{(1)}$ 求微分得

$$y^{(2)} = \dot{x}_2 + \ddot{d}_1 = \frac{1}{m}(-kx_1 - F_f(x_2) + Ax_3) + \ddot{d}_1 \tag{8.24}$$

对 $y^{(2)}$ 求微分得

$$y^{(3)} = \frac{k}{m^2}F_f'(x_2)x_1 + \left(-\frac{k}{m} - \frac{A\alpha}{m}\right)x_2 + \left[-\frac{A}{m^2}F_f'(x_2) - \frac{A\beta}{m}\right]x_3$$
$$+ \left[\frac{A\gamma}{m}\sqrt{P_s - \mathrm{sgn}(x_4)x_3}\right]x_4 + \frac{1}{m^2}F_f'(x_2)F_f(x_2) + \dddot{d}_1 \tag{8.25}$$

对 $y^{(3)}$ 求微分得

$$y^{(4)} = \frac{k}{m^2} \left\{ F_f''(x_2) \frac{1}{m} [-kx_1 - F_f(x_2) + Ax_3]x_1 + F_f'(x_2)x_2 \right\}$$

$$+ \left(-\frac{k}{m} - \frac{A\alpha}{m} \right) \frac{1}{m} [-kx_1 - F_f(x_2) + Ax_3]$$

$$+ \left\{ -\frac{A}{m^2} F_f''(x_2) \frac{1}{m} [-kx_1 - F_f(x_2) + Ax_3]x_3 \right.$$

$$+ \left[-\frac{A}{m^2} F_f'(x_2) - \frac{A\beta}{m} \right] \left\{ -\alpha x_2 - \beta x_3 + \left[\gamma \sqrt{P_s - \mathrm{sgn}(x_4)x_3} \right] x_4 \right\} \quad (8.26)$$

$$+ \frac{A\gamma}{m} \left(\frac{-\mathrm{sgn}(x_4)x_4}{2\sqrt{P_s - \mathrm{sgn}(x_4)x_3}} \left\{ -\alpha x_2 - \beta x_3 + \left[\gamma \sqrt{P_s - \mathrm{sgn}(x_4)x_3} \right] x_4 \right\} \right.$$

$$+ \left[\sqrt{P_s - \mathrm{sgn}(x_4)x_3} \right] \left(-\frac{1}{\tau}x_4 + \frac{K}{\tau}u \right) \right)$$

$$+ \frac{1}{m^2} \{ F_f''(x_2) F_f(x_2) + [F_f'(x_2)]^2 \} \frac{1}{m} [-kx_1 - F_f(x_2) + Ax_3] \right\} + \dddot{d}_1$$

取

$$f(x) = \frac{k}{m^2} \left\{ F_f''(x_2) \frac{1}{m} [-kx_1 - F_f(x_2) + Ax_3]x_1 + F_f'(x_2)x_2 \right\}$$

$$+ \left(-\frac{k}{m} - \frac{A\alpha}{m} \right) \frac{1}{m} [-kx_1 - F_f(x_2) + Ax_3]$$

$$+ \left\{ -\frac{A}{m^2} F_f''(x_2) \frac{1}{m} [-kx_1 - F_f(x_2) + Ax_3]x_3 \right.$$

$$+ \left[-\frac{A}{m^2} F_f'(x_2) - \frac{A\beta}{m} \right] \left\{ -\alpha x_2 - \beta x_3 + \left[\gamma \sqrt{P_s - \mathrm{sgn}(x_4)x_3} \right] x_4 \right\} \quad (8.27)$$

$$+ \frac{A\gamma}{m} \left(\frac{-\mathrm{sgn}(x_4)x_4}{2\sqrt{P_s - \mathrm{sgn}(x_4)x_3}} \left\{ -\alpha x_2 - \beta x_3 + \left[\gamma \sqrt{P_s - \mathrm{sgn}(x_4)x_3} \right] x_4 \right\} \right.$$

$$- \frac{\sqrt{P_s - \mathrm{sgn}(x_4)x_3}}{\tau} x_4 \right)$$

$$+ \frac{1}{m^2} \{ F_f''(x_2) F_f(x_2) + [F_f'(x_2)]^2 \} \frac{1}{m} [-kx_1 - F_f(x_2) + Ax_3] \right\}$$

$$d = \dddot{d}_1, \quad |d| \leqslant D \quad (8.28)$$

则

$$y^{(4)} = \frac{A\gamma K}{m\tau} \left[\sqrt{P_s - \mathrm{sgn}(x_4)x_3} \right] u + f(x) + d \quad (8.29)$$

定义误差 $e = y_d - y$，则滑模函数为

$$s(x,t) = ce \quad (8.30)$$

式中，$c = [c_1, c_2, c_3, 1] = [\lambda^3, 3\lambda^2, 3\lambda, 1]$，$\lambda > 0$；$e = [e, \dot{e}, \ddot{e}, \dddot{e}]^{\mathrm{T}}$。

采用输入输出反馈线性化方法设计控制律为

$$u = \frac{v - f + \eta\,\mathrm{sgn}(s)}{\dfrac{A\gamma K}{m\tau}\left[\sqrt{P_s - \mathrm{sgn}(x_4)x_3}\right]} \tag{8.31}$$

式中，v 为控制律的辅助项；$\eta \geqslant D$。

取 Lyapunov 函数为

$$V = \frac{1}{2}s^2 \tag{8.32}$$

则

$$\dot{V} = s\left\{\ddot{y}_d - \frac{A\gamma K}{m\tau}\left[\sqrt{P_s - \mathrm{sgn}(x_4)x_3}\right]u - f(x) - d + c_1\dot{e} + c_2\ddot{e} + c_3\dddot{e}\right\} \tag{8.33}$$

将式 (8.31) 代入式 (8.33) 得

$$\dot{V} = s[\ddot{y}_d - v - \eta\,\mathrm{sgn}(s) - d + c_1\dot{e} + c_2\ddot{e} + c_3\dddot{e}] \tag{8.34}$$

取 $v = \ddot{y}_d + c_1\dot{e} + c_2\ddot{e} + c_3\dddot{e}$，则

$$\dot{V} = s[-\eta\,\mathrm{sgn}(s) - d] = -ds - \eta|s| \leqslant (D - \eta)|s| \leqslant 0 \tag{8.35}$$

取第一个周期的输入信号 u_1 作为 ILC 系统的第一次迭代参数，之后各周期的输入信号由单参数 P 型学习函数表达为

$$u_{j+1}(k) = u_j(k) + \Gamma e_j(k) \tag{8.36}$$

本节由实验确定参数 $\Gamma = 92 \times 2.5^{-t}$，$t \geqslant 0$，$t$ 表示时间。

8.3.4　非线性摩擦补偿控制器的仿真研究

为了验证本章提出的基于迭代学习的滑模摩擦补偿控制器的控制效果，利用 MATLAB 对无摩擦补偿的经典 PID 控制、迭代学习摩擦补偿控制和基于迭代学习的滑模摩擦补偿控制三种情况分别进行了位移闭环控制的仿真研究，仿真过程中的系统参数如表 8-1 所示。

表 8-1　基于迭代学习的滑模摩擦补偿控制器的参数

参数	描述	数值	单位
m	运动质量	8.505	kg
k	负载刚度	80000	N/m
P_s	供油压力	1.0×10^7	Pa
A	活塞横截面积	3.2673×10^{-4}	m^2
λ	滑模面的特征值	10	—
Γ	ILC 误差算子	92×2.5^{-t}	—

仿真过程中均以 1V、1Hz 的标准正弦波作为输入信号，以液压缸活塞的位移作为输出。经典 PID 控制下有无非线性摩擦影响下的输出如图 8-8 和图 8-9 所示。其中，图 8-8 表示无非线性摩擦和有非线性摩擦两种条件下液压缸活塞的输出位移，图 8-9 是相应液压缸活塞的输出速度。在非线性摩擦的影响下其输出位移的幅值出现了衰减，而且波形有较明显的畸变，

输出位移的相位与无非线性摩擦的情况相比稍有滞后。从图 8-7 和图 8-9 可以找到造成这一问题的原因。从图 8-7(b)可以看出，速度过零点会出现非线性摩擦力的跳变，这会给整个控制系统带来明显的非线性扰动。从图 8-9 可以看出，在输出速度的一个周期内有两次过零点的状态。结合图 8-7(b)就容易理解图 8-9 在存在非线性摩擦的情况下，速度过零点会引起非线性摩擦力的跳变，进而使得输出速度的幅值出现衰减、波形出现明显的振荡和畸变。

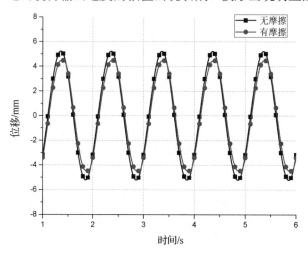

图 8-8　液压缸活塞的输出位移

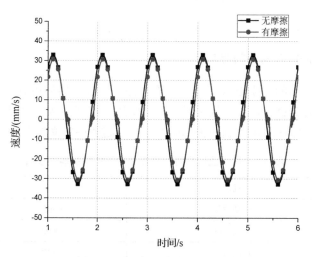

图 8-9　液压缸活塞的输出速度

非线性摩擦存在于实际系统中，无法从根本上消除，只能依靠相关控制策略补偿非线性摩擦力的影响。因此，本节分别采用经典 PID 控制、迭代学习摩擦补偿控制和基于迭代学习的滑模摩擦补偿控制对比研究相应的摩擦补偿控制效果，其研究结果如图 8-10～图 8-13 所示。其中，图 8-10 表示了三种控制模式下液压缸活塞的输出速度，图 8-11 表示三种控制模式下液压缸活塞的非线性摩擦情况，图 8-12 表示三种控制模式下液压缸活塞的输出位移，图 8-13 表示三种控制模式下液压缸活塞的输出位移误差。

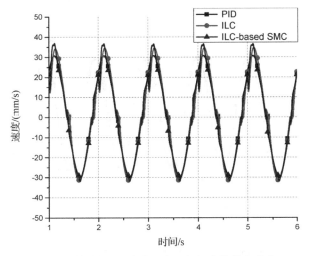

图 8-10　三种控制模式下液压缸活塞的输出速度

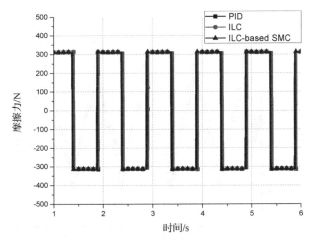

图 8-11　三种控制模式下液压缸活塞的摩擦情况

从图 8-10 和图 8-11 可以看出，与经典 PID 控制相比，迭代学习摩擦补偿控制和基于迭代学习的滑模摩擦补偿控制均削弱了由非线性摩擦引起的振荡，降低了非线性摩擦力的影响（其中，基于迭代学习的滑模摩擦补偿控制效果更好一些）。此外，从图 8-10 中还可以看出，迭代学习摩擦补偿控制和基于迭代学习的滑模摩擦补偿控制还能补偿液压缸活塞输出速度的幅值（其中，基于迭代学习的滑模摩擦补偿控制幅值补偿更大一些）。图 8-12 和图 8-13 更能明显地看出三种控制方案最终的补偿控制效果。

从图 8-12 中可以看出采用基于迭代学习的滑模摩擦补偿控制后，液压缸活塞的输出位移有了较明显的校正，输出位移的幅值最大，而且输出位移的相位也得到了补偿。单纯采用迭代学习摩擦补偿控制虽然能有效补偿输出位移的幅值，但也引起相位的一点点滞后。由图 8-13 可以看出，迭代学习摩擦补偿控制使作动活塞的位移误差减小了约 20%，而基于迭代学习的滑模摩擦补偿控制在此基础之上进一步提高，最终使作动活塞的位移误差减小了约 30%。

从以上分析知：基于迭代学习的滑模摩擦补偿控制算法能够在幅值和相位两个方面都进行有效的补偿，是电液伺服系统中非线性摩擦的补偿控制中较理想的控制方案。

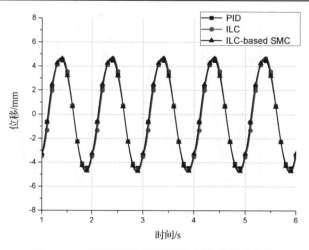

图 8-12　三种控制模式下液压缸活塞的输出位移

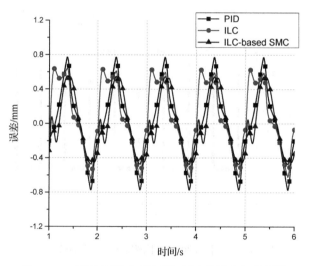

图 8-13　三种控制模式下液压缸活塞的输出位移误差

参 考 文 献

[1]　SANG Y, SUN W Q WANG X D. Study on nonlinear friction compensation control in the electro-hydraulic servo loading system of triaxial apparatus[J]. International Journal of Engineering Systems Modelling and Simulation, 2018, 10(3): 142-150.

[2]　桑勇, 邵龙潭. "动静三轴试验仪" 伺服加载系统研究[J]. 大连理工大学学报, 2010, (2): 202-207.

[3]　ALLEYNE A, LIU R. A simplifed approach to force control for electro-hydraulic systems[J]. Control Engineering Practice, 2000, 8(12): 1347-1356.

[4]　GAN M G, ZHANG M, MA H X, CHEN J. Adaptive Control of a Servo System Based on Multiple Models[J]. Asian Journal of Control, 2016, 18(2): 652-663.

[5]　NA J, CHEN Q, REN X M, GUO Y. Adaptive Prescribed Performance Motion Control of Servo Mechanisms

with Friction Compensation[J]. IEEE Transactions on Industrial Electronics, 2014, 61 (1): 486-494.

[6]　ZUO Z Y, LI X, SHI Z G. Adaptivecontrol of uncertain gear transmission servo systems with dead zone nonlinearity[J]. ISA Transactions, 2015, 58: 67-75.

[7]　WANG X J, WANG S P. High performance adaptive control of mechanical servo system with LuGre friction model: Identification and compensation[J]. Journal of Dynamic Systems, Measurement, and Control, 2012, 134 (1): 011021 (8).

[8]　MILIĆ Vladimir, ŠITUM Željko, ESSERT Mario. Robust H∞ position control synthesis of an electro-hydraulic servo system[J]. ISA Transactions, 2010, 49 (4): 535-542.

[9]　HENRY D, CIESLAK J, ZOLGHADRI A, EFIMOV D. A non-conservative H-/H∞ solution for early and robust fault diagnosis in aircraft control surface servo-loops[J]. Control Engineering Practice, 2014, 31: 183-199.

[10]　HERRERA-LÓPEZ E J, CASTILLO-TOLEDO B, FEMAT R. Fuzzy servo controller for CSTB with substrate inhibition kinetics[J]. Journal of Process Control, 2012, 22 (6): 959-967.

[11]　AHMED M S, BHATTI U L, AL-SUNNI F M, EL-SHAFEI M. Design of a fuzzy servo-controller[J]. Fuzzy Sets and Systems, 2001, 124 (2): 231-247.

[12]　PRECUP R E, DAVID R C, PETRIU E M. Evolutionary optimization-based tuning of low-cost fuzzy controllers for servo systems[J]. Knowledge-Based Systems, 2013, 38: 74-84.

[13]　GU J N, WANG H M, PAN Y L. Neural network based visual servo control for CNC load/unload manipulator[J]. Optik-International Journal for Light and Electron Optics, 2015, 126 (23): 4489-4492.

[14　LIN C H. Hybrid recurrent wavelet neural network control of PMSM servo-drive system for electric scooter[J]. International Journal of Control, Automation and Systems, 2014, 12 (1): 177-187.

[15]　YAO J J, JIANG G L, GAO S. Particle swarm optimization-based neural network control for an electro-hydraulic servo system[J]. Journal of Vibration and Control, 2014, 20 (9): 1369-1377.

[16]　BRISTOW D A, THARAYIL M, ALLEYNE A G. A survey of iterative learning control[J]. IEEE Control Systems, 2006, 26 (3): 96-114.

[17]　BRISTOW DOUGLAS A, ALLEYNE ANDREW G, THARAYIL M. Optimizing learning convergence speed and converged error for precision motion control[J]. Journal of Dynamic Systems, Measurement, and Control, 2008, 130 (5): 54501 (8).

[18]　DAS M, MAHANTA C. Optimal second order sliding mode control for nonlinear uncertain systems[J]. ISA Transactions. 2014, 53 (4): 1191-1198

[19]　PAOLO I G, MATTEO R, ANTONELLA F. Sliding Mode Control of Constrained Nonlinear Systems[J]. IEEE Transactions on Automatic Control, 2017, 62 (6): 2965-2972.

[20]　SANG Y, GAO H L, XIANG F. Practical friction models and friction compensation in high-precision electro-hydraulic servo force control systems[J]. Instrumentation Science and Technology. 2014, 42: 184-199.

第9章 电液伺服系统负载非线性的补偿控制

电液伺服系统输出力/力矩大、功重比高，广泛应用于大功率、重载荷工作环境下的动态加载。然而受负载对象本身物理特性的影响，负载在加载过程中通常表现出强烈的非线性特征，在控制过程中很难实现负载的线性化。电液伺服系统输出载荷大，进一步增强了这种非线性的复杂性和不确定性，引起系统动态输出的幅值衰减、相位滞后和波形畸变，恶化了电液伺服系统的输出性能[1-2]。因此，必须采用更加有效的控制方法解决此类问题。在现代控制理论的研究中，自适应控制策略已成功应用于机器人表面接触调节[3]、动态摩擦补偿[4]、机械手[5]、有限带宽逆变器[6]和基于谐波滤波器的电压控制器[7]等非线性和不确定性系统中。模糊控制器的开发极大地降低了全向机器人[8]、直流伺服电机[9]、风能系统[10]、开关磁阻电机的转矩脉动抑制[11]和 Takagi Sugeno 形式的连续时间非线性系统[12]等控制对象对数学模型的依赖性。文献[13-17]则充分发挥了神经网络在智能停车引导、汽车发动机歧管压力、直流电机的速度位置跟踪、直线电机驱动系统精确运动控制和动态逆补偿等方面对系统模型的估测能力。近年来，He Y 等、Li X 等、Guo Q 等和 Deng W 等分别针对电液伺服系统的死区[18-19]、外部负载扰动[20]和液压缸的摩擦[21]研究了非线性控制方法。本章结合工程实例，针对电液伺服系统的非线性负载，提出一种 PD 型迭代学习控制器(PD-type ILC)，用于提高电液伺服系统的控制精度和鲁棒性[1-2]。

9.1　电液伺服系统的负载非线性

9.1.1　非线性负载的工程实例

图 9-1 为某一电液伺服力加载系统的原理图，系统由伺服阀、伺服缸、伺服放大器、A/D 模块、D/A 模块、计算机、气源、压力传感器、位移传感器、土样和压力室等组成。伺服缸在伺服阀的控制下，对压力室的土样施加载荷，压力室内的压力调节借助于气源的压力调节阀实现[22]。本章以图 9-1 所示的电液伺服系统对土样的加载为工程实例，分析土样非线性负载的产生机理。负载非线性取决于加载对象的物理性质，不同的加载对象往往呈现出不同的非线性特征。土的本构关系表征了土的应力-应变关系，是岩土工程力学的重要理论基础，它的数学表达式是在大量实验的基础上，通过简化建立起来的。砂土液化是土的本构关系的重要特征之一，它是饱和砂土和黏性较弱的土体在动力、静力和渗流效应的作用下，由固态转化为液态的行为和过程。液化的机理是由于土体受压、孔隙水压力增大、有效应力降低而使土体失去抗剪切能力[23]。

土的剪切强度可以表示为

$$\tau_f = c' + \sigma' \tan\varphi' = c' + (\sigma - u)\tan\varphi' \tag{9.1}$$

式中，c' 为有效黏聚力；φ' 为有效内摩擦角；σ' 为有效法向压力；σ 为总法向压力；u 为孔隙水压力。

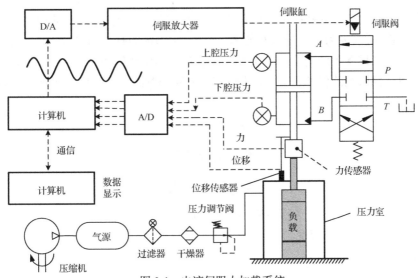

图 9-1　电液伺服力加载系统

当 τ_f 趋于 0 时，砂土发生液化，即

$$c' \to 0$$

$$\sigma' = (\sigma - u) \to 0 \tag{9.2}$$

$$G = \tau_f / \gamma \to 0 \tag{9.3}$$

式中，G 为剪切模量；γ 为剪应变。

在三轴试验条件下，Mohr-Coulomb 强度准则可表示为

$$q = c'\cos\varphi' + (p' + c'\cot\varphi')\sin\varphi' \tag{9.4}$$

$$q = \frac{1}{2}(\sigma_1 - \sigma_3) = \frac{1}{2}(\sigma_1' - \sigma_3') \tag{9.5}$$

$$p' = \frac{1}{2}(\sigma_1' + \sigma_3') = \frac{1}{2}(\sigma_1 + \sigma_3) - u = p - u \tag{9.6}$$

因此，砂土液化的条件可表示为

$$c' \cong 0$$

$$p' = 0 \tag{9.7}$$

$$u = p = \frac{1}{2}(\sigma_1 + \sigma_3)$$

9.1.2　非线性负载的数学模型

电液伺服系统的非线性负载模型可以为

$$\begin{cases} \dot{x}_1 = x_2 \\ \dot{x}_2 = \dfrac{1}{m}[-k(x_1) + Ax_3] \\ \dot{x}_3 = -\alpha x_2 - \beta x_3 + \left[\gamma\sqrt{P_s - \mathrm{sgn}(x_4)x_3}\right]x_4 \\ \dot{x}_4 = -\dfrac{1}{\tau}x_4 + \dfrac{K}{\tau}u \\ y = k(x_1) \end{cases} \tag{9.8}$$

式中，x_1 为伺服缸的活塞位移；x_2 为伺服缸的活塞速度；x_3 为伺服缸中的加载压力；x_4 为电液伺服阀的阀芯位移；u 为电液伺服阀的输入信号；y 为伺服缸的输出力；m 为液压缸活塞的质量；$k(x_1)$ 为电液伺服系统的非线性负载，其中 k 表示负载的非线性刚度；A 为活塞的横截面积；P_s 为电液伺服阀的供油压力；τ 为电液伺服阀的时间常数；K 为电液伺服阀的输入增益。

$$\alpha = 4A\beta_e / V_t \tag{9.9}$$

$$\beta = 4C_{tm}\beta_e / V_t \tag{9.10}$$

$$\gamma = 4C_d\beta_e w / (V_t\sqrt{\rho}) \tag{9.11}$$

式中，β_e 为有效体积模量；V_t 为液压缸的体积；C_{tm} 为内泄漏系数；C_d 为流量系数；w 为阀芯面积梯度；ρ 为液压油的密度。

9.1.3 非线性负载的测定实验

根据力-位移曲线的实验结果，给出如图 9-2 所示的标准正弦输入信号条件下液化土的非线性变刚度曲线。

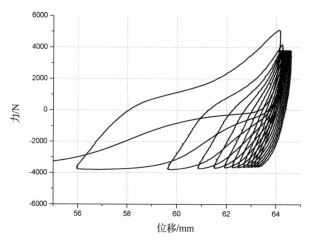

图 9-2 　液化土的非线性变刚度曲线

在图 9-2 中，砂土液化的力-位移关系曲线表现为一组不断变化的非线性滞回圈。在加载过程中，弹性变形和塑性变形同时出现。在卸载过程中，弹性变形可以恢复，而塑性变形是不可恢复的。土体刚度的这一特性对电液伺服加载系统输入信号的跟踪性能和鲁棒性有很大的影响。

9.2　非线性变负载补偿控制的实现

9.2.1 PD 型迭代学习控制器的设计

在式(9.8)的基础上，建立 PD 型迭代学习控制下电液伺服系统的通用方程。

$$\begin{cases} \boldsymbol{x}_j(k+1) = \boldsymbol{A}\boldsymbol{x}_j(k) + \boldsymbol{B}\boldsymbol{u}_j(k) \\ \boldsymbol{y}_j(k) = \boldsymbol{C}\boldsymbol{x}_j(k) \end{cases} \tag{9.12}$$

式中，$\boldsymbol{A}$、$\boldsymbol{B}$、$\boldsymbol{C}$ 均为描述电液伺服系统动态的参数矩阵。上述状态表达式适用于任意具有有限迭代长度的系统，该系统也可通过扩展迭代长度至 $T \rightarrow \infty$ 对频域进行描述，即

$$Y_j(z) = P(z)U_j(z) + P_0(z)x(0) + D(z) \tag{9.13}$$

式中，$Y_j(z)$ 为 $y_j(k)$ 的频域表现形式，其对应的传递函数为

$$P(z) = \boldsymbol{C}(z\boldsymbol{I} - \boldsymbol{A})^{-1}\boldsymbol{B} = p_1 z^{-1} + p_2 z^{-2} + p_3 z^{-3} + \cdots \tag{9.14}$$

式中，$p_i = \boldsymbol{C}\boldsymbol{A}^{i-1}\boldsymbol{B}(i=1,2,3,\cdots)$，$p_i$ 称为 Markov 参数。状态变量的初始条件均设定为 0，则系统的脉冲响应可由这些 Markov 参数给出。系统的相关度对应于第一个非零的 Markov 参数。

PD 型迭代学习控制可用如下矩阵表示一阶迭代的输入输出关系。

$$\boldsymbol{y}_j = \boldsymbol{P}\boldsymbol{u}_j + \boldsymbol{d} \tag{9.15}$$

其中

$$\boldsymbol{y}_j = \begin{bmatrix} y_j(1) \\ y_j(2) \\ \vdots \\ y_j(N) \end{bmatrix}; \quad \boldsymbol{u}_j = \begin{bmatrix} u_j(0) \\ u_j(1) \\ \vdots \\ u_j(N-1) \end{bmatrix}; \quad \boldsymbol{d} = \begin{bmatrix} d(0) \\ d(1) \\ \vdots \\ d(N-1) \end{bmatrix} \tag{9.16}$$

$$\boldsymbol{P} = \begin{bmatrix} \boldsymbol{CB} & 0 & \cdots & 0 \\ \boldsymbol{CAB} & \boldsymbol{CB} & \cdots & 0 \\ \vdots & \vdots & & \vdots \\ \boldsymbol{CA}^{N-1}\boldsymbol{B} & \boldsymbol{CA}^{N-2}\boldsymbol{B} & \cdots & \boldsymbol{CB} \end{bmatrix} = \begin{bmatrix} p_1 & 0 & \cdots & 0 \\ p_2 & p_1 & \cdots & 0 \\ \vdots & \vdots & & \vdots \\ p_N & p_{N-1} & \cdots & p_1 \end{bmatrix} \tag{9.17}$$

由式(9.8)计算可得

$$p_1 = \boldsymbol{CB} = 0 \tag{9.18}$$

当 $\boldsymbol{CB}=0$ 时，采样时间的微小变化就能使 $\boldsymbol{CB} \neq 0$。因此，两个耦合端总能通过调整采样时间 T 使系统的相关度始终为 $1^{[24\text{-}25]}$。

迭代学习算法同样适用于电液伺服系统的非线性负载补偿控制，但由于图 9-2 所示负载的非线性特性十分强烈，P 型迭代学习算法(比例迭代学习算法)已不能很好地跟踪上负载的变化，因此本节在学习算法中增加一个微分学习环节，获得 PD 型迭代学习算法(比例微分迭代学习算法)，从而提高电液伺服系统的跟踪性能和鲁棒性，其学习函数为

$$\boldsymbol{u}_{j+1}(k) = \boldsymbol{u}_j(k) + k_p \boldsymbol{e}_j(k) + k_d [\boldsymbol{e}_j(k+1) - \boldsymbol{e}_j(k)] \tag{9.19}$$

式中，$\boldsymbol{u}_j(k)$ 为第 j 个迭代周期的第 k 个输入采样点；$\boldsymbol{e}_j(k)$ 为第 j 个迭代周期的第 k 个输出误差；k_p 为比例学习系数；k_d 为微分学习系数。

PD 型迭代学习算法的稳定性证明如下。

由式(9.15)定义后向差分算子为

$$\Delta_j y = y_j - y_{j-1} = (\boldsymbol{P}\boldsymbol{u}_j + \boldsymbol{d}) - (\boldsymbol{P}\boldsymbol{u}_{j-1} + \boldsymbol{d}) = \boldsymbol{P}\Delta_j \boldsymbol{u} \tag{9.20}$$

将该算子应用于控制矢量中得

$$
\begin{aligned}
\Delta_{j+1}\boldsymbol{u} &= \boldsymbol{u}_{j+1} - \boldsymbol{u}_j = (\boldsymbol{u}_j + \boldsymbol{L}\boldsymbol{e}_j) - (\boldsymbol{u}_{j-1} + \boldsymbol{L}\boldsymbol{e}_j) \\
&= \Delta_j\boldsymbol{u} + \boldsymbol{L}[(\boldsymbol{y}_d - \boldsymbol{y}_j) - (\boldsymbol{y}_d - \boldsymbol{y}_{j-1})] \\
&= \Delta_j\boldsymbol{u} - \boldsymbol{L}\Delta_j\boldsymbol{y} = (\boldsymbol{I} - \boldsymbol{L}\boldsymbol{P})\Delta_j\boldsymbol{u}
\end{aligned}
\tag{9.21}
$$

$$
\boldsymbol{L} = \begin{bmatrix}
k_d & 0 & \cdots & 0 & 0 \\
k_p - k_d & k_d & \ddots & \vdots & \vdots \\
0 & k_p - k_d & \ddots & 0 & 0 \\
\vdots & \ddots & \ddots & k_d & 0 \\
0 & \cdots & 0 & k_p - k_d & k_d
\end{bmatrix}
\tag{9.22}
$$

当且仅当 $\boldsymbol{I}\text{–}\boldsymbol{LP}$ 的特征值在单位圆内时，该离散系统向 0 收敛。

$$
\left|\lambda(\boldsymbol{I} - \boldsymbol{LP})\right| < 1 \Leftrightarrow \lim_{j\to\infty}\Delta_j\boldsymbol{u} = 0 \Leftrightarrow \lim_{j\to\infty}\left\|\boldsymbol{u}_{j+1} - \boldsymbol{u}_j\right\| = 0
\tag{9.23}
$$

由此可得稳定性矩阵为

$$
\boldsymbol{H}_S = \boldsymbol{I} - \boldsymbol{LP} = \begin{bmatrix}
1 - k_d p_1 & 0 & \cdots & 0 \\
(k_d - k_p)p_2 & 1 - k_d p_1 & \cdots & \vdots \\
\vdots & \vdots & & 0 \\
(k_d - k_p)p_N & \cdots & (k_d - k_p)p_2 & 1 - k_d p_1
\end{bmatrix}
\tag{9.24}
$$

由式 (9.24) 可得，$\boldsymbol{H}_s$ 的特征值绝对值为 $\left|1 - k_d p_1\right|$。由式 (9.23) 可知，当且仅当满足式 (9.25) 时，PD 型迭代学习控制算法稳定。

$$
\left|1 - k_d p_1\right| < 1
\tag{9.25}
$$

9.2.2　非线性变负载补偿控制的仿真验证

　　为了验证这种非线性负载在数字仿真中对系统跟踪性能的影响，将原始的力-位移曲线根据其三个不同阶段简化为三个模型，并分别转化为仿真中应用的刚度函数。在图 9-2 中，液化土的参数值可以近似计算为

$$
x_{\max} = 2\text{mm}, \quad F_{\max} = 4000\text{N}
\tag{9.26}
$$

式中，$x_{\max}$ 为伺服缸输出位移的幅值；$F_{\max}$ 为伺服缸输出力的幅值。

　　非线性变负载条件下力-位移的关系曲线具有两个突出的特点。

　　(1) 每个周期都有一个 1/4 的连续区间，其中力-位移关系曲线的斜率非常小，而在同一周期的另一个 1/4 连续区间中，力-位移关系曲线的斜率非常大。

　　(2) 力-位移的关系曲线是一个非线性滞回圈。

　　因此，本节采用三组幂函数作为实际负载的简化模型来表达这些非线性特征。当函数的幂为 1 时，简化模型为线性，随着函数幂的增大，非线性特征增大 (幂大于 1)，三个阶段的简化模型如下。

　　第 1 阶段 (线性阶段) 的简化模型为

$$F_1 = \begin{cases} 8000 \times \left(\dfrac{x+2}{4}\right)^1 - 4000, & v > 0 \\[3mm] 8000 \times \left(\dfrac{x+2}{4}\right)^{1.1} - 4000, & v \leqslant 0 \end{cases} \tag{9.27}$$

第 2 阶段(过渡阶段)的简化模型为

$$F_2 = \begin{cases} 8000 \times \left(\dfrac{x+2}{4}\right)^{1.5} - 4000, & v > 0 \\[3mm] 8000 \times \left(\dfrac{x+2}{4}\right)^{2} - 4000, & v \leqslant 0 \end{cases} \tag{9.28}$$

第 3 阶段(非线性阶段)的简化模型为

$$F_3 = \begin{cases} 8000 \times \left(\dfrac{x+2}{4}\right)^{3} - 4000, & v > 0 \\[3mm] 8000 \times \left(\dfrac{x+2}{4}\right)^{8} - 4000, & v \leqslant 0 \end{cases} \tag{9.29}$$

式中，x 为伺服缸的输出位移 $(-2 \leqslant x \leqslant 2)$；$v$ 为伺服缸的速度；F_1 为第 1 阶段的负载；F_2 为第 2 阶段的负载；F_3 为第 3 阶段的负载。

三个阶段力-位移关系曲线的简化模型如图 9-3 所示。

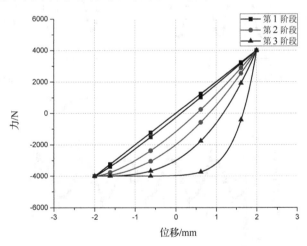

图 9-3　三个阶段力-位移关系曲线的简化模型

在进行实验之前，为了验证所设计的 PD 型迭代学习控制器的效果，需要选择一种传统的经典控制方法与 PD 型迭代学习控制器进行比较。本节采用 MATLAB 仿真软件分别对式 (9.27)～式(9.29)描述的三个阶段的力-位移关系曲线实现经典 PID 控制和 PD 型迭代学习控制的闭环控制仿真。PD 型迭代学习控制器仿真参数设置如表 9-1 所示。

仿真过程中采用 2V、0.5Hz 的标准正弦波作为输入信号，将伺服缸的输出力作为输出。经典 PID 控制在线性负载条件下与非线性变负载条件下的输出比较结果如图 9-4 所示。在图 9-4 中，输出位移的波谷在非线性变负载条件下衰减较大，波形畸变明显，各周期平均位移以一定的速率增大，其原因可由图 9-2 和图 9-3 解释。在图 9-2 和图 9-3 中，非线性刚度在位移为负时很小，在位移为正时增大非常快，而图 9-4 在位移方向上，前后变化形式与图 9-3 几乎相同。这将对整个控制系统造成严重的非线性扰动。在图 9-4 中，由非线性负载引起的波峰尖锐，导致输出位移波谷的衰减，波形失真。在图 9-2 中，力和位移的关系一个周期接一个周期地沿其关系曲线向左边移动，从而使得每个周期的平均位移增大。

表 9-1　PD 型迭代学习控制器的参数

参数	描述	数值	单位
m	运动质量	12	kg
P_s	压力源	1.0×10^7	Pa
A	活塞横截面积	1.58336×10^{-3}	m^2
k_p	比例学习系数	2×10^{-4}	—
k_d	微分学习系数	12×10^{-6}	—

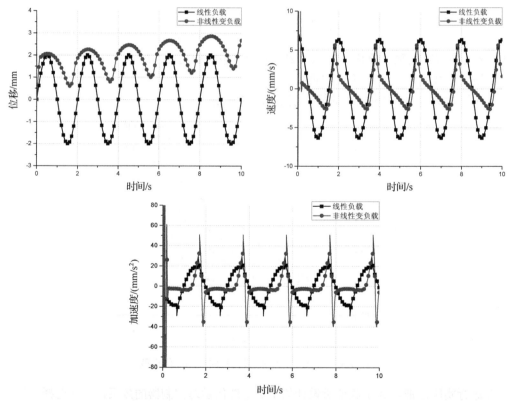

图 9-4　伺服缸的输出位移、速度和加速度

三个阶段仿真结果的局部细节放大图如图 9-5～图 9-7 所示。

在图 9-5 中，由于第 1 阶段的外部负载几乎是线性的，经典 PID 控制和 PD 型迭代学习控制都表现出了良好的跟踪性能。经典 PID 控制的输出力误差稳定在一定区间内，而 PD 型迭代学习控制的输出力误差随着时间的增加而衰减。

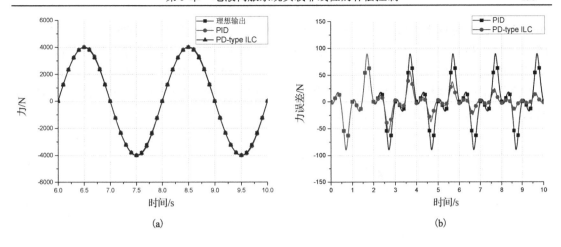

图 9-5　伺服缸在第 1 阶段的输出力及其误差

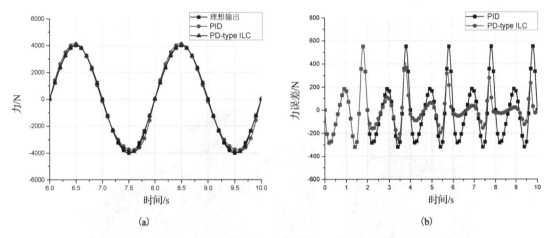

图 9-6　伺服缸在第 2 阶段的输出力及其误差

在图 9-6 中,经典 PID 控制的跟踪性能有所下降,其输出力误差比第 1 阶段大得多(350～550N)。在这种情况下,PD 型迭代学习控制能够使电液伺服系统的输出力误差收敛,表现出明显的优势。

在图 9-7 中,第 3 阶段的非线性变负载使得经典 PID 控制的跟踪性能严重恶化,其最大输出力误差超过理想输出幅值的 20%。而 PD 型迭代学习控制的跟踪性能随着迭代周期的累积变得越来越好,随着时间的推移,输出力误差不断向 0 收敛。经过第一次迭代,输出力就得到了明显的修正,其误差比经典 PID 控制降低了约 20%。

由上述分析可知,PD 型迭代学习控制对理想输出力曲线具有良好的跟踪性能,是一种理想的控制方案。

9.2.3　非线性变负载补偿控制的实验验证

本节提出的 PD 型迭代学习控制器可直接应用于工程实际——砂土液化试验,进而提高试验的精度。动三轴试验仪和液压油源系统的实物照片如图 9-8 所示。其中,轴向加载范围为 0～50000N,围压加载范围为 0～3000kPa。围压室中高精度压力传感器的孔压范围为 0～

2000kPa。位移传感器的测量范围在 0～50mm，测量误差小于 0.1%。数据的高精度采集通过 16 位 A/D 转换器实现。图 9-9 展示了土样液化过程的三个阶段，它们分别为线性阶段、过渡阶段和非线性阶段。实验结果表明，随着土样强度的降低，土样的变形程度增大，其负载非线性随着加载力的增大越来越明显。负载非线性增加了系统的控制难度，输出幅值衰减的现象在伺服加载控制初期中就显现出来。

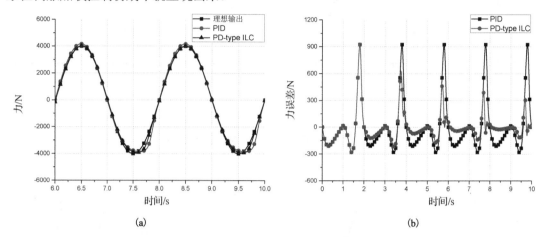

(a)　　　　　　　　　　　　　　　　　(b)

图 9-7　伺服缸在第 3 阶段的输出力及其误差

图 9-8　动三轴试验仪和液压油源系统

(a) 线性阶段　　　　　(b) 过渡阶段　　　　　(c) 非线性阶段

图 9-9　土样液化三个阶段的变形情况

实验结果如图 9-10 和图 9-11 所示。

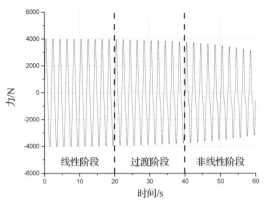

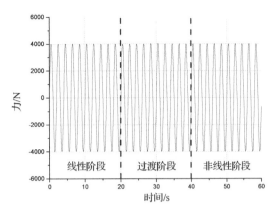

图 9-10　经典 PID 控制的活塞输出力　　　　　图 9-11　PD 型迭代学习控制的活塞输出力

在图 9-10 和图 9-11 中，活塞的输出力按照图 9-3 的方式可分为线性阶段、过渡阶段和非线性阶段共三部分。随着砂土液化程度的不断增强，经典 PID 控制下输出力曲线的包络线从过渡阶段开始收缩，并在非线性阶段形成明显的缩颈。而 PD 型迭代学习控制下输出力曲线的包络线基本呈直线状态。该现象表明 PD 型迭代学习控制在非线性变负载条件下的跟踪性能明显优于经典 PID 控制。

图 9-12～图 9-14 为图 9-10 和图 9-11 三个阶段的细节局部放大图。

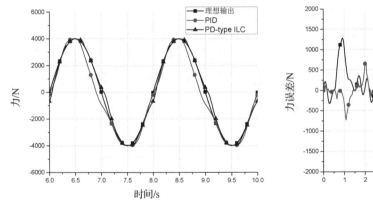

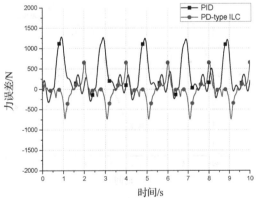

图 9-12　线性阶段的活塞输出力及其误差

在图 9-12 中，经典 PID 控制和 PD 型迭代学习控制输出误差的幅值基本相同，但 PD 型迭代学习控制的误差均值离零线更近。该现象表明 PD 型迭代学习控制的跟踪性能即使在线性阶段也要优于经典 PID 控制。

在图 9-13 中，经典 PID 控制的输出力误差不断增大，而 PD 型迭代学习控制下的输出力误差基本保持不变。该现象表明 PD 型迭代学习控制相对于经典 PID 控制的优越性随着过渡阶段的深入越发明显。在过渡阶段，PID 控制的输出力波形发生畸变，而 PD 型迭代学习控制的输出力波形仍然十分接近理想波形。该现象表明，相对于经典 PID 控制，PD 型迭代学习控制具有较强的鲁棒性。

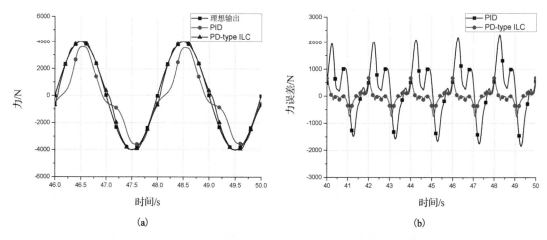

图 9-13　过渡阶段的活塞输出力及其误差

在图 9-14 中，经典 PID 控制下输出力误差的幅值严重发散，甚至达到了总输出幅值的 50%，而 PD 型迭代学习控制的输出力误差仍然保持稳定且较低的水平。经典 PID 控制的输出力波形畸变严重，而 PD 型迭代学习控制的输出力仍然接近理想输出波形。非线性阶段的现象表明，PD 型迭代学习控制与经典 PID 控制相比，既有更好的跟踪性能，又有良好的鲁棒性。

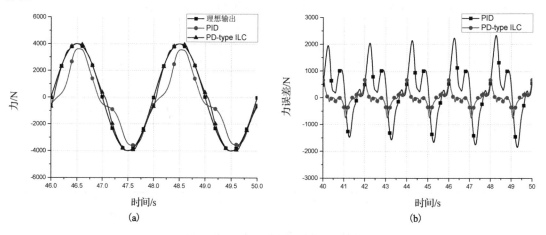

图 9-14　非线性阶段的输出力及其误差

在仿真中，PD 型迭代学习控制的输出力误差向水平零值线收敛，经典 PID 控制的输出力误差保持一个稳定的水平。而在实验中，PD 型迭代学习控制的输出力误差保持一个稳定的水平，经典 PID 控制的输出力误差直接发散。这是由于仿真受到数学模型函数是否可导的限制，不同加载周期采用相同的非线性负载必须保持一致，而在实验中，实际负载每个周期的非线性各不相同，且能够实现在不可导点处的光滑过渡。因此，虽然仿真和实验在现象上存在一定的差异，但它们所呈现出的整体趋势是一致的，体现了 PD 型迭代学习控制的优越性，它是一种较为理想的控制策略。

参 考 文 献

[1] SANG Y, SUN W Q. Study on the compensation control of electro-hydraulic servo force loading in nonlinear variable load condition[J]. Proceedings of the Institution of Mechanical Engineers, Part I: Journal of Systems and Control Engineering. 2019, 233（6）: 677-688.

[2] HAMMING, R. Modern control theory[J]. IEEE Transactions on Automatic Control. 1970, 15: 245- 245.

[3] SOLANES J E, GRACIA L, MUNOZ-BENAVENT P, et al. Adaptive robust control and admittance control for contact-driven robotic surface conditioning[J]. Robotics and Computer-Integrated Manufacturing, 2018, 54: 115-132.

[4] ANNASWAMY A M, SKANZE F P, LOH A P. Adaptive control of continuous time systems with convex/concave parameterization[J]. Automatica, 1998, 34: 33-49.

[5] DIXON W E, ZERGEROGLU E, DAWSON D M, et al. Repetitive learning control: a Lyapunov-based approach[J]. IEEE Transactions on Systems, Man, and Cybernetics, Part B（Cybernetics）, 2002, 32: 538-545.

[6] ESCOBAR G, STANKOVIC A M, MATTAVELLI P. An adaptive controller in stationary reference frame for D-statcom in unbalanced operation[J]. IEEE Transactions on Industrial Electronics, 2004, 51: 401-409.

[7] ESCOBAR G, MATTAVELLI P, STANKOVIC A M, et al. An adaptive control for UPS to compensate unbalance and harmonic distortion using a combined capacitor/load current sensing[J]. IEEE Transactions on Industrial Electronics, 2007, 54: 839-847.

[8] ESPADA A, BARREIRO A. Robust stability of fuzzy control systems based on conicity conditions[J]. Automatica, 1999, 35: 643-654.

[9] ABIYEV R H, GÜNSEL I S, AKKAYA N, et al. Fuzzy control of omnidirectional robot[J]. Procedia Computer Science, 2017, 120: 608-616.

[10] CARDENAS R, PENA R, ASHER G, et al. Control strategies for enhanced power smoothing in wind energy systems using a flywheel driven by a vector-controlled induction machine[J]. IEEE Transactions on industrial electronics, 2001, 48: 625-635.

[11] RODRIGUES M, BRANCO P J C, SUEMITSU W. Fuzzy logic torque ripple reduction by turn-off angle compensation for switched reluctance motors[J], IEEE Transactions on Industrial Electronics, 2001, 48: 711-715.

[12] LAM H K, LEUNG F H F. LMI-based stability and performance conditions for continuous-time nonlinear systems in Takagi–Sugeno's form[J]. IEEE Transactions on Systems, Man, and Cybernetics, Part B（Cybernetics）, 2007, 37: 1396-1406.

[13] TAN Y, CAUWENBERGHE A V. Neural-network-based d-step-ahead predictors for nonlinear systems with time delay[J]. Engineering applications of artificial intelligence, 1999, 12: 21-35.

[14] SHIN J H, JUN H B, KIM J G. Dynamic control of intelligent parking guidance using neural network predictive control[J]. Computers & Industrial Engineering, 2018, 120: 15-30.

[15] HORNG J H. Neural adaptive tracking control of a DC motor[J]. Information sciences, 1999, 118: 1-13.

[16] GONG J Q, YAO B. Neural network adaptive robust control of nonlinear systems in semi-strict feedback form[J]. Automatica, 2001, 37: 1149-1160.

[17] SELMIC R R, LEWIS F L. Neural net backlash compensation with Hebbian tuning using dynamic inversion[J]. Automatica, 2001, 37: 1269-1277.

[18] HE Y, WANG J, HAO R. Adaptive robust dead-zone compensation control of electro-hydraulic servo systems with load disturbance rejection[J]. Journal of Systems Science and Complexity, 2015, 28: 341-359.

[19] LI X, YAO J, ZHOU Z. Output feedback adaptive robust control of hydraulic actuator with friction and model uncertainty compensation[J]. Journal of the Franklin Institute, 2017, 354: 5328-5349.

[20] GUO Q, ZHANG Y, CELLER B G, et al. Backstepping control of electro-hydraulic system based on extended-state-observer with plant dynamics largely unknown[J]. IEEE Transactions on Industrial Electronics,, 2016, 63: 6909-6920.

[21] DENG W, YAO J, MA D. Robust adaptive precision motion control of hydraulic actuators with valve dead-zone compensation[J]. ISA Transactions, 2017, 70: 269-278.

[22] SANG Y, SHAO L. Research on electro-hydraulic servo loading system for dynamic & static dynamic triaxial apparatus[J]. Journal of Dalian University of Technology, 2010, 50: 202-207.

[23] ISHIHARA K, TRONKOCO J, KAWASE Y, et al. Cyclic Strength Characteristics of Tailings Materials[J]. Soils and Foundations, 1980, 20: 127-142.

[24] THARAYIL M L. Switched Q-filters in repetitive control and iterative learning control[D]. Illinois: University of Illinois at Urbana-Champaign, 2005.

[25] HILLENBRAND S, PANDIT M. A discrete-time iterative learning control law with exponential rate of convergence[J]. Proceedings of the IEEE Conference on Decision and Control, 1999, 2: 1575-1580.

第 10 章　电液伺服系统耦合非线性的补偿控制

对于多轴同步输出的电液伺服系统而言,各输出端之间的同步性是最重要的性能指标[1]。由于电液伺服系统输出力/力矩大,各输出端产生的关联耦合作用能够清晰地传递到其他输出端上,从而降低控制的精度[2]。通常情况下,这种关联耦合并不是直接连接的,而是通过一个或多个非线性环节间接地相互作用。因此,耦合产生的扰动往往具有强烈的非线性和不确定性,这对电液伺服系统的跟踪性能、鲁棒性和同步性都有不同程度的影响,严重的情况下甚至会引起系统的完全失控。因此,还必须针对多轴输出的电液伺服系统设计有效的同步控制方法。传统的多轴同步系统按控制结构可分为:主从同步结构[3-4]、交叉耦合同步结构[5-6]和模型参考同步结构[7-8],相关控制理论在解决多轴系统的同步性问题中得到广泛的应用[9-12]。通过与现代控制理论有机的结合,多轴同步输出电液伺服系统的跟踪性能[13-16]、鲁棒性[17-18]和同步性能够在不相互矛盾的前提下得到有效的提高[19-21]。本章结合工程实例,主要讨论两个电液伺服阀控伺服缸系统之间的耦合机理及其影响,针对这一耦合非线性问题提出一种双向同步迭代学习控制(BSILC)方法,用于改善双向电液伺服系统同步输出的跟踪性能、鲁棒性和同步性。仿真和实验结果表明,BSILC 显著提高了双向电液伺服系统同步控制的综合性能,是一种有效的控制策略。

10.1　双向电液伺服系统的耦合非线性

10.1.1　非线性耦合的工程实例

非线性耦合广泛存在于多轴输出的电液伺服系统中,本章以双向电液伺服系统为例,探讨这种系统常见的非线性耦合问题。

图 10-1 为双向电液伺服系统的同步加载原理图,图中的两个电液伺服系统的作动器分别为轴向加载伺服缸和围压加载伺服缸,它们之间的耦合通过被加载的试样和压力室中的水间接相连。压力室中放置有试样并模拟实际工程中受力环境,试验用来测定试样在应力条件下的变形特征,为楼房、地铁、水坝、桥梁等大型建筑的设计提供可靠的设计参数,以达到有效抗震、避免失效垮塌的目的。实际工程试验采用缩尺的试样来模拟来自周围土体的挤压作用。轴向电液伺服系统与围压电液伺服系统相互影响、耦合,是一个典型的电液伺服系统耦合非线性同步控制问题。

双向同步电液伺服系统的增压、减压耦合过程如图 10-2 和图 10-3 所示,表示了轴向电液伺服系统对土样的加载作用和轴向电液伺服系统通过土样和水受到的耦合作用。

1)增压耦合过程

在图 10-2(a)中,当围压加载伺服缸保持不动时,压力室中的围压本应保持不变,然而,在轴向加载伺服缸挤压试样的过程中,一部分活塞杆进入压力室的密闭空间内,使水的体积变小,压力上升。水具有很大的体积模量,标准大气压下可达 2.2GPa,因此微小的体积变化

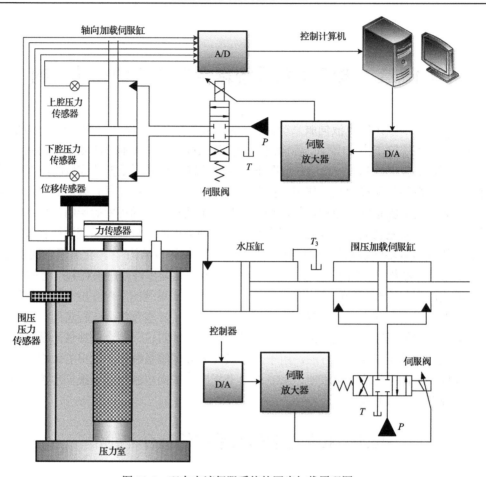

图 10-1　双向电液伺服系统的同步加载原理图

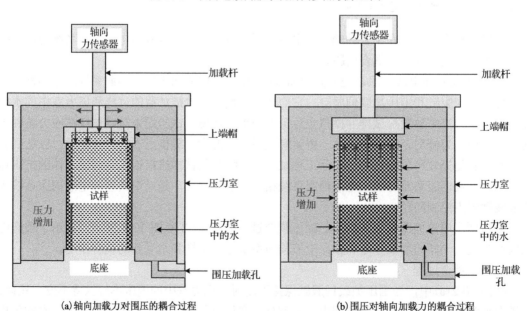

(a) 轴向加载力对围压的耦合过程　　　　　　　(b) 围压对轴向加载力的耦合过程

图 10-2　双向同步电液伺服系统的增压耦合过程

可以引发围压的急剧增加。轴向加载伺服缸的位移越大，围压受耦合影响产生的额外加载压力越高。此外，由泊松效应可知，随着压力室中围压的增大，土样受到来自径向的挤压而向轴向膨胀，从而反过来作用于轴向加载伺服缸，使轴向加载力增大。在图 10-2(b)中，当轴向加载力的活塞保持不动时，轴向加载力本应保持不变。然而，由于围压加载伺服缸对压力室中的水在密闭空间内进行挤压，进而沿径向挤压土样，与图 10-2(a)同理，轴向加载力受到耦合作用的影响，将产生额外的输出力，且该力的增量与围压的增量成正比。

　　2)减压耦合过程

　　在图10-3(a)中，当围压加载伺服缸保持不动时，压力室中的围压同样本应保持不变，然而，在轴向加载伺服缸向上拉起的过程中，一部分活塞杆从压力室的密闭空间内撤出，使水的体积变大，压力下降。轴向加载伺服缸的位移越大，围压受耦合影响产生的相对真空度越高。此外，由泊松效应可知，随着压力室中围压的减小，土样受到来自径向的压力减小而向径向膨胀、沿轴向收缩，从而进一步使轴向加载力减小。在图 10-3(b)中，当轴向加载力的活塞保持不动时，轴向加载力本应保持不变。然而，由于围压加载伺服缸对压力室中的水在密闭空间内进行抽吸，进而沿径向抽吸土样。与图 10-3(a)同理，轴向加载力受到耦合作用的影响，输出力将进一步减小，且该力的减小量与围压的减小量成正比。

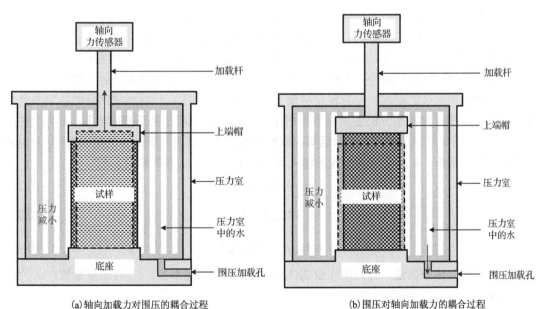

(a)轴向加载力对围压的耦合过程　　　　　　　　(b)围压对轴向加载力的耦合过程

图 10-3　双向同步电液伺服系统的减压耦合过程

　　上述耦合过程表明，双向电液伺服系统的耦合作用能够引起强烈的非线性和不确定性扰动，因此必须采取有效的控制策略对其进行补偿，以改善多轴输出电液伺服系统的跟踪性能、鲁棒性和同步性。

10.1.2　非线性耦合的数学模型

　　双向同步电液伺服系统的数学模型描述如式(10.1)所示。

$$
\begin{cases}
\dot{x}_1 = x_2 \\
\dot{x}_2 = \dfrac{1}{m_a}(-k_a x_1 - b_a x_2 + A_a x_3) \\
\dot{x}_3 = -\alpha_a x_2 - \beta_a x_3 + \left[\gamma_a \sqrt{P_a - \mathrm{sgn}(x_4)x_3}\right] x_4 \\
\dot{x}_4 = -\dfrac{1}{\tau_a} x_4 + \dfrac{K_a}{\tau_a} u_1 \\
\dot{x}_5 = x_6 \\
\dot{x}_6 = \dfrac{1}{m_c}(-k_c x_5 - b_c x_6 + A_c x_7) \\
\dot{x}_7 = -\alpha_c x_6 - \beta_c x_7 + \left[\gamma_c \sqrt{P_c - \mathrm{sgn}(x_8)x_7}\right] x_8 \\
\dot{x}_8 = -\dfrac{1}{\tau_c} x_8 + \dfrac{K_c}{\tau_c} u_2 \\
y_1 = k_a x_1 \\
y_2 = \dfrac{k_c x_5}{A_w}
\end{cases}
\tag{10.1}
$$

式中，x_1 为轴向加载伺服缸的位移；x_2 为轴向加载伺服缸的速度；x_3 为轴向加载液压缸中的加载压力；x_4 为控制轴向加载液压缸的电液伺服阀的阀芯位移；x_5 为围压加载伺服缸的位移；x_6 为围压加载伺服缸的速度；x_7 为围压加载液压缸的加载压力；x_8 为控制围压加载液压缸的电液伺服阀的阀芯位移；u_1 为控制轴向加载液压缸的电液伺服阀的输入；u_2 为控制围压加载液压缸的电液伺服阀的输入；y_1 为轴向加载力；y_2 为加载围压。轴向加载部分的各项参数用角标 a 表示，围压加载部分的各项参数用角标 c 表示。m 为液压缸活塞的质量；k 为土样刚度；b 为活塞的黏性阻尼系数；A 为活塞的横截面积；P 为电液伺服阀的供油压力；τ 为电液伺服阀的时间常数；K 为电液伺服阀的输入增益；A_w 为供水活塞的横截面积。

$$\alpha = 4A\beta_e / V_t \tag{10.2}$$

$$\beta = 4C_{tm}\beta_e / V_t \tag{10.3}$$

$$\gamma = 4C_d\beta_e w / (V_t\sqrt{\rho}) \tag{10.4}$$

式中，β_e 为有效体积模量；V_t 为液压缸的体积；C_{tm} 为内泄漏系数；C_d 为流量系数；w 为阀芯面积梯度；ρ 为液压油的密度。

10.1.3　非线性耦合的测定实验

设置双向同步电液伺服系统的理想输出用于与实际输出进行比较。在本实验中，轴向加载力和围压加载压力的理想输出如式(10.5)和式(10.6)所示。

$$y_1^* = 4000\sin(2\pi \times 0.5t) \tag{10.5}$$

$$y_2^* = -500\sin(2\pi \times 0.5t) + 2000 \tag{10.6}$$

将式(10.6)按比例折算成控制信号输入到双向同步电液伺服系统的围压加载控制端中，

在双向同步电液伺服系统的轴向加载控制端输入常值，可得围压加载对轴向加载的耦合作用波形，其实验结果如图 10-4 所示。在图 10-4 中，受围压加载压力的耦合影响，轴向加载端在输入信号的对应常值附近产生了一段幅值约为 600 N 的输出波形，其大小达到了理想轴向输出力幅值的 15%。在非线性耦合正反作用的共同影响下，从围压端传递到轴向端的耦合力不再是标准正弦波，其输出波形具有明显的畸变现象。

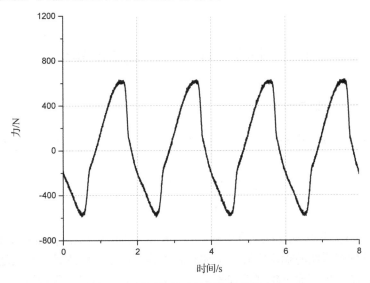

图 10-4　围压加载对轴向加载的耦合力

将式(10.5)按比例折算成控制信号输入到双向同步电液伺服系统的轴向加载控制端中，在电液伺服系统的围压加载控制端输入常值，可得轴向加载对围压加载的耦合作用波形，其实验结果如图 10-5 所示。在图 10-5 中，受轴向加载力的耦合影响，围压加载端在输入信号

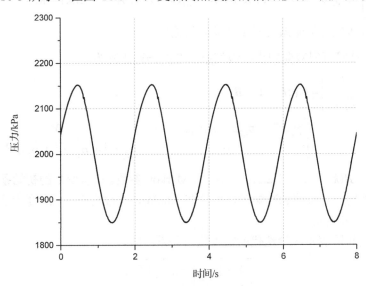

图 10-5　轴向加载对围压加载的耦合力

的对应常值附近产生了一段幅值约为 150kPa 的输出波形,其大小达到了理想轴向输出力幅值的 30%。由于围压通过液体间接产生而非固体直接传导,固体变形引起的大部分非线性扰动被液态水所吸收,其耦合波形畸变较小,形状与轴向加载端接近。

　　上述实验结果表明,非线性耦合在双向同步电液伺服系统的各个输出端中均占据较大的输出比例,且经过不同属性中间环节的传递,耦合波形表现出不同的非线性特征,具有较大的不确定性。

10.2　非线性耦合补偿控制的实现

10.2.1　双向同步迭代学习控制器的设计

　　BSILC 是在式(10.1)状态空间表达式的基础上进行设计的。该表达式可采用如下通用形式进行描述。

$$\begin{cases} x_j(k+1) = Ax_j(k) + Bu_j(k) \\ y_j(k) = Cx_j(k) \end{cases} \tag{10.7}$$

式中,A 为双向同步电液伺服系统的状态矩阵;B 为双向同步电液伺服系统的输入矩阵;C 为双向同步电液伺服系统的输出矩阵。上述状态表达式适用于任意具有有限迭代长度的双向同步电液伺服系统,也可通过扩展迭代长度至 $T \to \infty$ 在频域内对该系统进行描述。

$$\begin{bmatrix} Y_{1,j}(z) \\ Y_{2,j}(z) \end{bmatrix} = \begin{bmatrix} P_1(z) & 0 \\ 0 & P_2(z) \end{bmatrix} \begin{bmatrix} U_{1,j}(z) \\ U_{2,j}(z) \end{bmatrix} + \begin{bmatrix} P_{1,0}(z) & 0 \\ 0 & P_{2,0}(z) \end{bmatrix} \begin{bmatrix} x_1(0) \\ x_5(0) \end{bmatrix} + \begin{bmatrix} D_1(z) \\ D_2(z) \end{bmatrix} \tag{10.8}$$

式中,$\begin{bmatrix} Y_{1,j}(z) \\ Y_{2,j}(z) \end{bmatrix}$ 为 $y_j(k)$ 的频域表现形式;$Y_{1,j}(z)$ 为双向同步电液伺服系统主动轴的输出;$Y_{2,j}(z)$ 为双向同步电液伺服系统同步从动轴的输出。

　　由式(10.8)计算可得双向同步电液伺服系统的传递矩阵为

$$\begin{bmatrix} P_1(z) & 0 \\ 0 & P_2(z) \end{bmatrix} = C(zI-A)^{-1}B$$
$$= \begin{bmatrix} p_{1,1}z^{-1} + p_{1,2}z^{-2} + p_{1,3}z^{-3} + \cdots & 0 \\ 0 & p_{2,1}z^{-1} + p_{2,2}z^{-2} + p_{2,3}z^{-3} + \cdots \end{bmatrix} \tag{10.9}$$

式中,$p_{k,i} = CA^{i-1}B(k=1,2;i=1,2,3,\cdots)$,$p_{ki}$ 为 Markov 参数。状态变量的初始条件均设定为 0,则双向同步电液伺服系统的脉冲响应可由这些 Markov 参数给出。系统的相关度与第一个非零的 Markov 参数相对应。

　　BSILC 可用矩阵表示一阶迭代的输入输出关系,即

$$\begin{bmatrix} y_{1,j} \\ y_{2,j} \end{bmatrix} = P \begin{bmatrix} u_{1,j} \\ u_{2,j} \end{bmatrix} + \begin{bmatrix} d_1 \\ d_2 \end{bmatrix} \tag{10.10}$$

其中

$$
\begin{bmatrix} \boldsymbol{y}_{1,j} \\ \boldsymbol{y}_{2,j} \end{bmatrix} = \begin{bmatrix} y_{1,j}(1) \\ y_{1,j}(2) \\ \vdots \\ y_{1,j}(N) \\ y_{2,j}(1) \\ y_{2,j}(2) \\ \vdots \\ y_{2,j}(N) \end{bmatrix}; \quad
\begin{bmatrix} \boldsymbol{u}_{1,j} \\ \boldsymbol{u}_{2,j} \end{bmatrix} = \begin{bmatrix} u_{1,j}(0) \\ u_{1,j}(1) \\ \vdots \\ u_{1,j}(N-1) \\ u_{2,j}(0) \\ u_{2,j}(1) \\ \vdots \\ u_{2,j}(N-1) \end{bmatrix}; \quad
\begin{bmatrix} \boldsymbol{d}_1 \\ \boldsymbol{d}_2 \end{bmatrix} = \begin{bmatrix} d_1(0) \\ d_1(1) \\ \vdots \\ d_1(N-1) \\ d_2(0) \\ d_2(1) \\ \vdots \\ d_2(N-1) \end{bmatrix} \tag{10.11}
$$

$$
\boldsymbol{P} = \begin{bmatrix}
\boldsymbol{C}_1\boldsymbol{B}_1 & 0 & \cdots & 0 & & & & \\
\boldsymbol{C}_1\boldsymbol{A}_1\boldsymbol{B}_1 & \boldsymbol{C}_1\boldsymbol{B}_1 & \cdots & 0 & & \boldsymbol{O} & & \\
\vdots & \vdots & & \vdots & & & & \\
\boldsymbol{C}_1\boldsymbol{A}_1^{N-1}\boldsymbol{B}_1 & \boldsymbol{C}_1\boldsymbol{A}_1^{N-2}\boldsymbol{B}_1 & \cdots & \boldsymbol{C}_1\boldsymbol{B}_1 & & & & \\
& & & & \boldsymbol{C}_2\boldsymbol{B}_2 & 0 & \cdots & 0 \\
& \boldsymbol{O} & & & \boldsymbol{C}_2\boldsymbol{A}_2\boldsymbol{B}_2 & \boldsymbol{C}_2\boldsymbol{B}_2 & \cdots & 0 \\
& & & & \vdots & \vdots & & \vdots \\
& & & & \boldsymbol{C}_2\boldsymbol{A}_2^{N-1}\boldsymbol{B}_2 & \boldsymbol{C}_2\boldsymbol{A}_2^{N-2}\boldsymbol{B}_2 & \cdots & \boldsymbol{C}_2\boldsymbol{B}_2
\end{bmatrix}
$$
$$
= \begin{bmatrix}
p_{1,1} & 0 & \cdots & 0 & & & & \\
p_{1,2} & p_{1,1} & \cdots & 0 & & \boldsymbol{O} & & \\
\vdots & \vdots & & \vdots & & & & \\
p_{1,N} & p_{1,N-1} & \cdots & p_{1,1} & & & & \\
& & & & p_{2,1} & 0 & \cdots & 0 \\
& \boldsymbol{O} & & & p_{2,2} & p_{2,1} & \cdots & 0 \\
& & & & \vdots & \vdots & & \vdots \\
& & & & p_{2,N} & p_{2,N-1} & \cdots & p_{2,1}
\end{bmatrix} \tag{10.12}
$$

式中，$\boldsymbol{A} = \begin{bmatrix} \boldsymbol{A}_1 & \boldsymbol{O} \\ \boldsymbol{O} & \boldsymbol{A}_2 \end{bmatrix}$；$\boldsymbol{B} = \begin{bmatrix} \boldsymbol{B}_1 & \boldsymbol{B}_2 \end{bmatrix}$；$\boldsymbol{C} = \begin{bmatrix} \boldsymbol{C}_1 \\ \boldsymbol{C}_2 \end{bmatrix}$。

由式(10.1)计算可得

$$p_{1,1} = \boldsymbol{C}_1\boldsymbol{B}_1 = 0 \tag{10.13}$$

$$p_{2,1} = \boldsymbol{C}_2\boldsymbol{B}_2 = 0 \tag{10.14}$$

当 $\boldsymbol{C}_1\boldsymbol{B}_1 = 0$、$\boldsymbol{C}_2\boldsymbol{B}_2 = 0$ 时，采样时间的微小变化就能使 $\boldsymbol{C}_1\boldsymbol{B}_1 \neq 0$、$\boldsymbol{C}_2\boldsymbol{B}_2 \neq 0$。因此，两个输出端的系统相关度总能通过调整采样时间 T_1 和 T_2 来使其始终为 1。

在此基础上，双向同步迭代学习控制律可以设计为

$$
\begin{bmatrix} u_{1,j+1}(k) \\ u_{2,j+1}(k) \end{bmatrix} = \begin{bmatrix} u_{1,j}(k) \\ u_{2,j}(k) \end{bmatrix} + \begin{bmatrix} k_{1,p} & 0 \\ 0 & k_{2,p} \end{bmatrix} \begin{bmatrix} e_{1,j}(k) \\ e_{2,j}(k) \end{bmatrix} + \begin{bmatrix} k_{1,d} & 0 \\ 0 & k_{2,d} \end{bmatrix} \begin{bmatrix} e_{1,j}(k+1) - e_{1,j}(k) \\ e_{2,j}(k+1) - e_{2,j}(k) \end{bmatrix} \tag{10.15}
$$

式中，$\begin{bmatrix} u_{1,j}(k) \\ u_{2,j}(k) \end{bmatrix}$ 为第 j 次迭代中一个周期的第 k 个输入采样点；$u_{1,j}(k)$ 为电液伺服系统主动

轴的输入信号；$u_{2,j}(k)$ 为电液伺服系统同步从动轴的输入信号；$\begin{bmatrix} e_{1,j}(k) \\ e_{2,j}(k) \end{bmatrix}$ 为第 j 次迭代中一

个周期的第 k 个输出力误差采样点，其主从同步学习结构定义为

$$e_{1,j}(k) = y_d(k) - y_{1,j}(k)，\quad e_{2,j}(k) = \frac{\max\{y_2^*\}}{\max\{y_1^*\}} y_{1,j}(k) + y_{2,j}(k)$$

y_d 为理想输出矢量，$y_{1,j}$ 为主动轴输出矢量；$y_{2,j}$ 为同步从动轴输出矢量；$\begin{bmatrix} k_{1,p} & 0 \\ 0 & k_{2,p} \end{bmatrix}$ 为控

制器比例系数矩阵；$\begin{bmatrix} k_{1,d} & 0 \\ 0 & k_{2,d} \end{bmatrix}$ 为控制器微分系数矩阵。

在此基础上，给出 BSILC 的稳定性证明如下。由式(10.10)定义后向差分矢量为

$$
\begin{aligned}
\begin{bmatrix} \Delta_{1,j}y \\ \Delta_{2,j}y \end{bmatrix} &= \begin{bmatrix} y_{1,j} \\ y_{2,j} \end{bmatrix} - \begin{bmatrix} y_{1,j-1} \\ y_{2,j-1} \end{bmatrix} \\
&= \left(P \begin{bmatrix} u_{1,j} \\ u_{2,j} \end{bmatrix} + \begin{bmatrix} d_1 \\ d_2 \end{bmatrix} \right) - \left(P \begin{bmatrix} u_{1,j-1} \\ u_{2,j-1} \end{bmatrix} + \begin{bmatrix} d_1 \\ d_2 \end{bmatrix} \right) \\
&= P \begin{bmatrix} \Delta_j u_1 \\ \Delta_j u_2 \end{bmatrix}
\end{aligned}
\tag{10.16}
$$

$$
\begin{aligned}
\begin{bmatrix} \Delta_{j+1}u_1 \\ \Delta_{j+1}u_2 \end{bmatrix} &= \begin{bmatrix} u_{1,j+1} \\ u_{2,j+1} \end{bmatrix} - \begin{bmatrix} u_{1,j} \\ u_{2,j} \end{bmatrix} \\
&= \left(\begin{bmatrix} u_{1,j} \\ u_{2,j} \end{bmatrix} + L \begin{bmatrix} e_{1,j} \\ e_{2,j} \end{bmatrix} \right) - \left(\begin{bmatrix} u_{1,j-1} \\ u_{2,j-1} \end{bmatrix} + L \begin{bmatrix} e_{1,j-1} \\ e_{2,j-1} \end{bmatrix} \right) \\
&= \begin{bmatrix} \Delta_j u_1 \\ \Delta_j u_2 \end{bmatrix} + L \left[\left(\begin{bmatrix} y_{1,d} \\ y_{1,j} \end{bmatrix} - \begin{bmatrix} y_{1,j} \\ y_{2,j} \end{bmatrix} \right) - \left(\begin{bmatrix} y_{1,d} \\ y_{1,j-1} \end{bmatrix} - \begin{bmatrix} y_{1,j-1} \\ y_{2,j-1} \end{bmatrix} \right) \right] \\
&= \begin{bmatrix} \Delta_j u_1 \\ \Delta_j u_2 \end{bmatrix} - L \begin{bmatrix} \Delta_{1,j}y \\ \Delta_{2,j}y \end{bmatrix} = (I - LP) \begin{bmatrix} \Delta_j u_1 \\ \Delta_j u_2 \end{bmatrix}
\end{aligned}
\tag{10.17}
$$

式中

$$
L = \begin{bmatrix}
k_{1,d} & 0 & \cdots & 0 & 0 & & & & & \\
k_{1,p}-k_{1,d} & k_{1,d} & \ddots & \vdots & \vdots & & & & & \\
0 & k_{1,p}-k_{1,d} & \ddots & 0 & 0 & & & \mathbf{O} & & \\
\vdots & \ddots & \ddots & k_{1,d} & 0 & & & & & \\
0 & \cdots & 0 & k_{1,p}-k_{1,d} & k_{1,d} & & & & & \\
& & & & & k_{2,d} & 0 & \cdots & 0 & 0 \\
& & & & & k_{2,p}-k_{1,d} & k_{2,d} & \ddots & \vdots & \vdots \\
& & \mathbf{O} & & & 0 & k_{2,p}-k_{2,d} & \ddots & 0 & 0 \\
& & & & & \vdots & \ddots & \ddots & k_{2,d} & 0 \\
& & & & & 0 & \cdots & 0 & k_{2,p}-k_{2,d} & k_{2,d}
\end{bmatrix}。
$$

当且仅当 $(\boldsymbol{I}-\boldsymbol{LP})$ 的特征值在单位圆内时，该离散系统收敛。

$$\left|\lambda(\boldsymbol{I}-\boldsymbol{LP})\right|<1\Leftrightarrow\lim_{j\to\infty}\begin{bmatrix}\Delta_j\boldsymbol{u}_1\\\Delta_j\boldsymbol{u}_2\end{bmatrix}=\begin{bmatrix}0\\0\end{bmatrix}\Leftrightarrow\lim_{j\to\infty}\left\|\begin{bmatrix}\boldsymbol{u}_{1,j+1}\\\boldsymbol{u}_{2,j+1}\end{bmatrix}-\begin{bmatrix}\boldsymbol{u}_{1,j}\\\boldsymbol{u}_{2,j}\end{bmatrix}\right\|=0 \tag{10.18}$$

因此，由式(10.12)、式(10.15)和式(10.16)可得稳定性矩阵为

$$\boldsymbol{H}_S=\boldsymbol{I}-\boldsymbol{LP}$$

$$=\begin{bmatrix}\begin{matrix}1-k_{1,d}p_{1,1} & 0 & \cdots & 0\\(k_{1,d}-k_{1,p})p_{1,2} & 1-k_{1,d}p_{1,1} & \ddots & \vdots\\\vdots & \ddots & \ddots & 0\\(k_{1,d}-k_{1,p})p_{1,N} & \cdots & (k_{1,d}-k_{1,p})p_{1,2} & 1-k_{1,d}p_{1,1}\end{matrix} & \boldsymbol{O}\\\boldsymbol{O} & \begin{matrix}1-k_{2,d}p_{2,1} & 0 & \cdots & 0\\(k_{2,d}-k_{2,p})p_2 & 1-k_{2,d}p_{2,1} & \ddots & \vdots\\\vdots & \ddots & \ddots & 0\\(k_{2,d}-k_{2,p})p_N & \cdots & (k_{2,d}-k_{2,p})p_{2,1} & 1-k_{2,d}p_{2,1}\end{matrix}\end{bmatrix} \tag{10.19}$$

由式(10.19)可得，矩阵 $\boldsymbol{H}_s$ 特征值的绝对值为 $\left|1-k_{1,d}p_{1,1}\right|$ 和 $\left|1-k_{2,d}p_{2,1}\right|$。

由式(10.18)可知，当且仅当满足式时，BSILC 稳定。

$$\left|1-k_{1,d}p_{1,1}\right|<1\text{ 且 }\left|1-k_{2,d}p_{2,1}\right|<1 \tag{10.20}$$

10.2.2　非线性耦合补偿控制的仿真验证

采用 MATLAB/Simulink 分别在经典 PID 控制和 BSILC 控制下对双向同步电液伺服系统进行仿真，其仿真参数如表 10-1 所示。

表 10-1　双向同步电液伺服系统及其控制器参数

参数	描述	数值	单位
m_a	轴向加载单元的运动质量	11	kg
P_a	轴向加载的油源压力	10^7	Pa
A_a	轴向加载伺服缸的横截面积	4.2223×10^{-3}	m^2
k_{pa}	轴向加载控制器比例系数	10^{-4}	—
k_{da}	轴向加载控制器微分系数	10^{-6}	—
m_c	围压加载单元的运动质量	9	kg
P_c	围压加载的油源压力	10^7	Pa
A_c	围压加载的活塞横截面积	1.00217×10^{-3}	m^2
A_w	供水活塞的横截面积	2.82743×10^{-3}	m^2
k_{pc}	围压加载控制器比例系数	10^{-3}	—
k_{dc}	围压加载控制器微分系数	10^{-5}	—
k	无耦合作用时的土样刚度	2×10^6	N/m

轴向加载和围压加载的输入信号采用两个 0.5 Hz 的标准正弦波，输出为轴向加载伺服缸的负载力和压力室中的围压。经典 PID 控制下的轴向加载输出与理想输出的对比如图 10-6

所示。在图 10-6 中，经典 PID 控制下的输出力表现出较大的超调，从图 10-2～图 10-5 中不难发现导致这种现象的原因。图 10-2 和图 10-3 给出了双向同步加载中非线性耦合的四种情况，其中图 10-2 中的两种情况同时存在于双向同步电液伺服系统加载的前半个周期，而图 10-3 中的两种情况同时存在于双向同步电液伺服系统加载的后半个周期。两种单向耦合的联合作用产生了的更为复杂的双向耦合，从而在系统中引起了严重的不确定性。在图 10-4 中，从围压加载端耦合至轴向加载端的力的输出波形发生了明显的畸变。在图 10-5 中，从轴向加载端耦合至围压加载端的压力具有极大的幅值。经典 PID 控制下围压加载输出与理想输出的对比如图 10-7 所示。在图 10-7 中，经典 PID 控制下的围压加载输出压力表现出较大的超调，其原因与前述中的轴向加载力的输出一致。

仿真的细节内容以及理想输出与实际输出之间的误差结果如下。

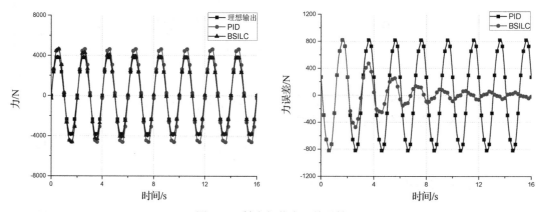

图 10-6　轴向加载力及其误差

由图 10-6 可知，双向同步电液伺服系统的耦合作用使经典 PID 控制下轴向加载输出的跟踪性能变差，其最大输出误差达到了理想输出的 20%。而 BSILC 控制的跟踪性能随着加载周期的数量增多而越来越好，其第 2 个周期轴向加载力的输出误差就已经减小了 40%，并在随后的时间里不断向水平零值线收敛。

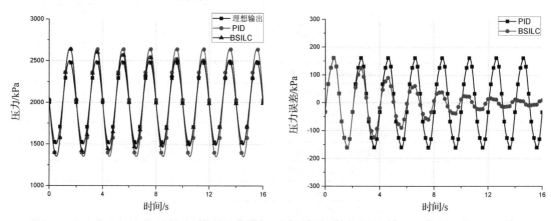

图 10-7　围压加载压力及其误差

在图 10-7 中，双向同步电液伺服系统的耦合作用使经典 PID 控制下围压加载输出的跟踪性能变差，其最大输出误差达到了理想输出的 30%。而同样的，BSILC 控制的跟踪性能随着加载周期的数量增多而越来越好,其第 2 个周期围压加载压力的输出误差就已经减小了 20%,并随着时间的推移不断向水平零值线收敛。

为了进一步比较轴向加载力和围压加载压力的同步性,将围压加载压力按比例放缩至与轴向加载力相同的量值。由式(10.5)和式(10.6)可知,轴向加载理想输出力的幅值为 4000 N,围压加载理想输出压力的幅值为 500 kPa。因此,同步性误差可表示为

$$
\begin{aligned}
e_s &= y_1 + \frac{4000}{500} y_2 \\
&= y_1 + 8 y_2
\end{aligned}
\tag{10.21}
$$

其仿真结果如图 10-8 所示。

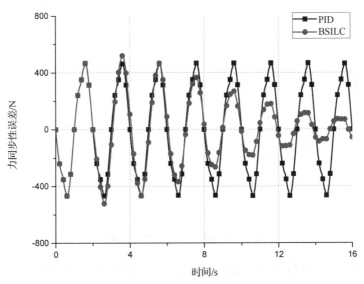

图 10-8　轴向加载端与围压加载端的同步性误差

在图 10-8 中,双向同步电液伺服系统的耦合作用使经典 PID 控制下的同步性变差,其最大误差达到了理想输出力的 10%。而同样的,BSILC 控制的跟踪性能随着加载周期的数量增多而越来越好,其第 4 个周期同步性误差就已经减小了 20%,并随着时间的推移不断向水平零值线收敛。

仿真分析表明,BSILC 有效地改善了非线性耦合影响下电液伺服系统的跟踪性能、鲁棒性和同步性,是一种较为理想的控制方法。

10.2.3　非线性耦合补偿控制的实验验证

双向同步电液伺服控制系统的实验结果如图 10-9～图 10-11 所示。

在图 10-9 中,双向同步电液伺服系统的耦合作用使经典 PID 控制下的轴向输出力超调量达到约 30%,输出力的波形发生明显的畸变。而 BSILC 控制的跟踪性能随着加载周期的数量增多而越来越好,其第 3 个周期轴向加载力的输出误差就已经减小了 17.5%,输出力的波形畸变得到了有效修正,电液伺服系统的跟踪性能和鲁棒性随着加载周期数量的增多而显著提高。

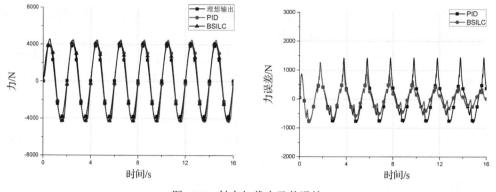

图 10-9　轴向加载力及其误差

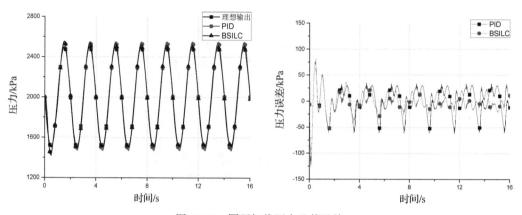

图 10-10　围压加载压力及其误差

在图 10-10 中，双向同步电液伺服系统的耦合作用使经典 PID 控制下的围压输出压力超调量达到约 10%。而同样的，BSILC 控制的跟踪性能随着加载周期数量的增多而越来越好，其第 2 个周期围压加载压力的输出误差就已经减小了 10%，电液伺服系统的跟踪性能和鲁棒性随着加载周期的数量增多而显著提高。

在图 10-11 中，双向同步电液伺服系统的非线性耦合作用使经典 PID 控制下的最大同步

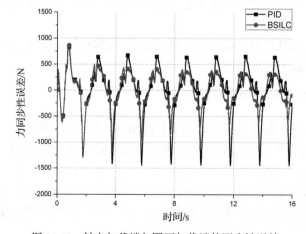

图 10-11　轴向加载端与围压加载端的同步性误差

误差达到了理想输出力的 50%。而同样的，BSILC 控制的跟踪性能随着加载周期数量的增多而越来越好，其第 2 个周期同步性误差就已经减小了 20%。

上述实验结果进一步表明，BSILC 有效改善了非线性耦合影响下双向同步电液伺服系统的跟踪性能、鲁棒性和同步性。

<h1 style="text-align:center">参 考 文 献</h1>

[1]　SANG Y, SUN W Q, DUAN F H, ZHAO J L. Bidirectional synchronization control for an electrohydraulic servo loading system[J]. Mechatronics. 2019,62: 102254.

[2]　RYBAK A T, TEMIRKANOV A R, LYAKHNITSKAYA O V. Synchronous Hydromechanical Drive of a Mobile Machine[J]. Russian Engineering Research, 2018, 38: 212-217.

[3]　KARIMI H R, GAO H. LMI-based H∞ synchronization of second-order neutral master-slave systems using delayed output feedback control. International Journal of Control[J]. Automation and Systems, 2009, 7(3): 371-380.

[4]　KARIMI, HAMID REZA.Robust synchronization and fault detection of uncertain master-slave systems with mixed time-varying delays and nonlinear perturbations[J]. International Journal of Control, Automation and Systems 2011, 9(4): 671-680.

[5]　LIN F J, Chou P H, Chen C S, et al. DSP-based cross-coupled synchronous control for dual linear motors via intelligent complementary sliding mode control[J]. IEEE Transactions on Industrial Electronics, 2012, 59(2): 1061-1073.

[6]　BYUN J H, CHOI M S. A method of synchronous control system for dual parallel motion stages[J]. International Journal of Precision Engineering and Manufacturing, 2012, 13(6): 883-889.

[7]　BYUN J H, KIM Y B. A Study on Construction of Synchronous Control System for Extension and Stability[J]. Transactions of the Korean Society of Mechanical Engineers A, 2002, 26(6): 1135-1142.

[8]　CHULINES E, RODRÍGUEZ M A, DURAN I, et al. Simplified Model of a Three-Phase Induction Motor for Fault Diagnostic Using the Synchronous Reference Frame DQ and Parity Equations[J]. IFAC-Papers, 2018, 51(13): 662-667.

[9]　HSIEH M F, YAO W S, CHIANG C R. Modeling and synchronous control of a single-axis stage driven by dual mechanically-coupled parallel ball screws[J]. The International Journal of Advanced Manufacturing Technology, 2007, 34(9-10): 933-943.

[10]　JEONG S K, You S S. Precise position synchronous control of multi-axis servo system[J]. Mechatronics, 2008, 18(3): 129-140.

[11]　SATO R, TSUTSUMI M. Motion control techniques for synchronous motions of translational and rotary axes[J]. Procedia CIRP, 2012, 1: 265-270.

[12]　ZHAO H, BEN-TZVI P. Synchronous position control strategy for bi-cylinder electro-pneumatic systems[J]. International Journal of Control, Automation and Systems, 2016, 14(6): 1501-1510.

[13]　ROOZEGAR M, MAHJOOB M J, AYATI M. Adaptive tracking control of a nonholonomic pendulum-driven spherical robot by using a model-reference adaptive system[J]. Journal of Mechanical Science and Technology, 2018, 32(2): 845-853.

[14]　CHEN Z, YAO B, WANG Q. Accurate motion control of linear motors with adaptive robust compensation of nonlinear electromagnetic field effect[J]. IEEE/ASME Transactions on Mechatronics, 2013, 18(3): 1122-1129.

[15]　GOLNARGESI S, SHARIATMADAR H, RAZAVI H M. Seismic control of buildings with active tuned mass damper through interval type-2 fuzzy logic controller including soil–structure interaction[J]. Asian Journal of Civil Engineering, 2018, 19(2): 177-188.

[16]　ARTALE V, COLLOTTA M, MILAZZO C, et al. An Integrated System for UAV Control Using a Neural Network Implemented in a Prototyping Board[J]. Journal of Intelligent & Robotic Systems, 2016, 84(1-4): 5-19.

[17]　YOUSSEF T, CHADLI M, KARIMI H R, et al. Actuator and sensor faults estimation based on proportional integral observer for TS fuzzy model[J]. Journal of the Franklin Institute, 2017, 354(6): 2524-2542.

[18]　SELVARAJ P, KAVIARASAN B, SAKTHIVEL R, et al. Fault-tolerant SMC for Takagi–Sugeno fuzzy systems with time-varying delay and actuator saturation[J]. IET Control Theory & Applications, 2017, 11(8): 1112-1123.

[19]　ZHANG H, LIU X, WANG J, et al. Robust H∞ sliding mode control with pole placement for a fluid power electrohydraulic actuator (EHA) system[J]. The International Journal of Advanced Manufacturing Technology, 2014, 73(5-8): 1095-1104.

[20]　MENG F, SHI P, KARIMI H R, et al. Optimal design of an electro-hydraulic valve for heavy-duty vehicle clutch actuator with certain constraints[J]. Mechanical Systems and Signal Processing, 2016, 68: 491-503.

[21]　SHEN W, JIANG J, SU X, et al. Control strategy analysis of the hydraulic hybrid excavator[J]. Journal of the Franklin Institute, 2015, 352(2): 541-561.

第 11 章　电液伺服系统多环节复合非线性的补偿控制

第 8 章～第 10 章分别针对实际工程中不同工作条件下电液伺服系统的主要非线性环节设计了相应的非线性补偿控制策略，并通过仿真和实验验证了各控制方法的可行性。在某些特定的情况下，第 7 章中介绍的典型非线性环节(饱和、死区、增益、间隙、磁滞、摩擦等)均在电液伺服系统中产生较大影响，从而导致电液伺服系统的模型更加复杂化[1]。这种由多种非线性环节复合而成的系统中存在着大量的不确定性和随机性，使电液伺服控制面临更大的挑战[2-3]。相关控制理论无论在其他各类伺服系统[4-6]还是电液伺服系统[7-9]中都做出了较大贡献。本章主要讨论多种非线性环节的复合影响，针对电液伺服系统多环节复合非线性提出了一种神经网络抗负载效应控制(NNALEC)方法用于改善电液伺服系统的跟踪性能和鲁棒性。仿真和实验结果表明，NNALEC 方法显著提高了电液伺服系统的上述性能，是一种有效的控制策略。

11.1　电液伺服系统的多环节复合非线性

11.1.1　多环节复合非线性的模型

多环节复合非线性电液伺服系统的数学模型为

$$\begin{cases} \dot{x}_1 = x_2 \\ \dot{x}_2 = \dfrac{1}{m_{\text{model}}}(-k_{\text{model}}(x_1) + f_{\text{model}}(x_2) + A_{\text{model}}x_3) + d_{\text{model}} \\ \dot{x}_3 = -\alpha_{\text{model}}x_2 - \beta_{\text{model}}x_3 + (\gamma_{\text{model}}\sqrt{P_{\text{model}} - \text{sgn}(x_4)x_3})x_4 \\ \dot{x}_4 = -\dfrac{1}{\tau_{\text{model}}}x_4 + \dfrac{K_{\text{model}}}{\tau_{\text{model}}}u \\ y = k_{\text{model}}(x_1) \end{cases} \tag{11.1}$$

式中，x_1 为伺服缸的活塞位移；x_2 为伺服缸的活塞速度；x_3 为伺服缸中的加载压力；x_4 为电液伺服阀的阀芯位移；u 为电液伺服阀的输入信号；y 为伺服缸的输出力；$k_{\text{model}}(x_1)$ 为负载力，它是 x_1 的随机不确定非线性函数；$f_{\text{model}}(x_2)$ 为 Stribeck 摩擦模型，它是 x_2 的可确定非线性函数；A_{model} 为液压缸活塞的有效横截面积；m_{model} 为液压缸活塞的运动质量；d_{model} 为电液伺服系统中的扰动；P_{model} 为电液伺服系统的油源压力；τ_{model} 为电液伺服阀的时间常数；K_{model} 为电液伺服系统的输入增益。

$$\alpha_{\text{model}} = 4A_{\text{model}}\beta_e / V_t \tag{11.2}$$

$$\beta_{\text{model}} = 4C_{tm}\beta_e / V_t \tag{11.3}$$

$$\gamma_{\text{model}} = 4C_d\beta_e w/(V_t\sqrt{\rho}) \tag{11.4}$$

式中，β_e 为有效体积模量；V_t 为液压缸的体积；C_{tm} 为内泄漏系数；C_d 为流量系数；w 为阀芯面积梯度；ρ 为液压油的密度。

11.1.2　多环节复合非线性的仿真设计

在第 9 章负载非线性的基础上，采用非线性程度更强的试样对其在幅值较小的输出范围内进行动态加载，从而使电液伺服系统的负载非线性和其他非线性环节都在系统输出中得到充分体现。多环节复合非线性电液伺服系统的 PID 最优控制仿真如图 11-1 所示，其局部放大图如图 11-2 所示。

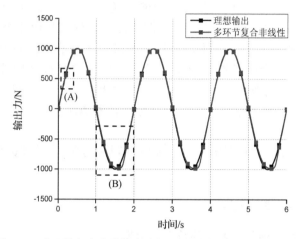

图 11-1　多环节复合非线性电液伺服系统的 PID 最优控制仿真

由图 11-2 可知，虽然 PID 最优控制在一定程度上抑制了电液伺服系统输出的幅值衰减和相位滞后，多环节复合非线性仍然能够在电液伺服系统的输出中产生多种不同特征的波形畸变。

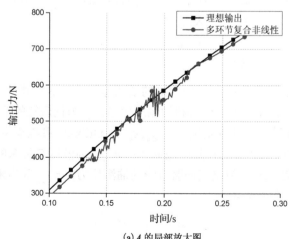

(a)A 的局部放大图

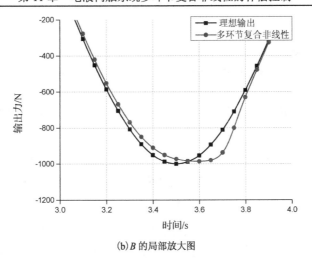

(b) B 的局部放大图

图 11-2　图 11-1 的局部放大图

11.2　多环节复合非线性补偿控制的实现

11.2.1　神经网络抗负载效应控制器的设计

多环节复合非线性电液伺服系统的非线性状态空间可表示为[10-11]

$$
\begin{cases}
\dot{\boldsymbol{x}} = \boldsymbol{A}(\boldsymbol{x}) + \boldsymbol{B}\boldsymbol{u} \\
\boldsymbol{y} = \boldsymbol{C}(\boldsymbol{x})
\end{cases}
\tag{11.5}
$$

$$
\boldsymbol{A}(\boldsymbol{x}) = \begin{bmatrix} a_1(x_1, x_2, \cdots, x_n) \\ a_2(x_1, x_2, \cdots, x_n) \\ \vdots \\ a_n(x_1, x_2, \cdots, x_n) \end{bmatrix}; \quad
\boldsymbol{C}(\boldsymbol{x}) = \begin{bmatrix} c_1(x_1, x_2, \cdots, x_n) \\ c_2(x_1, x_2, \cdots, x_n) \\ \vdots \\ c_n(x_1, x_2, \cdots, x_n) \end{bmatrix}
$$

式中，$\boldsymbol{x}$ 为状态矢量；$\boldsymbol{u}$ 为输入矢量；$\boldsymbol{y}$ 为输出矢量；$\boldsymbol{A}(\boldsymbol{x})$ 为线性状态矢量 $\boldsymbol{Ax}$ 的非线性表达式，$\boldsymbol{A}$ 为状态矩阵；$\boldsymbol{B}$ 为输入矩阵；$\boldsymbol{C}(\boldsymbol{x})$ 为线性输出矢量 $\boldsymbol{Cx}$ 的非线性表达式，$\boldsymbol{C}$ 为输出矩阵。矩阵 $\boldsymbol{A}$、$\boldsymbol{B}$、$\boldsymbol{C}$ 用来描述电液伺服系统的动态特性，其中 $\boldsymbol{C}(\boldsymbol{x})$ 的所有分量均为 $\boldsymbol{A}(\boldsymbol{x})$ 分量的子集。

神经网络抗负载效应控制器的基本思想在于把整个电液伺服系统看作一个黑箱[12]，系统中所有的非线性环节均以黑箱的形式折算到输出端，视为非线性负载的一部分，由神经网络近似出其数学模型，从而反向估计出理想输出下多环节复合非线性电液伺服系统的输入波形。

以单输出电液伺服系统为例进行说明如下。

$$
\begin{cases}
\dot{\boldsymbol{x}} = \boldsymbol{A}(\boldsymbol{x}) + \boldsymbol{B}\boldsymbol{u} \\
\boldsymbol{y}_u = c_p(\boldsymbol{x}_p) = cc^* \boldsymbol{x}_p
\end{cases}
\tag{11.6}
$$

$$
a_1(x_1, x_2, \cdots, x_n) = cc^* \boldsymbol{x}_p + a_p(x_1, x_2, \cdots, x_{p-1}, x_{p+1}, \cdots, x_n)
\tag{11.7}
$$

式中，$y_u = y$；$c_p(x_p) = cc^* x_p = C(x)$。$c^*$ 为一个正数，表示标准线性负载的负载刚度，在这里称为标准负载系数；c 为一个正非线性变量，它是 c^* 的不确定函数，表示实际负载系数和标准负载系数的比值。$c^* x_p$ 为参考负载（当 $c = 1$ 时），用于调节电液伺服系统 PID 控制的最优参数。

为了构建神经网络抗负载效应控制器，首先需要针对电液伺服系统设计一个通用的黑箱模型，其具体设计细节如下。

在式 (11.6) 中去掉不包含 u 的分量的行和不包含 u 分量的线性函数的行，可得该式的变形为

$$\begin{cases} \dot{x}_u = f_u + d_u + g_u u_u \\ y_u = C_p(x_p) \end{cases} \tag{11.8}$$

式中，$\dot{x}_u$ 为去掉行后的 $\dot{x}$；x_p 为 x_u 在状态变量中对应的最低阶原函数，$x_u = x_p^{(n)}$；f_u 为去掉行后的 $A(x)$；d_u 为外部扰动；g_u 为输入信号的增益矩阵；C_p 为多环节复合非线性的负载效应矩阵。

式 (11.6) 中第一个方程的展开式为

$$\begin{bmatrix} \dot{x}_{u1} \\ \dot{x}_{u2} \\ \vdots \\ \dot{x}_{ui} \\ \vdots \end{bmatrix} = \begin{bmatrix} f_{u1} + d_{u1} \\ f_{u2} + d_{u2} \\ \vdots \\ f_{ui} + d_{ui} \\ \vdots \end{bmatrix} + \begin{bmatrix} g_{u1} & & & & \mathbf{O} \\ & g_{u2} & & & \\ & & \ddots & & \\ \mathbf{O} & & & g_{ui} & \\ & & & & \ddots \end{bmatrix} \begin{bmatrix} u_1 \\ u_2 \\ \vdots \\ u_i \\ \vdots \end{bmatrix} \tag{11.9}$$

式中，$|d_{ui}| \leq \bar{d}_{ui}$，$\bar{d}_{ui} > 0$；$|g_{ui}| \leq \bar{g}_{ui}$，$\bar{g}_{ui} > 0$；$\bar{d}_{ui}$ 和 $\bar{g}_{ui}$ 为两个分段光滑的边界函数。不失一般性，令 $g_{ui} > 0$。

式 (11.6) 中第二个方程的展开式为

$$\begin{bmatrix} y_{u1} \\ y_{u2} \\ \vdots \\ y_{ui} \\ \vdots \end{bmatrix} = \begin{bmatrix} c_1(x_{p1}, x_{p2}, \cdots, x_{pi}, \cdots) \\ c_2(x_{p1}, x_{p2}, \cdots, x_{pi}, \cdots) \\ \vdots \\ c_i(x_{p1}, x_{p2}, \cdots, x_{pi}, \cdots) \\ \vdots \end{bmatrix} = \begin{bmatrix} c_1^* c_1 & & & & \mathbf{O} \\ & c_2^* c_2 & & & \\ & & \ddots & & \\ \mathbf{O} & & & c_i^* c_i & \\ & & & & \ddots \end{bmatrix} \begin{bmatrix} x_{p1} \\ x_{p2} \\ \vdots \\ x_{pi} \\ \vdots \end{bmatrix} \tag{11.10}$$

$$c_i^* c_i x_{pi} = c_i^* c_i(x_{p1}, x_{p2}, \cdots, x_{p(i-1)}, x_{p(i+1)}, \cdots) \tag{11.11}$$

式中，$0 < c_i \leq \bar{c}_i$，$\bar{c}_i$ 为分段光滑的边界函数。$\dot{x}_u$、f_u、d_u、g_u 和 $c_i(x_{p1}, x_{p2}, \cdots, x_{p(i-1)}, x_{p(i+1)}, \cdots)$ 被视为黑箱内的组成部分，由 NNALEC 进行近似。

定义输出矢量 $y_{ui} = [y_{ui}, \dot{y}_{ui}, \cdots, y_{ui}^{(n)}]^T$，其对应的理想输出为 $y_{uid} = [y_{uid}, \dot{y}_{uid}, \cdots, y_{uid}^{(n)}]^T$，误差为 $e_{ui} = y_{ui} - y_{uid} = [e_{uid}, \dot{e}_{uid}, \cdots, e_{uid}^{(n)}]^T$，则电液伺服系统的稳定性可由赫尔维茨判据实现。

$$s_{ui} = [C_n^0 \lambda_{ui}^n \quad C_n^1 \lambda_{ui}^{n-1} \quad \cdots \quad C_n^k \lambda_{ui}^{n-k} \quad \cdots \quad C_n^n] e_{ui}$$

$$= \lambda_{ui}^n e_{ui} + n \lambda_{ui}^{n-1} \dot{e}_{ui} + \cdots + \frac{n!}{k!(n-k)!} \lambda_{ui}^{n-k} e_{ui}^{(k)} + \cdots + e_{ui}^{(n)}, \quad \lambda > 0 \tag{11.12}$$

对 s_{ui} 求导得

$$
\begin{aligned}
\dot{s}_{ui} &= \lambda_{ui}^n \dot{e}_{ui} + n\lambda_{ui}^{n-1}\ddot{e}_{ui} + \cdots + \frac{n!}{k!(n-k)!}\lambda_{ui}^{n-k}e_{ui}^{(k)} + \cdots + \lambda_{ui}e_{ui}^{(n)} + [y_{ui}^{(n+1)} - y_{uid}^{(n+1)}] \\
&= \lambda_{ui}^n \dot{e}_{ui} + n\lambda_{ui}^{n-1}\ddot{e}_{ui} + \cdots + \frac{n!}{k!(n-k)!}\lambda_{ui}^{n-k}e_{ui}^{(k)} + \cdots + \lambda_{ui}e_{ui}^{(n)} + c_i^* c_i(f_{ui} + g_{ui}u_i + d_{ui}) - y_{uid}^{(n+1)} \qquad (11.13) \\
&= c_i^* c_i(f_{ui} + g_{ui}u_i + d_{ui}) + v
\end{aligned}
$$

式中，$v = -y_{uid}^{(n+1)} + \lambda_{ui}^n \dot{e}_{ui} + n\lambda_{ui}^{n-1}\ddot{e}_{ui} + \cdots + \dfrac{n!}{k!(n-k)!}\lambda_{ui}^{n-k}e_{ui}^{(k)} + \cdots + \lambda_{ui}e_{ui}^{(n)}$。

首先假定 $d_{ui} = 0$，则电液伺服系统的最优控制器可设计为

$$
u_{id} = -\frac{1}{g_{ui}}(f_{ui} + v) - \left(\frac{1}{\varepsilon_i c_i^* c_i g_{ui}} + \frac{1}{\varepsilon_i c_i^* c_i g_{ui}^2} + \frac{1}{\varepsilon_i c_i^{*2} c_i^2 g_{ui}^2} - \frac{\dot{c}_i g_{ui} + c_{pi}\dot{g}_{ui}}{2c_i^* c_i^2 g_{ui}^2} \right) s_{ui} \qquad (11.14)
$$

式中，ε_i 为正数，表示 Lyapunov 收敛系数。

式 (11.14) 的收敛性和稳定性证明如下。

当 $u_i = u_{id}$ 时，有

$$
\begin{aligned}
\dot{s}_{ui} &= c_i^* c_i(f_{ui} + v) + c_i^* c_i g_{ui}\left[-\frac{1}{g_{ui}}(f_{ui} + v) - \left(\frac{1}{\varepsilon c_i^* c_i g_{ui}} + \frac{1}{\varepsilon c_i^* c_i g_{ui}^2} + \frac{1}{\varepsilon c_i^{*2} c_i^2 g_{ui}^2} - \frac{\dot{c}_i g_{ui} + c_{pi}\dot{g}_{ui}}{2c_i^* c_i^2 g_{ui}^2} \right) s_{ui} \right] \\
&= -\left(\frac{1}{\varepsilon} + \frac{1}{\varepsilon g_{ui}} + \frac{1}{\varepsilon c_i^* c_i g_{ui}} \right) s_{ui} + \frac{\dot{c}_i g_{ui} + c_{pi}\dot{g}_{ui}}{2c_i g_{ui}} s_{ui}
\end{aligned} \qquad (11.15)
$$

电液伺服系统最优控制器的 Lyapunov 函数为

$$
V_1 = \frac{1}{2c_i^* c_i g_{ui}} s_{ui}^2 \qquad (11.16)
$$

对式 (11.16) 求导并代入式 (11.15) 得

$$
\begin{aligned}
\dot{V}_1 &= \frac{1}{c_i^* c_i g_{ui}} s_{ui}\dot{s}_{ui} - \frac{\dot{c}_i g_{ui} + c_i \dot{g}_{ui}}{2c_i^{*} c_i^2 g_{ui}^2} s_{ui}^2 \\
&= \frac{s_{ui}}{c_i^* c_i g_{ui}}\left[-\left(\frac{1}{\varepsilon} + \frac{1}{\varepsilon g_{ui}} + \frac{1}{\varepsilon c_i^* c_i g_{ui}} \right) s_{ui} + \frac{\dot{c}_i g_{ui} + c_{pi}\dot{g}_{ui}}{2c_i g_{ui}} s_{ui} \right] - \frac{\dot{c}_i g_{ui} + c_i \dot{g}_{ui}}{2c_i^{*} c_i^2 g_{ui}^2} s_{ui}^2 \qquad (11.17) \\
&= -\left(\frac{1}{\varepsilon c_i^* c_i g_{ui}} + \frac{1}{\varepsilon c_i^* c_i g_{ui}^2} + \frac{1}{\varepsilon c_i^{*2} c_i^2 g_{ui}^2} \right) s_{ui}^2 < 0
\end{aligned}
$$

由 Lyapunov 稳定性可知

$$
\lim_{t \to \infty} \|e_{ui}(t)\| = 0 \qquad (11.18)
$$

式 (11.14) 的收敛性与稳定性证毕。

在式 (11.14) 的基础上，电液伺服系统的神经网络抗负载效应控制器可设计为

$$
u_{id} = \boldsymbol{W}_{uid}^{\mathrm{T}} \boldsymbol{p}_{ui} + b_{ui} \qquad (11.19)
$$

式中，b_{ui} 为神经网络对电液伺服系统的逼近误差，$|b_{ui}| \leqslant \bar{b}_{ui}$，$\bar{b}_{ui} > 0$ 为分段光滑的边界函数；$\boldsymbol{W}_{uid}$ 为神经网络的理想权值矩阵，$\boldsymbol{W}_{uid} = \arg\min\left\{ \sup\left| \boldsymbol{W}_{uid}^{\mathrm{T}} \boldsymbol{p}_{ui} - u_{id} \right| \right\}$；$\boldsymbol{p}_{ui} = [p_{i1}, p_{i2}, \cdots, p_{ij}, \cdots, p_{im}]^{\mathrm{T}}$ 为

神经网络的径向基矢量，其中 m 为神经元的数量。

$$p_{ij} = h_i\left(\left\|z_{ij} - \mu_{ij}\right\|\right) \cdot G_i\left\{\left|e_{ui} - \mu_{ij}\right| < \sigma_i, \cdots, \left|e_{ui}^{(n)} - \mu_{ij}\right| < \sigma_i\right\} \tag{11.20}$$

式中，$h_i\left(\left\|z_{ij} - \mu_{ij}\right\|\right)$ 为径向基函数；$z_{ij} = \left[y_{uid}, \dot{y}_{uid}, \cdots, y_{uid}^{(n)}, s_{ui}, \dfrac{s_{ui}}{\varepsilon_i}, v_{ui}\right]$；$\mu_{ij} = [\mu_{ij}, \mu_{ij}, \cdots]$；$\mu_{ij}$ 为由对应神经元定义的 h_i 的参考值；$G_i\left\{\left|e_{ui} - \mu_{ij}\right| < \sigma_i, \cdots, \left|e_{ui}^{(n)} - \mu_{ij}\right| < \sigma_i\right\}$ 为根据实验中统计学经验确定的 n 维全局概率密度函数，其中 $\sigma_i > 0$。当没有统计学经验可供参考时，$\sigma_i = +\infty$。NNALEC 充分利用统计学和概率分析的方法代替绝大多数神经网络的数据预训练工作，从而大幅度提高了电液伺服控制的运算效率和实时性。

在上述神经网络抗负载效应控制器的基础上重新引入 $d_{ui} \neq 0$ 的情况，NNALEC 可设计为

$$u_i = \hat{W}_{ui}^{\mathrm{T}} p_{ui} \tag{11.21}$$

式中，$\hat{W}_{ui}$ 为 W_{uid} 的矢量估计。

权值更新律可设计为

$$\dot{\hat{W}}_{ui} = -\Gamma_{ui}(p_{ui}s_{ui} + \zeta_{ui}\tilde{W}_{ui}) \tag{11.22}$$

式中，Γ_{ui} 为自适应增益矩阵；ζ_{ui} 为一个正数，表示权值收敛系数。

将式 (11.19) 代入式 (11.15) 可得

$$\begin{aligned}
\dot{s}_{ui} &= c_i^* c_i (f_{ui} + g_{ui}\hat{W}^{\mathrm{T}} p + d_{ui}) + v \\
&= c_i^* c_i f_{ui} + c_i^* c_i g_{ui}(\hat{W}^{\mathrm{T}} p - W_d^{\mathrm{T}} p - b_{ui} + u_{id}) + c_i^* c_i d_{ui} + v \\
&= c_i^* c_i f_{ui} + c_i^* c_i g_{ui}(\tilde{W}^{\mathrm{T}} p - b_{ui} + u_{id}) + c_i^* c_i d_{ui} + v \\
&= c_i^* c_i g_{ui}(\tilde{W}^{\mathrm{T}} p - b_{ui}) - \left(\frac{1}{\varepsilon} + \frac{1}{\varepsilon g_{ui}} + \frac{1}{\varepsilon c_i^* c_i g_{ui}}\right)s_{ui} + \frac{\dot{c}_i g_{ui} + c_{pi}\dot{g}_{ui}}{2 c_i g_{ui}}s_{ui} + c_i^* c_i d_{ui}
\end{aligned} \tag{11.23}$$

式中，$\tilde{W}_{ui} = \hat{W}_{ui} - W_{ui}$。

式 (11.21) 和式 (11.22) 的收敛性和稳定性证明如下。

设计 Lyapunov 函数为

$$V_2 = \frac{1}{2}\left(\frac{s_{ui}^2}{c_i^* c_i g_{ui}} + \tilde{W}_{ui}^{\mathrm{T}} \Gamma_{ui}^{-1} \tilde{W}_{ui}\right) \tag{11.24}$$

对式 (11.24) 求导并代入式 (11.21) 和式 (11.22) 得

$$\begin{aligned}
\dot{V}_2 &= \frac{1}{c_i^* c_i g_{ui}} s_{ui}\dot{s}_{ui} - \frac{\dot{c}_i g_{ui} + c_i \dot{g}_{ui}}{2 c_i^* c_i^2 g_{ui}^2} s_{ui}^2 + \tilde{W}^{\mathrm{T}} \Gamma^{-1} \dot{\hat{W}} \\
&= \frac{1}{c_i^* c_i g_{ui}} s_{ui}\left[c_i^* c_i g_{ui}(\tilde{W}^{\mathrm{T}} p - b_{ui}) - \left(\frac{1}{\varepsilon} + \frac{1}{\varepsilon g_{ui}} + \frac{1}{\varepsilon c_i^* c_i g_{ui}}\right)s_{ui} + \frac{\dot{c}_i g_{ui} + c_{pi}\dot{g}_{ui}}{2 c_i g_{ui}}s_{ui} + c_i^* c_i d_{ui}\right] \\
&\quad - \frac{\dot{c}_i g_{ui} + c_i \dot{g}_{ui}}{2 c_i^* c_i^2 g_{ui}^2} s_{ui}^2 + \tilde{W}^{\mathrm{T}} \Gamma^{-1}[-\Gamma(p s_{ui} + \zeta \tilde{W})] \\
&= -\left(\frac{1}{\varepsilon c_i^* c_i g_{ui}} + \frac{1}{\varepsilon c_i^* c_i g_{ui}^2} + + \frac{1}{\varepsilon c_i^{*2} c_i^2 g_{ui}^2}\right)s_{ui}^2 + \frac{d_{ui}}{g_{ui}} s_{ui} - b_{ui}s_{ui} - \zeta \tilde{W}^{\mathrm{T}} \tilde{W}
\end{aligned} \tag{11.25}$$

由均值不等式可知[13]

$$
\begin{aligned}
\dot{V}_2 &\leqslant -\frac{s_{ui}^2}{2\varepsilon_i g_{ui}} - \frac{\zeta_{ui}}{2}\left\|\tilde{W}_{ui}\right\|^2 + \frac{\varepsilon_i}{2}\bar{b}_{ui}^2\bar{g}_{ui} + \frac{\varepsilon_i}{4}\bar{d}_{ui}^2 + \frac{\zeta_{ui}}{2}\left\|W_{uid}\right\|^2 \\
&\leqslant -\frac{1}{\alpha_i}V_2 + \frac{\varepsilon_i}{2}\bar{b}_{ui}^2\bar{g}_{ui} + \frac{\varepsilon_i}{4}\bar{d}_{ui}^2 + \frac{\zeta_{ui}}{2}\left\|W_{uid}\right\|^2 < 0
\end{aligned}
\tag{11.26}
$$

式中，$\alpha_i = \max\left\{\varepsilon_i, \dfrac{\overline{\gamma}_{ui}}{\zeta_{ui}}\right\}$；$\overline{\gamma}_{ui}$ 为 $\varGamma_{ui}^{-1}$ 的最大特征值。由引理参考文献[14]可得

$$
\begin{aligned}
V_2(t) &\leqslant V_2(0)\mathrm{e}^{-\frac{t}{\alpha_i}} + \left(\frac{\varepsilon_i}{2}\bar{b}_{ui}^2\bar{g}_{ui} + \frac{\varepsilon_i}{4}\bar{d}_{ui}^2 + \frac{\zeta_{ui}}{2}\left\|W_{uid}\right\|^2\right)\int_0^t -\frac{t-\tau}{\alpha_i}\mathrm{d}\tau \\
&\leqslant V_2(0)\mathrm{e}^{-\frac{t}{\alpha_i}} + \alpha_i\left(\frac{\varepsilon_i}{2}\bar{b}_{ui}^2\bar{g}_{ui} + \frac{\varepsilon_i}{4}\bar{d}_{ui}^2 + \frac{\zeta_{ui}}{2}\left\|W_{uid}\right\|^2\right), \quad t \geqslant 0
\end{aligned}
\tag{11.27}
$$

根据式(11.24)和均值不等式得

$$
\frac{s_{ui}^2}{2c_i^* c_i g_{ui}} \leqslant V_2 \Rightarrow s \leqslant \sqrt{2c_i^* c_i g_{ui} V_2} \leqslant \sqrt{2c_i^* \bar{c}_i \bar{g}_{ui} V_2}
\tag{11.28}
$$

可知

$$
|s_{ui}| \leqslant \sqrt{2c_i^* \bar{c}_i \bar{g}_{ui} V_2(0)}\,\mathrm{e}^{-\frac{t}{\alpha_i}} + \sqrt{\alpha_i\bar{g}_{ui}} \cdot \sqrt{\frac{\varepsilon_i}{2}\bar{b}_{ui}^2\bar{g}_{ui} + \frac{\varepsilon_i}{4}\bar{d}_{ui}^2 + \frac{\zeta_{ui}}{2}\left\|W_{uid}\right\|^2}, \quad t \geqslant 0
\tag{11.29}
$$

由赫尔维茨稳定性可知

$$
\lim_{\|s_{ui}\| \to 0}\|e_{ui}\| = \boldsymbol{0}
\tag{11.30}
$$

式(11.21)和式(11.22)的收敛性和稳定性证毕。

按式(11.21)的方法将式(11.22)转换成

$$
\dot{x}_2 = \frac{1}{m_{\mathrm{model}}}[-k_{\mathrm{model}}(x_1) + f_{\mathrm{model}}(x_2) + A_{\mathrm{model}}x_3] + d_{\mathrm{model}}
\tag{11.31}
$$

解得

$$
y = f_1(x_2, x_3) + m_{\mathrm{model}}d_{\mathrm{model}}
$$

式中，$f_1(x_2, x_3) = f_{\mathrm{model}}(x_2) + A_{\mathrm{model}}x_3 - m_{\mathrm{model}}\dot{x}_2$。

$$
\dot{x}_4 = -\frac{1}{\tau_{\mathrm{model}}}x_4 + \frac{K_{\mathrm{model}}}{\tau_{\mathrm{model}}}u
\tag{11.32}
$$

解得

$$
x_4 = g_1(u)
$$

式中，$g_1(u)$ 表示 u 的函数。

$$
\dot{x}_3 = -\alpha_{\mathrm{model}}x_2 - \beta_{\mathrm{model}}x_3 + \left(\gamma_{\mathrm{model}}\sqrt{P_{\mathrm{model}} - \mathrm{sgn}(x_4)x_3}\right)x_4
$$

解得

$$
\begin{cases}
f_2(x_2, x_3) = g_2(x_3)g_1(u) \\
y = f_u(x_2, x_3) + d_u + g_u(x_3)u
\end{cases}
\tag{11.33}
$$

式中，$f_2(x_2,x_3)=\dot{x}_3+\alpha_{model}x_2+\beta_{model}x_3$；$g_2(x_3)=\gamma_{model}\sqrt{P_{model}-\text{sgn}(x_4)x_3}$；$f_u(x_2,x_3)$ 表示自变量为 x_2 和 x_3 的函数，它实际上是由 $f_1(x_2,x_3)$ 和 $f_2(x_2,x_3)$ 组成的；$g_u(x_3)$ 表示 x_3 的函数作为 u 的增益；d_u 为一个不确定函数，表示电液伺服系统中的扰动，它包含 $m_{model}d_{model}$ 以及对 $g_2(x_3)g_1(u)$ 和 $g_u(x_3)u$ 之间差值的补偿量。

$\dot{x}_3$、$f_u(x_2,x_3)$、d_u、$g_u(x_3)$ 和 $k_{model}(x_1)$ 被视为黑箱的组成部分，由 NNALEC 来实现近似。

11.2.2 多环节复合非线性补偿控制的仿真验证

采用 MATLAB 分别在经典 PID 控制和 NNALEC 控制下对多环节复合非线性电液伺服系统进行仿真，其仿真参数可参考表 10-1。仿真过程中采用 2V、0.5Hz 的标准正弦波作为输入信号，将伺服缸的输出力作为输出。经典 PID 控制和 NNALEC 控制的输出比较结果如图 11-3 所示。

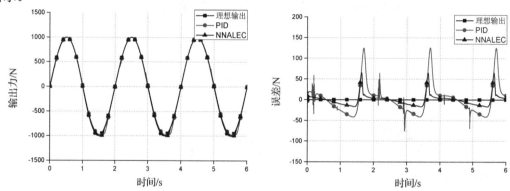

图 11-3　多环节复合非线性电液伺服系统的输出力及其误差

由图 11-3 可知，NNALEC 控制显著矫正了多环节复合非线性电液伺服系统输出波形的各种畸变，输出误差比经典 PID 控制减少了 60%。

仿真结果表明，NNALEC 有效改善了多环节复合非线性电液伺服系统的跟踪性能和鲁棒性，是一种较为理想的控制策略和控制方法。

11.2.3 多环节复合非线性补偿控制的实验验证

多环节复合非线性电液伺服系统的实验结果如图 11-4 所示。

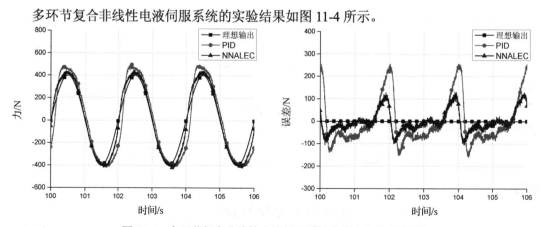

图 11-4　多环节复合非线性电液伺服系统的输出力及其误差

　　由图 11-4 可知，NNALEC 显著矫正了多环节复合非线性电液伺服系统输出波形的各种畸变，输出误差比经典 PID 控制减少了 50%。

　　上述实验结果进一步表明，NNALEC 有效改善了多环节复合非线性电液伺服系统的跟踪性能和鲁棒性，是一种较为理想的控制策略和控制方法。

参 考 文 献

[1]　SAHMANI S, AGHDAM M M. Nonlinear instability of axially loaded functionally graded multilayer graphene platelet-reinforced nanoshells based on nonlocal strain gradient elasticity theory[J]. International Journal of Mechanical Sciences, 2017, 131: 95-106.

[2]　SUN C, FANG J, WEI J, HU B. Nonlinear motion control of a hydraulic press based on an extended disturbance observer[J]. IEEE Access, 2018, 6: 18502-18510.

[3]　CHEN Z, HUANG F, YANG C, YAO B. Adaptive fuzzy backstepping control for stable nonlinear bilateral teleoperation manipulators with enhanced transparency performance[J]. IEEE transactions on industrial electronics, 2020, 67: 746-756.

[4]　WANG D, WANG Z, WEN C, WANG W. Second-Order Continuous-Time Algorithm for Optimal Resource Allocation in Power Systems[J]. IEEE Transactions on Industrial Informatics, 2018, 15: 626-637.

[5]　VAFAMAND N, KHOOBAN M H, DRAGIČEVIĆ T, BLAABJERG F. Networked fuzzy predictive control of power buffers for dynamic stabilization of DC microgrids[J]. IEEE Transactions on Industrial Electronics, 2018, 66: 1356-1362.

[6]　LI M, YANG G, LI X, BAI G. Variable Universe Fuzzy Control of Adjustable Hydraulic Torque Converter Based on Multi-Population Genetic Algorithm[J]. IEEE Access, 2019, 7: 29236-29244.

[7]　WANG N, WANG J, LI Z, TANG X, HOU D. Fractional-order PID control strategy on hydraulic-loading system of typical electromechanical platform[J]. Sensors, 2018, 18: 3024.

[8]　GUO Q, SHI G, HE C, WANG D. Composite adaptive force tracking control for electro-hydraulic servo system without persistent excitation condition[J]. Proceedings of the Institution of Mechanical Engineers, Part I: Journal of Systems and Control Engineering, 2018, 232: 1230-1244.

[9]　LEDEZMA PEREZ J A, DE PIERI E R, DE NEGRI V J. Force Control of Hydraulic Actuators using Additional Hydraulic Compliance[J]. Strojniski Vestnik/Journal of Mechanical Engineering, 2018, 64: 579-589.

[10]　TANNOUS P J, ALLEYNE A G. Fault Detection and Isolation for Complex Thermal Management Systems[J]. Journal of Dynamic Systems, Measurement, and Control, 2019, 141: 061008.

[11]　TANNOUSA P J, PEDDADA S R T, ALLISON J T, FOULKES T. Model-based temperature estimation of power electronics systems[J]. Control Engineering Practice, 2019, 85: 206-215.

[12]　YAO Z, YAO J, SUN W. Adaptive RISE control of hydraulic servo systems with multilayer neural-networks[J]. IEEE Transactions on Industrial Electronics, 2019, 66: 8638-8647.

[13]　LIU J. Radial Basis Function（RBF）neural network control for mechanical systems: design, analysis and Matlab simulation[M]. 2nd ed. New York: Springer Science & Business Media, 2013.

[14]　KRSTIC M, KANELLAKOPOULOS I, PETAR V. Nonlinear and adaptive control design[M]. New York: Wiley, 1995.

第12章 电液伺服系统非正弦激振波形畸变的校正控制

激振技术广泛应用于冶金、矿山、煤炭、建材、磨料、轻工等领域,是设计振动台、振动输送机、振动给料机、振动筛分设备、振动落砂机等装置首先要考虑的技术。激振控制可以采用液压、气动或电动等加载方式,大多数高精度激振装置优先采用了电液伺服系统,通常需要高性能的伺服阀和伺服缸。当激振输入为正弦信号时,由于正弦信号属于单一频率的信号,电液伺服激振控制系统通常不会失真,但激振幅值会随着激振频率的增大而逐渐衰减。当激振输入为复杂信号(>2Hz)时,激振波形的控制精度低、畸变非常明显,会存在明显的失真问题。这是由于电液伺服激振控制系统的带宽有限,本质上类似于一个低通滤波器,在模拟复杂激振波形时,高频成分会大大衰减,使得激振波形失真。本章针对PID控制的电液伺服力激振系统,在不升级硬件以增加带宽的情况下,提出了一种提高力激励控制系统中非正弦周期波形跟踪精度的新方法。下面首先介绍激振控制的实现方式。

12.1 激振控制的实现方式

从发展历程来看,激振装置从早期的机械式逐渐发展到电动式、气动式,最后发展到液压式。机械式激振装置通常结构简单、成本低廉、安装方便、维护容易、负荷推力大,然而受机械机构的限制,激振幅值通常很难在线调节、频率范围较小、波形失真大;电动式激振装置频率范围宽、线性系统好、容易控制、动态范围宽,但其结构复杂、维护成本高,受发热、损耗及固有磁饱和等缺点的限制,激振幅值有限、激振力较小;气动式激振装置加工简单、造价低廉、运行可靠,但其响应慢、控制精度低、动态特性差;液压式激振装置输出力和振动幅值大、功重比大、易于调节、运行可靠,逐渐在现代工业、土木建筑、重载大型工程机械、航空航天等高科技领域中崭露头角,能出色地完成振动和强度实验。

早在19世纪,欧洲便出现了利用机械激振方式作业的振动筛,这是最早的激振器,但由于当时技术的局限性,机械式激振器的结构相对比较简单。至20世纪70年代,机械式激振技术与电机相结合,使得机械式激振器的结构得到了简化,大大降低了制造成本。采用机械激振方式的振动机械才开始被广泛地应用于机械、土木、建筑、建材等领域[1]。机械式激振分为直接驱动式、共振式和离心式三大类激振方法[2]。直接驱动式振幅由偏心距确定,振动频率范围一般在50~60Hz;共振式激振结构复杂,功率较小;离心式激振结构简单、成本低,激振力为单向激振力。机械式激振技术在工程实践中应用较多,如在捣固设备中的应用,Plasser公司为某型捣固设备设计了一种偏心轴连杆摇摆式激振方式,从而产生简谐振动[3]。Harsco公司设计了水平面扭转激振方式,由电动机带动2个偏心凸轮匀速转动,然后各自驱动一个连杆,在偏移补偿连接器与激振器轴的共同作用下实现水平面扭转振动[4]。Matisa公司采用垂直平面内椭圆激振方式,通过电动机带动齿轮传动机构,驱动四根偏心轴旋转,在与液压缸的联动作用下产生椭圆形振动[5]。Dantas等[6]介绍了一种用非线性弹簧支承的旋转机械(离心式激振器),并展示了软弹簧和硬弹簧之间的显著差异。Shamoto等[7]设计了一种独特的双主轴机构，采用机械式激振器研制出一种新型的"椭圆振动切割机"。基于接触力学模型与概念，Noorlandt 等[8]研究了机械振动器与地面接触的几何结构以及结构对振动器动力学特性的影响。为弥补激振力与激振频率之间的缺点，石家庄铁道大学的邢海军教授和刘丹[9]设计了一种新型的机械式激振器。机械式激振装置的结构简单、成本低廉、安装方便、维护容易、负荷推力大，但机械式激振装置的激振幅值难以在线调节，波形单一，以正弦波为主。为弥补机械式激振技术的不足，国外的专家学者及研究机构开发了电动式、气动式、液压式等多种形式的激振技术和激振装置。

电动式激振技术利用带电导体放入磁场中产生的交变力对被激对象施加周期性载荷。法国的 PRODERA 公司成功研制出一套计算机智能控制的全自动化力学模态实验系统，所用的电动式激振器有三十多台，能够提供从几十牛到 1kN 不等的多种激振力[10]。Darie 等[11]采用系统理论的方法，实现了电动激振器的辨识，对激振器的研究和控制有一定的参考价值。Botezan 等[12]介绍了一种用于振动测试系统的永磁电动振动器的设计、有限元分析和实验分析方法，并制造了一台永磁电动振子的样机。Dean 等[13]详细地介绍了一种便携电磁式激振器的设计过程。盐城工学院的周临震等[14]以 E 型电动式激振器为基础，通过优化激振器骨架的方法提高了频宽上限。西安交通大学的贾谦等[15]针对水润滑径向轴承刚度测试中加载力和激励力的实现问题，研制了一套电磁径向加载激振装置，实现了非接触式加载与激振，并在大长径比水润滑橡胶轴承刚度测试中得到应用。电动式激振技术的频带范围宽、线性特性好、容易控制、加速度波形好，但其结构复杂。由于受发热、损耗及固有磁饱和等缺点的限制，激振幅值有限、激振力较小[16]。

气动式激振方式一般应用于振动台，它能够产生一种超高斯幅值分布的宽带随机振动。Kuznetsov 等[17]对比了不同形式的载荷作用下复合材料元件的共振实验效果，结果表明气动激振方法是有效的。Hirooka 等[18]介绍了一种新型气动执行机构的流量控制阀，避免了气动执行机构在行程末端的冲击。Screening Systems 公司设计了一种独特的蜂巢状台面和 xTreme 系列的新型气锤，有效改善了振动台振动环境的低频特性以及频谱均匀性[19]。美国 Hanse 公司通过改变气锤的结构和材料研发了不同类型的气锤，Qualmark 公司以加筋夹层台面代替原有的实体台面设计了动态性能良好的 Qualmark-ASX 气锤，改善了振动台面的动力学特性[20]。国防科技大学的陶俊勇等[21]通过碰撞动力学、矩形平板横向弯曲振动等基本理论，研究了气动式振动台激振器的激励信号、低温失效机理，优化了振动设备的激励能谱。气动式激振装置加工简单、造价低廉、运行可靠，但其响应慢、控制精度低、动态特性差。

由于现代工业、土木建筑，尤其重载大型工程机械、航空航天等高科技领域对激振技术的工作频率范围及输出推力的要求越来越高，而液压式激振的输出力和振动幅值最大，功重比大，输出特性易于调节、机构简单、运行可靠，逐渐成为研究的重点。20 世纪 50 年代，美国、日本、苏联等国家开始研究液压理论，液压式激振技术有了较大的发展。因篇幅所限，电液伺服激振的具体研究现状请参阅 1.2.3 节。

国内外针对激振控制技术的研究已取得了许多卓有成效的成果，包括机械式、电动式、气动式、液压式等方面的研究。其中，液压式激振技术成为各类高性能振动实验平台的首选技术。

12.2　电液伺服力激振控制系统的结构组成

电液伺服力激振控制系统的总体结构如图 12-1 所示，该系统由一些标准的液压元件和传感器组成。其中：系统采用流量为 10L/min 的电液伺服阀(Moog 公司，美国)，安装有行程长度为 100mm、活塞直径为 50mm 的电液伺服缸(Atos 公司，意大利)；伺服液压缸输出位移的检测采用了行程长度为 100mm 的磁致伸缩位移传感器(MTS 公司，美国)，它是一种非接触式线性位移传感器，其线性度可达为 0.01%，利用两个磁场的瞬时相互作用产生沿波导运动的应变脉冲。这个应变脉冲可沿着波导管以超声波的速度传播，移动磁铁的位置可通过计算产生电流脉冲与应变脉冲到达的时间进行准确的测量。这种传感器的优点是：它是一种非接触式测量装置，没有磨损或摩擦。另外采用线性度为 0.05%、行程长度为 20mm 的线性位移传感器(Bei Duncan，美国)测量小位移。采用线性度为 0.02%、量程为 350kg 的 S 形拉压力传感器(Vishay 公司，中国)进行动态测力；以沥青混凝土制成的土样或橡胶棒为加载对象；数据采集采用 PCI 6221 数据采集卡(国家仪器公司，美国)以实现采集和控制；来自现场的压力、力和位移信号通过 16 位 A/D 转换器发送到控制计算机；从控制计算机发出的控制信号通过 16 位 D/A 转换器发送给电液伺服阀的放大器。传感器和计算机之间通过外设互连总线建立通信。该仪器的性能指标如下：加载波形为正弦波或非正弦波周期波形(三角波、锯齿波等)，加载频率范围(正弦波)为 0.001～10Hz，加载力范围为–350～350kg，静态加载精度小于 0.5%F.S，测量精度(AD)小于 0.02%F.S。液压泵采用高压柱塞定量泵，系统压力通过比例溢流阀调节。液压油源系统额定流量为 30L/min，额定压力为 21MPa。在回油油路上安装有 10L 的蓄能器，能提供瞬间大流量并起到稳定压力的作用。

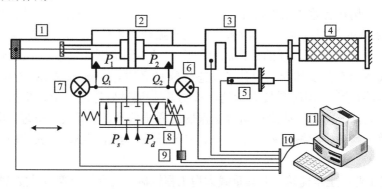

图 12-1　电液伺服力激振控制系统的总体结构图

1-磁致伸缩位移传感器；2-电液伺服缸；3-S 形拉压传感器；4-试样；5-小量程位移传感器；6-压力传感器(A)；
7-压力传感器(B)；8-电液伺服阀；9-功率放大器；10-数据采集处理器板；11-计算机

本章采用电液伺服力激振系统循环加载完成一些模拟加载试验。当循环加载输入信号为非正弦周期波形时，跟踪性能变差。要解决这一问题，目前唯一的办法就是对硬件进行升级，如采用带宽更宽的电液伺服阀和低摩擦伺服缸。然而，电液伺服阀带宽越宽、伺服缸摩擦系数越小，价格就越昂贵。此外，硬件的升级还会大大提高液压油的污染要求，将大大增加整个系统的维护和运行成本。与硬件升级不同，本章介绍了一种基于经典 PID 控制器非正弦信号的调节控制方法，该方法提出了分解和重建的思想，可以明显改善波形失真问题，易于在其他类似工程领域中推广应用。

12.3　频率箱调节器的设计

12.3.1　频率箱调节器的工作原理

常用的单输入单输出(SISO)控制系统可以简化为图 12-2(a)，传感器用于测量系统的输出，实现了闭环控制，输入与输出之间的差异称为偏差。控制器可以是经典 PID 控制器、鲁棒控制器、自适应控制器或智能控制器等，对于 SISO 控制系统，偏差越小，系统的控制精度越高。

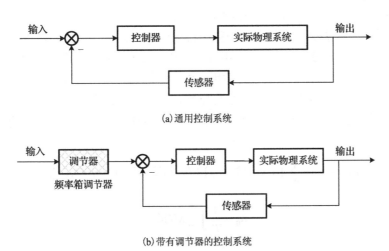

(a)通用控制系统

(b)带有调节器的控制系统

图 12-2　单输入单输出系统的控制方框图

与图 12-2(a)相比，图 12-2(b)在系统闭环之前增加了一个调节器，本章称为频率箱调节器。该调节器主要根据控制系统的动态特性，在频域内调节输入信号(非正弦周期波形)，在时域内完成分解和重建工作。基本思想如下：任何正弦信号作为闭环伺服控制系统的输入信号时，其输出都会产生幅值和相位的变化。所以，如果事先对输入信号的幅度和相位进行适当的调节，则可以得到理想幅度和相位的输出波形。对频域中起关键作用的有限谐波(正弦波)进行校正，在时域中将输出波形相加，可以得到理想的小失真输出。频率箱调节器实现了在频域中对正弦信号幅值和相位的调节。非正弦周期信号的频谱是离散的，可以是有限谱线，也可以是无限谱线。对于具有无限谱线的信号，要求高频段谱线的幅度足够小，可以忽略不计，从而使有限谱线近似代替无限谱线。从图 12-2 中可以看出，通用控制系统和带有调节器的控制系统的实际输入是完全不同的。带有调节器的控制系统利用频率箱调节器，将输出改造成另外一种形式。当输入信号为非正弦周期波形时，利用此方法可明显提高输出的控制精度。在通用控制系统中加入频率箱调节器，是一种在不升级硬件的情况下提高控制精度的新方法。

12.3.2　频率箱调节器的实施步骤

考虑到非正弦周期信号属于周期信号，周期信号都满足狄里赫利条件，可以进行傅里叶级数分解。因此可以利用软件改善电液激振控制系统的频响特性，通过改变输入波形来校正输出波形，具体步骤如下。

(1)采用正弦扫描法测定电液伺服激振控制系统的闭环频响特性。

频率响应可以通过实验直接得到，然后测量输出[幅频响应和相频响应]来计算系统的动态特性。输入信号是一系列振幅相同、频率不同[0.1Hz~BHz(大于带宽)]的正弦波作为输入信号。当频率处于 0.1~1.0Hz 时，间隔频率可取 0.1Hz。当频率处于 1.0Hz~BHz 时，间隔频率可取 0.2Hz。

(2)绘制电液伺服激振控制系统的幅频谱和相频谱特性曲线。根据步骤(1)得到的数据，可以相对容易地绘制幅频响应曲线和相频响应曲线。

(3)根据最小二乘法拟合幅频谱和相频谱特性曲线，并得到相应的多项式，为保证拟合精度，可分段拟合。在步骤(3)中可以使用许多拟合曲线的方法，不难获得幅频响应和相频响应的拟合多项式。如果拟合多项式很难适用于整个区间，可采用分段拟合的方案。

(4)将非正弦周期信号进行傅立叶级数分解。三角波、锯齿波、方波等非正弦周期波形是周期性的，可用三角函数傅里叶级数的展开式求各阶次谐波，三角函数的傅里叶级数展开式为

$$f(t) = a_0 + \sum_{n=1}^{\infty} [a_n \cos(2\pi n f_0 t) + b_n \sin(2\pi n f_0 t)], \quad n = 1, 2, 3, \cdots \tag{12.1}$$

$$a_0 = \frac{1}{T_0} \int_{\frac{T_0}{2}}^{\frac{T_0}{2}} x(t) \mathrm{d}t \tag{12.2}$$

$$a_n = \frac{2}{T_0} \int_{\frac{T_0}{2}}^{\frac{T_0}{2}} x(t) \cos(2\pi n f_0 t) \mathrm{d}t \tag{12.3}$$

$$b_n = \frac{2}{T_0} \int_{\frac{T_0}{2}}^{\frac{T_0}{2}} x(t) \sin(2\pi n f_0 t) \mathrm{d}t \tag{12.4}$$

式中，$f(t)$ 为时域中的输入信号；a_0 为输入的平均值；a_n 和 b_n 分别为第 n 次谐波的傅里叶系数；T_0 为输入信号的周期；f_0 为基频。从式(12.1)中可以看出，通常情况下，一个周期信号可看成一系列正弦和余弦叠加和的形式。

(5)计算每一阶谐波的幅值和相位的初始量。计算 a_0、a_n 和 b_n (n=1, 2, 3, 4, …, n_B, $n_B \leqslant (2 \sim 3) \times$带宽)，这里小于带宽 2~3 倍是因为考虑频率越大，幅值比衰减越严重，影响程度也会越低。

(6)利用步骤(3)得到的拟合多项式计算每一阶谐波的幅值和相位的变化量。根据步骤(3)，计算 $A(0)$、$A(n f_0)$ 和 $\varphi(n f_0)$。

(7)针对有限区间的谐波进行幅值和相位修正。

$$a_0' = \frac{a_0}{A(0)} = \frac{1}{T_0 A(0)} \int_{\frac{T_0}{2}}^{\frac{T_0}{2}} x(t) \mathrm{d}t \tag{12.5}$$

$$a'_n = \frac{a_n}{A(nf_0)} = \frac{2}{T_0 A(nf_0)} \int_{\frac{T_0}{2}}^{\frac{T_0}{2}} x(t)\cos(2\pi nf_0 t)\mathrm{d}t \tag{12.6}$$

$$b'_n = \frac{b_n}{A(nf_0)} = \frac{2}{T_0 A(nf_0)} \int_{\frac{T_0}{2}}^{\frac{T_0}{2}} x(t)\sin(2\pi nf_0 t)\mathrm{d}t \tag{12.7}$$

(8) 叠加修正后信号作为电液伺服激振控制系统的新输入信号。

$$新输入 = a'_0 + \sum_{n=1}^{\infty}\{a'_n\cos[2\pi nf_0 t - \varphi(nf_0)] + b'_n\sin[2\pi nf_0 t - \varphi(nf_0)]\}, \quad n = 1,2,3,\cdots,n_B \tag{12.8}$$

(9) 测控结果对比分析。

频率箱调节器的设计可以通过上述 9 个步骤来实现，根据理想的非正弦输入信号计算出实际的新输入信号。这样，可以根据控制系统的频率响应特性，在频域内预先调整非正弦周期信号的波形。下面将通过仿真和实验验证上述方法的有效性。

12.4　非正弦激振波形畸变校正控制的实现

12.4.1　非正弦激振波形畸变校正控制的仿真验证

仿真和实验过程中以三角波激振信号为例进行详细叙述，另外，其他不同频率的非正弦周期信号的具体实施方式与三角波相同。在电液伺服激振控制实验中，典型周期性三角波形的数学表达式为

$$\begin{cases} x(t) = x(t + nT_0) \\ x(t) = \begin{cases} A + \dfrac{2A}{T_0}t, & -\dfrac{T_0}{2} \leqslant t < 0 \\ A - \dfrac{2A}{T_0}t, & 0 \leqslant t < \dfrac{T_0}{2} \end{cases} \end{cases} \tag{12.9}$$

式中，T_0 代表三角波的周期；A 代表三角波形的幅值。

根据傅里叶级数的三角函数展开式和式 (12.2)～式 (12.4)，可以计算常值分量 a_0、余弦分量的幅值 a_n 和正弦分量的幅值 b_n。

$$a_0 = \frac{1}{T_0}\int_{\frac{T_0}{2}}^{\frac{T_0}{2}} x(t)\mathrm{d}t = \frac{2}{T_0}\int_{0}^{\frac{T_0}{2}}\left(A - \frac{2A}{T_0}t\right)\mathrm{d}t = \frac{A}{2} \tag{12.10}$$

$$\begin{aligned} a_n &= \frac{2}{T_0}\int_{\frac{T_0}{2}}^{\frac{T_0}{2}} x(t)\cos(n\omega_0 t)\mathrm{d}t = \frac{4}{T_0}\int_{0}^{\frac{T_0}{2}}\left(A - \frac{2A}{T_0}t\right)\cos(n\omega_0 t)\mathrm{d}t \\ &= \frac{4A}{n^2\pi^2}\sin^2\frac{n\pi}{2} = \begin{cases} \dfrac{4A}{n^2\pi^2}, & n = 1,3,5,\cdots \\ 0, & n = 2,4,6,\cdots \end{cases} \end{aligned} \tag{12.11}$$

$$b_n = \frac{2}{T_0} \int_{-\frac{T_0}{2}}^{\frac{T_0}{2}} x(t)\sin(n\omega_0 t)\mathrm{d}t = 0 \tag{12.12}$$

这样周期性三角波的傅里叶级数展开式为

$$
\begin{aligned}
x(t) &= \frac{A}{2} + \frac{4A}{\pi^2}\left(\cos(\omega_0 t) + \frac{1}{3^2}\cos(3\omega_0 t) + \frac{1}{5^2}\cos(5\omega_0 t) + \cdots\right) \\
&= \frac{A}{2} + \frac{4A}{\pi^2}\sum_{n=1}^{\infty}\frac{1}{n^2}\cos(n\omega_0 t), \qquad n = 1,3,5,\cdots,n_B
\end{aligned} \tag{12.13}
$$

根据式 (12.13) 可以看出周期性三角波是由一系列余弦谐波组成的,所有典型非正弦周期信号都可以分解为余弦或正弦谐波叠加和的形式。根据式 (12.13) 分别作出周期性三角波的幅频谱和相频谱。根据幅频谱拟合多项式和相频谱拟合多项式计算每一阶谐波的幅值和相位修正值。

仿真过程采用二阶欠阻尼系统进行仿真分析,输入信号为一系列振幅相同、频率不同 (0.1~50.0Hz) 的正弦波。当频率处在 0.01~1.0Hz 时,间隔频率采用 0.2Hz;当频率处在 1.0~50.0Hz 时,间隔频率采用 1Hz。幅频响应曲线和相频响应曲线是通过处理测试数据得到的,如图 12-3 所示。

测试系统的带宽约为 14.0Hz,为了保证拟合精度,在 10Hz 频率下对曲线进行分段,得到相应的 5 阶多项式来拟合离散的数据。幅频响应曲线对应的拟合多项式为

$$
\begin{cases}
A(f) = -9.49\times10^{-5}f^5 + 0.0018f^4 - 0.0115f^3 + 0.0385f^2 - 0.023f + 1.003, & f \leqslant 10\mathrm{Hz} \\
A(f) = -1.68\times10^{-7}f^5 + 2.97\times10^{-5}f^4 - 0.0021f^3 + 0.0707f^2 - 1.20f + 8.462, & f > 10\mathrm{Hz}
\end{cases} \tag{12.14}
$$

式中, f 为频率; $A(f)$ 为输出和输入的幅值比。

相频响应曲线对应的拟合多项式为:

$$
\begin{cases}
\varphi(f) = 0.0018f^5 - 0.0451f^4 + 0.296f^3 - 0.934f^2 - 2.599f - 0.035, & f \leqslant 10\mathrm{Hz} \\
\varphi(f) = -1.21\times10^{-5}f^5 + 0.0021f^4 - 0.136f^3 + 4.393f^2 - 70.50f - 288.79, & f > 10\mathrm{Hz}
\end{cases} \tag{12.15}
$$

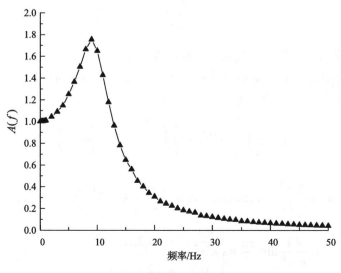

(a) 幅频响应曲线

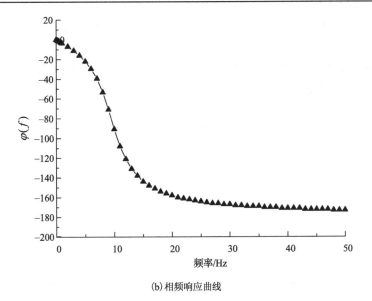

(b) 相频响应曲线

图 12-3　仿真系统的动态特性曲线

仿真采用三角波的周期为 0.5s（f_0 =2Hz），根据幅频响应曲线（图 12-3(a)），系统的带宽约为 17Hz(@-3DB)，仿真时可只考虑 0～50Hz(约为带宽的 3 倍)的频率范围。当谐波频率大于 50Hz 时，对波形畸变的影响很小。对于三角波等无跳变点的周期信号，高频谐波在系统中的作用可以忽略不计。因为输入信号的频率 f_0 =2Hz，所以 nf_0 =2，6，10，14，18，22，26，30，34，38，42，46，50(Hz)，这里 n=1，3，5，…，25。根据式(12.4)～式(12.7)，很容易计算 a_0'、a_n'、b_n'、$A(0)$、$A(nf_0)$ 和 $\varphi(nf_0)$。这样，频率箱调节器的新输出可以写成

$$\text{Input}_r = \frac{A}{2A(0)} + \frac{4A}{\pi^2 A(nf_0)} \sum_{n=1}^{\infty} \frac{1}{n^2} \cos(n \cdot 2\pi \cdot f_0 t - \varphi(nf_0)), \quad n = 1,3,5,\cdots,25 \quad (12.16)$$

图 12-4 显示了仿真系统的输入信号，虚线是标准的三角波信号，实线是由式(12.16)生成的复合信号。从图 12-4 可以看出，原输入信号和新输入信号是完全不同的两种信号，新输入信号不再是标准的三角波信号，在新输入信号上可以发现许多波动。

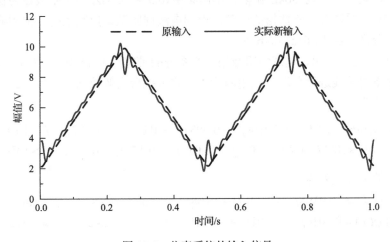

图 12-4　仿真系统的输入信号

　　图 12-5 表示了仿真系统实际的输出结果,虚线是仿真系统的原输出,系统没有频率箱调节器,和实际的输入比较也可以看到波形的输出畸变严重。实线是带频率箱调节器的仿真系统的输出,与原输出相比,改进后的输出更接近标准的三角波。仿真结果表明,采用频率箱调节器在防止三角波畸变方面有良好的实际效果。

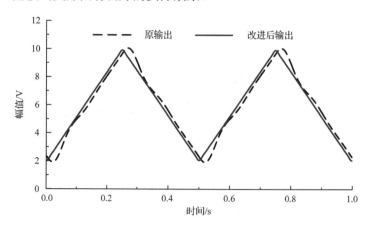

图 12-5　仿真系统的输出结果

12.4.2　非正弦激振波形畸变校正控制的实验验证

　　为了验证该方法对非正弦周期波形改善的程度,本章利用实际激振控制系统进行了实验验证。实验工作基于图 12-1 所示的电液伺服力激振控制系统。实验过程中采用数字 PID 控制,它具有运算量小、速度快等特点。PID 参数分别为 P=0.002、I=0.85,D=0.0001。S 形拉压传感器用来实时检测加载过程中压力和拉力的变化,压力或拉力变化的电信号(±10V)通过 A/D 转换器传递给控制器。经过 PID 运算,借助 D/A 转换器和功率放大器实现控制的输出,控制电液伺服阀的动作,实现力的闭环控制。电液伺服激振控制系统的频率响应函数可以直接通过实验获得,输入仍然是一系列不同频率的正弦信号。

　　同样,测量输出以计算系统动态特性[幅频响应 $A(f)$ 和相频响应 $\varphi(f)$]。在电液伺服激振控制系统中,采用一系列 50kg 振幅、不同频率(0.5~30.5Hz)的正弦波作为输入信号,间隔频率为 0.5Hz。通过对实验数据的处理,得到电液伺服激振控制系统的幅频响应曲线和相位响应曲线,分别如图 12-6(a) 和(b)所示。

　　从图 12-6(a)可以看出,电液伺服激振控制系统的带宽约为 15.0Hz。为了保证拟合精度,在 10Hz 频率下对曲线进行分段,利用四阶多项式来拟合离散数据。最后得到的幅频响应对应的拟合多项式为

$$\begin{cases} A(f) = -4.346\times10^{-5}f^4 + 0.00106f^3 - 0.0081f^2 + 0.0028f + 1.002, & f \leqslant 10\text{Hz} \\ A(f) = -3.127\times10^{-6}f^4 + 2.89\times10^{-4}f^3 - 0.011f^2 + 0.1503f + 0.142, & f > 10\text{Hz} \end{cases} \quad (12.17)$$

相频响应对应的多项式列为

$$\begin{cases} \varphi(f) = -0.0198f^4 + 0.341f^3 - 1.908f^2 - 2.766f - 16.876, & f \leqslant 10\text{Hz} \\ \varphi(f) = 0.0014f^4 - 0.101f^3 + 2.496f^2 - 33.127f + 81.431, & f > 10\text{Hz} \end{cases} \quad (12.18)$$

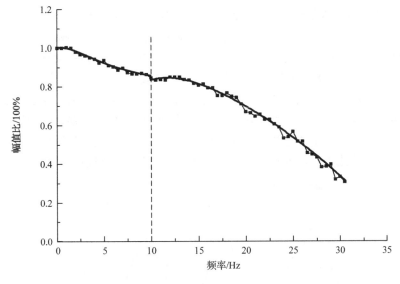

(a) 幅频响应曲线

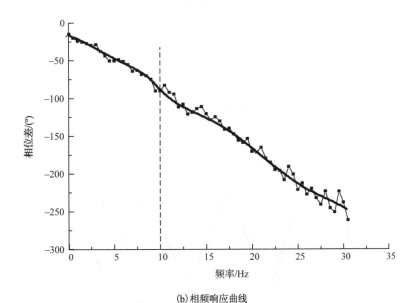

(b) 相频响应曲线

图 12-6　电液伺服力激振控制系统的频率响应

三角波的周期为 1s（f_0 =1Hz），仿真时只考虑 0～35Hz（约为带宽的 2 倍）的频率范围。当谐波频率大于 35Hz 时，谐波对波形畸变的影响很小。因为输入信号的基频等于 1Hz 时，nf_0 应该等于 1，3，5，7，9，11，…，29（Hz）。同样，根据式（12.4）～式（12.7），很容易地计算 a_0'、a_n'、b_n'、$A(0)$、$A(nf_0)$ 和 $\varphi(nf_0)$。这样，频率箱调节器的可以写成

$$\text{Input}_r = \frac{A}{2A(0)} + \frac{4A}{\pi^2 A(nf_0)} \sum_{n=1}^{\infty} \frac{1}{n^2} \cos[n \cdot 2\pi \cdot f_0 t - \varphi(nf_0)], \quad n=1,3,5,\cdots,29 \quad (12.19)$$

图 12-7 为电液伺服激振控制系统的输入信号，细实线是标准的三角波信号，粗实线是由

式(12.19)生成的复合输入信号。从图 12-7 可以看出，两种输入信号是不相同的，复合后新的输入信号不再是标准的三角波信号，可以在曲线中找到这些变化。图 12-8 为电液伺服激振控制系统的输出信号，细实线是没有频率箱调节器的输出，此时会观察到明显的失真。粗实线是带频率箱调节器的输出，从图 12-8 可以看出，经过改进后的输出更接近标准三角波波形。实验结果表明，采用频率箱调节器可以明显提高动态跟踪精度，并大大减小波形失真。实验结果改变了传统的控制观念。也就是说，输入信号和输出信号不需要完全相等。频率箱调节器不是通过硬件升级，而是通过软件算法实现的，这样设备的维护和运行成本是不变的。因此，本章提出的方法成本低，能解决某些非正弦激振波形畸变问题，易于推广。

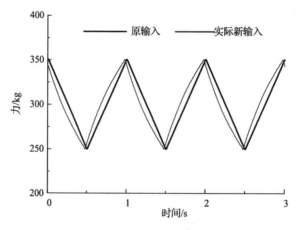

图 12-7　电液伺服激振系统的输入

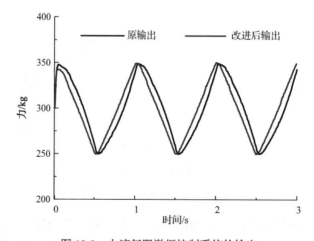

图 12-8　电液伺服激振控制系统的输出

参 考 文 献

[1]　闻邦椿, 刘凤翘. 振动机械理论及应用[M]. 北京: 机械工业出版社, 1980.

[2]　YAMASHITA I, ORO K, SEIKAI S. A study of mechanical vibration signal transmission using position modulated optical pulses[J]. IEEJ Transactions on Electronics, Information and Systems, 2007, 127 (11):

1951-1952.

[3] JOSEF T. Ballast tamping machine and method for tamping a railway Track: 1403433A3[P], 2004-05-26.

[4] SANDSTED. C A, MOORE R J, DELUCIA A P, et al. Split tool mechanical vibrator: US, 5584248[P], 1996-12-17.

[5] YVO C S, YVAN D. Railway track tamping device: 0050889A1[P], 1982-05-05.

[6] DANTAS M J H, BALTHAZAR J M. A comment on a nonideal centrifugal vibrator machine behavior with soft and hard springs[J]. International Journal of Bifurcation and Chaos, 2006, 16（4）: 1083-1088.

[7] SHAMOTO, SONG E, YOSHIDA Y, et al. Development of elliptical vibration cutting machine by utilizing mechanical vibrator[J]. Journal of the Japan Society for Precision Engineening, 2003: 542-548.

[8] NOORLANDT R, DRIJKONINGEN G. On the mechanical vibrator-earth contact geometry and its dynamics[J]. Geophysics, 2015, 81（3）: 37-45.

[9] 刘丹. 新型机械式激振器的设计与分析[D]. 石家庄: 石家庄铁道学院, 2017.

[10] 赵淳生, 鲍明. 电动式激振器的研究及其在工程中的应用[J]. 南京航天航空大学学报, 1993, 25（5）: 38-45.

[11] DARIE S L, COLOSI T, VADAN I, et al. Computational aspects of electro-dynamic vibrators[C]. New York: IEEE, 1994: 1073-1076.

[12] BOTEZAN A, DARIE S, VĂDAN I, et al. Design and analysis of a Permanent-magnet electrodynamic vibrator[C]. New York: IEEE, 2009.

[13] DEAN T, NGUYEN H, KEPIC A, et al. The construction of a simple portable electromagnetic vibrator from commercially available components[J]. Geophysical Prospecting, 2018, 67（6）: 1686-1697.

[14] 周临震, 刘德仿. 电动式激振器骨架的形状优化设计[J]. 机械设计, 2006, 3: 61-63.

[15] 贾谦, 欧阳武, 张雪冰, 等. 水润滑轴承刚度测试中磁力加载激振技术研究[J]. 机械设计与制造, 2014, 11: 99-105.

[16] CHEN T H, LIAW C M. Vibration acceleration control of an inverter-fed electro-dynamic shaker[J]. IEEE/ASME Transactions on Mechatronics, 1999, 4（1）: 60-70.

[17] KUZNETSOV N D, STEPANENKO N D. Pneumatic excitation of high-frequency resonance vibrations of elements made of composite materials[J]. Strength of materials, 1990, 22（4）: 542-547.

[18] HIROOKA D, SUZUMORI K, KANDA T. Flow control valve for pneumatic actuators using particle excitation by PZT vibrator[J]. Sensors and Actuators, A: Physical, 2009, 155（2）: 285-289.

[19] POHL E A, DIETRICH D L. Environmental stress screening strategies for multi-component systems with Weibull failure-times and imperfect failure detection[J]. Reliability & Maintainability Symposium, 1995, (4): 223-232.

[20] 王考. 气动式振动台振动激励能谱优化研究[D]. 长沙: 国防科技大学, 2009.

[21] 陶俊勇, 刘彬, 陈循. 气动式振动台激振器低温失效机理研究及结构改进[J]. 机械工程学报, 2012, 48（2）: 50-56.